【現代語で読む】

林子平の海國兵談

日本兵法研究会会長
家村和幸 編著

目次

海國兵談（現代語訳）

初巻から第十五巻までは、水陸の戦闘について述べたものである。略書は文武相兼ねて国家を経済し、食糧を満たし、兵を充足することの意義を論じることで、大将の心得とし、兵士の心印とするものである。読者自身の事情を踏まえ、さらなる工夫を加えよ。（林子平　述）

海國兵談　序

昨今では「兵」というのは、兵を用いるための道理のことである。そして、「武備」というのは、戦いに備えることである。「兵」は理論に属するものであり、「備(そなえ)」は事業に属するものである。これらを時と勢いとに応じてうまく使うだけである。いわゆる「武備」というものは、将来の攻勢作戦や守勢作戦、あるいは戦場での攻撃や防御をうまく行えるよう、前もって準備しておくことであり、そのために考慮すべきことは多方面にわたっている。作戦区域や戦場が広いか狭いか、地形が険しいか緩やかか、昔と今で異なるか同じか、人馬や武器が強いか弱いか、気候が寒いか暑いか、敵国が大きいか小さいか、遠いか近いか、時間的にゆっくりできるか急がねばならないか、有利か不利か、衰えているか旺盛であるか、つまるところこれらすべてを測り知ることである。我と敵がお互いに戦況の推移に従いながら、戦機※1を先につかんだほうが相手より優勢な立場に立つ。隠密に謀議し、事前に熟慮していれば、絶対に手抜かりはない。このようにしてもなお、兵を用い、武を備えることのあるべき姿としては、十分とは言えないのである。事前に熟慮するとは、怠ることではない。長い年月をかけて兵学の習得に努めることでますます詳(くわ)しくなり、研究してあらゆることを自分のものにすれば、至らないことはなくなる。雄武侠烈(ゆうぶきょうれつ)の風※2が緩(ゆる)むこともないので、謀反を心に抱く者は一人もおらず、周辺諸国は恐れてひれ伏すことになるので、敢えて領土を侵犯することもない。このような状態を幾世代にもわたって維持し続けてこそ、人民は永遠に兵革乱離（へいかくらんり）※3の苦しみを受けなくてすむのである。これぞ理想とすべき、あるべき姿ではないか。その業績のなんと偉大なことか。およそ兵とは時に臨んで威力を発揮し、備とは平和な世をもたらす働きをする。平和が長く続いた時には、武備は拡張せず、それゆえ兵を実動させるようなことも無い。用兵の理論も不明であり、それゆえに武備を拡張するようなことも無い。事業と理論のどちらもが互いに停滞したままである。我らの「神祖」による開業※4以来、平和な時代が続いてすでに久しい。国内外ともに戦（いくさ）がない。世の兵というものは単なる理論上の研究に過ぎず、兵卒を実際に指揮する機会は無い。実を言えば今こそ、国家として武を備えなければならない時である。しかしながら、今これを備える立場にある者は、ただ徒（いたずら）にその理論を談じるだけで、その方策をあれこれと考察していない。旧来のやり方に従い、新しいことの習得を疎かにしている。新たな兵学・兵術へと流れがだんだん移りつつあるにもかかわらず、古いやり方からあらためず、かりそめの形で間にあわせてきたので、終には廃（すた）れ弛（ゆる）んで使い物にならなくなった。もはや兵も武備も同じく空理空論に過ぎない。嘆かずにいられようか。これはあたかも、兵革乱離の中にあっては人々の心も学問を怠るようなものである。ただ時の過ぎ行くままに従うのみである。兵は時に臨んで威力を発揮し、備は平和な世をもたらす働きをする。平和な世が続けば、備は廃止され、あるいは行政上の一事業に過ぎなくなる。今は事業をどうするかよりも、兵の理念を打ち立てるべきであるが、これまで優れた兵理を見たことがない。そうは言っても、時勢はそれを許さないところまで来ている。大いに勉強する人でなければ、断じてこれに及ぶことができない。私の友人に林子平という者がいる。慷慨（こうがい）※5の士である。あっさりして物事に執着しない性格で、欲は少ない。心に大義がある。その親族には官位が高い人が多いので、「家のためにならない」と子平を蔑（さげす）んで見ている。彼は方々を歩きめぐることが大好きで、仙台藩の全域をほとんど廻り歩いた。その間の生活ぶりは、常に戦場にいるようで、藍染めのボロ布をまとい、粗末な食事をとり、草地を行き、露天に宿した。これらを楽しみながら、何ものにも拘束されず、心のおもむくままに伸び伸びとしていたという。かつて憤然として志を立て、それにより数十年間学び続けてきた。子平の著書が本棚に満ちているが、そのすべてが当世に採るべき策を論じている。この全編の名を『海國兵談』という。その意味は読んで字のごとくである。我が国は海国である。海からの侵攻に備えておく必要がある。それ故、どうしてこの書を読まずにおられようか。その論説は確実であるが激しく厳しい口調でもある。子平の人となりを目で観るようだ。一方で海外の奇策で、昔から今までに見たことも聞いたこともないようなものを選んで、これを紹介している。このように我国の防衛については、この書を読めばほとんど理解できる。林子平の志しているとは、並外れて優れていると言わざるを得ない。今の世に当たり、事前に熟慮するとは、怠ることではない。長い年月をかけて兵学の習得に務めることでますます詳しくなり、研究してあらゆることを自分のものにすれば、至らないことはなくなる。そうして導き出された教えを幾世代にも伝えてゆくことで、人民は永遠に兵革乱離の苦しみを受けなくてすむのである。それが今まさに、ここにある。それがここにあるではないか。

天明六年夏五月二十六日　仙臺　工藤球卿（くどうきゅうけい）※6撰

※1　戦機　戦場で不意に訪れるチャンス、戦勝をもたらす鍵となるような幸運

※2　雄武侠烈（ゆうぶきょうれつ）の風　雄々しく武を尊び、男らしく激烈に戦おうとする風潮

※3　兵革乱離（へいかくらんり）　戦争によって世が乱れ、人々が離散してしまうこと

※4　我らの「神祖」による開業　徳川家康による江戸幕府開業

※5　慷慨（こうがい）　世の中の不正を憤り、嘆くこと

※6　工藤球卿（くどうきゅうけい）（享保十九年〜寛政十二年）　江戸時代中期の仙台藩江戸詰の藩医であるとともに、経世論家。日本で最初のロシア研究書である『赤蝦夷風説考（あかえぞふうせつこう）』の筆者で、和・漢・蘭三学に通じ、長崎で唐人やオランダ人と交際して海外事情の吸収につとめた。医師としては工藤周庵（くどうしゅうあん）、還俗後は平助と名乗った。

海國兵談　自序

海国とはどのような国を言うのか。それは、地続きで隣接する国が存在せず、四方が皆海に沿っているような国を言うのである。そこで海国には海国に相応しい武備があり、唐山（カラ）※1の軍書及び日本で古今伝授されてきた諸流の兵書で説いているものとは異なったものになる。この特性を知らなければ、日本の武備とは云えないのである。まず、海国は外国からの侵攻が容易であるという特性がある。一方で攻めて来るのが難しいとも言われている。ここで言う「来るのが容易」と言うのは、軍艦（いくさぶね）に乗って順風を得ることができれば、日本まで二〜三〇〇里の遠い航路も一日か二日で海上を機動して来るということである。このように「来るのが容易」という特性があるので、これに対する備（そなえ）を設けておかなければ、国防は実現しないということである。また、「来るのが難しい」と云うのは、四方が皆広大な「海という障碍（しょうがい）」であることから、妄りに来ることはできないということである。しかしながら、その天然の障碍を恃みにして、備を怠るようなことがあってはならない。こうしたことを考慮するならば、日本の武備は、海外からの侵攻を防ぐ術を知ることが差し当たっての急務である。さて、海外からの侵攻を防ぐための術は、「水戦（海戦）」にある。水戦の要（かなめ）は大砲にある。軍艦と大砲の二つを十分に保有することが、日本の武備のあるべき姿であり、唐山や韃靼※2にある大陸国とは軍制が異なる所である。こうしたことを理解してから後に、陸戦のことに及ばなければならない。惜しいことに、大江匡房を始めとして、楠木正成や武田信玄・上杉謙信のように、世の中でいくさの名人と称していても、その根元は唐山の軍書を基本として稽古に励んできた人々なので、皆が唐山流の戦理のみを伝授して、海国の教義にまで及んだ人はいない。これは、その半分を知って、残りの半分を知らないようなものである。今、私が『海國兵談』を作成するにあたり、「水戦」を本書の巻頭において記述したのは、これが海国における武備の根本をなすものだからである。日本の武備は、この水戦を第一として、その上に又一つの心得がある。その心得というのは、古代の唐山と今の唐山とでは、地勢も人情も共に相違しているということである。先ず日本は開闢以来、外国からの来襲を受けたのは、唐山が元であった時代に頻繁に軍を仕掛けてきたことぐらいである。その中でもとりわけ弘安四年には、大軍によって押しかけて来たけれども、幸いにも神風にあって全滅させられたのであった。これは、元の君主が北方の人種であり、モンゴル高原から出てきて唐山一帯を征服し、占領したのであったから、元の時代には漢民族と北方の異民族が一体になっており、北の辺境での戦いも止み果てていた。こうしたことから、遠くまで兵馬（軍隊・軍勢）を出すことにも後顧の憂いがなかったので、度々戦争を仕掛けてきたのであった。これについて、唐山の時勢を考察しながら概観してみよう。夏・殷・周の三代は言うに及ばず、秦や漢までは、日本の広狭、並びに海路等の事を詳しく知ることができなかったのである。唐の時代には頻繁に日本と往来して、海路や国郡等のことまで詳しく知るようになったけれども、互いに友好関係を深めていたことから、侵攻してくることはなかった。宋代になると、その王朝の風儀が気力に欠けて弱々しかったので、これもまた来ることができなかったのである。さて、宋を滅ぼしたのが、北の異人種である蒙古、即ち元である。元の兵馬が度々日本にやって来たことは、前に述べたように漢民族と北方民族が一体になって、その境界地域での戦いが止んだことから、遠くに軍勢を出しても後顧の憂いがなくなったからである。その後、明の世祖が元を滅ぼして唐山を再興し、その政事も柔弱ではなく、よく国家統一の業を成し遂げたのであった。この明代に日本を侵略しようという謀議があったのだが、北方民族の大敵が日夜頻繁に襲いかかってきたので、遠く海を渡って来るだけの余裕は無かった。その上、太閤・豊臣秀吉の猛威は、朝鮮を陥落させて、北京までも攻め入らんとする勢いであった。これに辟易(へきえき)して日本に侵攻してくる余裕も無いうちに、再び北方民族の満州族に滅ぼされて清朝となり、康熙帝(こうきてい)以来、漢民族と北方民族が再び一体になって、今はいよいよ強固に統一され、北の辺境もさらに平穏無事な状態となった。こうしたことから、清国は遠方に兵馬を出すのにも後顧の憂いが無い。その上、康熙、雍正(ようぜい)、乾隆(けんりゅう)の三帝は、それぞれに文武に秀で、簡単に屈しない強い精神にして、よく時勢を見抜いており、十分に唐山を手なづけて統治している。間違っても今の清国を明朝までの唐山と同一視してはならない。まず、これまでの唐山の王朝と比較して土地も倍であり、武芸も北方民族のやり方を伝えてよく修練されており、人情や欲望も北方の気質を取り入れて剛強へと移り変わったことから、ついには匈奴や韃靼など北方異民族の欲深くてけちな心根が次第に唐山人にも推し広まり、それまでの慈悲深く人情に厚い風儀もいつの間にか消滅していった。しかも世間に出回る書籍も次第に詳しいものになってゆき、また日本との往来も頻繁になった上、人の心も月日を重ねて賢くなってきたので、今では唐山においても日本の海路や国郡等の情報も詳細に知ることができるようになった。密かに思えば、もしかしたらこれから後の清帝が、内患が無い時に乗じて、しかもかつて元朝が成し遂げた業績を思い合わせて、いかなる無分別な侵略を意図することもなしとしない。その時に至っては貪欲な心が根本にあるのだから、日本の仁政にも懐柔されるようなことなどありえず、また兵馬億万の多さを恃みとすれば、日本の武威にも畏れることがないだろう。これらが、明までの唐山と同じものではないという理由である。また、昨今はヨーロッパのロシア人がその勢い無双にして、遠くタタールの北部地域を侵略し、最近ではシベリアを侵略して、東の限界であるカムチャッカから先にはこれ以上取るべき国土が無いことが判ったので、再び西に反転して蝦夷の東にある千島を手に入れようとして機をうかがっていると聞き及んでいる。すでに明和八（一七七一）年、ロシアからカムチャッカへ派遣されていた豪傑バロンマオリッツ・アラアダルハン・ベンゴロウという者がカムチャッカから船を発して日本に渡航し、各地の港湾にて縄を下ろしてその深さを計りながら日本の外周の半分以上を乗り回したことがあった。その中でも土佐の国においては、日本国に在留するオランダ人宛と認められる書を届けさせようとした事件※3があった。これらの事をなした根底にある真意をこそ憎むべきであり、恐れるべきである。これは、海国なるがゆえに来ることが無いと思われた船も、乗船している者の機転次第では、いとも容易に来ることができるという事実である。よく察しなければならない。

さて、海国の特性と唐山の時勢とを理解することができた上で、さらに一つの心得がある。その心得というのは、「偏武（武に偏ること）」に陥ることなく、「文武両全」であらねばならないということである。このことを常に心掛けねばならない。武に偏れば粗野になる。元より「兵」は凶器である。しかしながら、死生存亡に係わるものでもあり、国の大事はこれに過ぎるものは無いので、粗野にして無智である偏武の輩には任せられないのである。こうしたことから日本の古代においては、都に鼓吹司（くすいし）と淳和、奨学の二つの院を置き、国々には軍団と郷学とを置いて、皆が文武を教わっていた。又、孔子も文武両全の意義について述べて、「文事有る者、必ずや武備有り矣」と申していた。その他にも黄石公は、文武相並べて国家を治め、人民の生活苦を救わねばならないということを述べ、春秋時代の斉の将軍・司馬穣苴は、治世にあって戦を忘れないことが国家を保護する道であると言っている。その他にも晋の六卿、斉の管仲、漢の二祖、蜀の孔明、我が神祖（徳川家康）の如きは皆文武両全の旨を会得した人々である。それ以外にも兵を談ずる人は日本にも唐山にも数多あれども、皆それぞれにその得意とする所だけを伝授している「一方利きの兵家」なので、両全と言うには及ばないのだ。かつ又、戦闘の道には、それぞれの国土に応じた流儀がある。その概要を論じるならば、日本ではその軍立は小競合いである。血戦を主として謀慮は少ない。ただ国土自然の勇気に任せ、命を捨てて敵を砕くことを第一の戦法とするので、その鋒先は鋭いけれども、その方法が粗雑なので〝持重※4〟と評されることはない。一方で唐山は理論と方法を重んじて謀計が多く、持重を第一義とするため、その軍立は堂々としているが血戦に至っては甚だ鈍い。これらの事は日本と唐山の両国の軍記を読んで味わえば、その鋭さと鈍さとがよく判る。これは寛永の頃に渋谷八右衛門、濱田弥兵衛等たった九人で台湾へ押し渡ってオランダの将軍（城主）を捕虜にしてしまった例もあり、安永年間に私が（長崎奉行・柘植長門守の警護役として）肥前の鎮台館に滞在していた頃、崎陽の在館で唐山人六十一人が徒党を組んで反乱を起こした時に、我が党十五人が鎮台の命令を受けて相向かい、即時に六十一人を討ち破り、彼らの楯籠（たてこ）もっていた工神堂（だいくかみ）を破壊して帰ってきた。この時に唐山人と手詰めの勝負を為して、彼の国の人が力戦に鈍いことを私自身で試みて知ることができた。又、ヨーロッパ諸国は大小の火器を専ら使用して、その外にも飛び道具が甚だ多い。しかも艦船の制度は優れて細かく定められていて、船軍（ふないくさ）に長じている。特にその国には非常に優れた法体系があり、よく統治して国民相互の親睦が深いため、同じ国で攻め討つ事は無く、ただ相互に協力して他国を侵略して自己の占領地とすることに、昔から今まで勉めてきており、決してその国内で同士討ちの戦争（＝内戦）をしない。これは日本や唐山等が全く及ばない所である。兵を指揮統率する者は、これら三つの軍事上の特性を十分に理解して、臨機応変すれば、天下をほしいままにできる。

すなわち、①「日本は海国である」ということ、②「今の清国は昔の唐山より優れているので、日本は油断してはならない」ということ、そして③「日本・唐山・欧州三つの地域にはそれぞれ戦闘の基本的な流儀に違いがある」ということ、これら三つの教えは、日本のこれまでの兵法家が未だに発言していないことである。これらが未だに発表されていない理由は、昔から今までの軍学の先生方が皆、唐山の書物に基づいてよい方法を考えだそうと努めてきたので、自然に唐山流に陥ってしまい、かえって海国には海国の兵制があることに気がつかなかったからである。今、私が初めてこれらに言及したのは、深く憂慮する所があって広く問い、切に考えてのことである。

この趣旨のことを理解できたとしても、尋常の世人は決して口外しようとはしない。口外しようとしないのは、身を謹んで遠慮して黙っているからである。私は〝直情径行〟すなわち、いつも自分の心の命ずるままに行動し、曲がったことが嫌いな性格で、しかも孤独な男であるから、何ら恐れはばかることが無い。それゆえ「ベンゴロウ事件」を始めとして、日本中の全てが外敵の来るのが容易であるという特性をありのままに出し、それによって海国に肝要な武備はこのようなものであるという事を「肉食の人々」である欧米人に知らしめてやりたいと思ったので、これまでに見聞してきたことを集めて編纂し、この書を作成した。これが私のような一介の者をして、徳がどうであるか、地位がどうであるかなど眼中に無く、ただ海国の守りをどうするかということだけに心を患わせてきた所以である。しかしながら私は、非常に身のほどを超えたことをしてしまった。罪を免れないことは承知している。そうではあるが、林子平という「人」を捕らえるべきではなく、林子平の「言論」をこそ捕らえるべきである。これこそが私のような一介の者が徳や地位などを顧みることなく、この書物を作成することで言論により当世に警鐘を鳴らしていることの意味するところである。こうして書物が完成したことを私自身、貴重なことだと思っている。そうは言うものの、私には才能が無く、文献も不足している。それゆえにそれぞれの字が句を成しておらず、それぞれの句が章を成していないので、観る者をして読法に苦しむであろうことを恐縮している。それでも、初学者が兵法修得の一端をここに開くことで、「文を以て兵法(戦略・戦術・戦法)がさらに広く深くなるように磨きをかけ、武を以て文明が華開くようにこれを助ける」ということの趣旨を会得し、文と武のどちらもその精髄にまで至ることができれば、即ち国や家を安らかにさせて海国を保護する一助となるに違いない。ささやかにこの書を日本版の『武備志※5』であると言ったとしても罪にはなるまい。ただし、その文章の拙さゆえに、その意図するところを誤解されないことを切に願うのみである。

時天明六年丙午(ひのえうま)夏

仙台 林 子平 自序

※1　唐山(カラ)　漢民族を中心とする諸民族で構成された統一国家が存在した地域及びそこに所在した国の総称であり、特定の国の名称ではない。地域的にはかつての秦、後漢、隋、唐の最大版図が該当し、現在の中華人民共和国の領土から黒龍江省、吉林省、内蒙古自治区、新疆ウィグル自治区、青海省、チベット自治区を取り除いた地域も概ねこれと一致する。

※2　韃靼(だったん)　タタールとも云い、唐山の北方にある満州・モンゴル高原など漢民族と異なる民族が居住する地域、あるいはそこに所在した国の総称

※3　土佐の国において日本国に在留するオランダ人宛と認められる書を届けさせようとした事件明和八（一七七一）年に起きたこの事件は、ベンゴロウのロシア軍艦がその後に阿波藩領内に侵入した際、同艦の水夫にされていたポーランド国籍のベニョヴスキーという者が、阿波藩の役人に密告したことによって発覚した。

※4　持重(じちょう)　敵に軽々しく動かされず、慎重に行動すること

※5　武備志　一六二一年に明の茅元儀によって編纂された兵法書。「兵訣評」十八巻、「戦略考」三十三巻、「陣練制」四十一巻、「軍資乗」五十五巻、「占度載」九十三巻の全二四一巻で構成され、膨大な数の図表と地誌航海図を掲載している。

海國兵談 第一巻

仙台　林　子平述

水戦（海上における戦闘）

海国の武備は海辺に重点を置く。海辺での兵法は水戦を主体とする。水戦の勝敗を決する要（かなめ）は大砲である。これが海国として当然の兵制である。そうであるから、この「水戦」篇を全巻の最初に挙げていることに深い意義がある。通常どこにでもある兵法書と同じような書ではないことを承知してもらいたい。

平和が長く続いている時代には人の心が弛（ゆる）む。人の心が弛んでいるときには、戦乱を忘れてしまう。このことは、日本と唐山とを問わず昔も今も変らぬ通病である。平和な世にあっても戦乱を忘れないでいるのを「武備」という。おそらく「武」は「文」と相並び〝徳〟を意味するのであろう。「備」は〝徳〟ではなく〝事（わざ）〟すなわち実行すべきことである。事変に臨んで不足するものが無いように物資を備えておくことを云うのである。

○現在、世の人々は皆、異国船が乗り入れる湾は長崎に限られているので、別の湾内に船が寄港することは、絶対にありえないことだと思っている。実に平和ボケして危機感のない人たちと云えよう。すでに古くは薩摩の坊ノ津、筑前の博多、肥前の平戸、摂州の兵庫、泉州の堺、越前の敦賀等の湾内に異国船が入ってきて物を献上し、あるいは商売したという事例が多々ある。自序でも言及したように、日本は海国であるから、どの地方の湾内へも好きなように船を寄港させることができるので、東の果てにあるからと言って、かえって油断することがあってはならない。こうした事情を考慮すれば、現在長崎港の入口に石火矢台（砲台）を設けて守備隊を置いているが、日本国中の東西南北を問わず、ことごとく長崎の港と同じように備えておくことが、海国における武備のあるべき姿である。さて、このことは達成困難な目標では無い。今から新たな制度を定めて漸次に備えてゆくならば、五十年にして日本の総ての海浜は堂々として厳然たる守備をなすであろうことは十分に予期できる。これは疑いのないことであろう。こうしたことが成就するならば、大海をもって池となし、海岸をもって石壁となして、日本という全周囲が五千里（約二万㎞）もある巨大な城を築き立てたようなものだ。ああ、なんと愉快なことであろうか。
○人知れず思うところであるが、現在、長崎には厳重に大砲を備えているが、却って安房、相模の海港にはそのような備（そなえ）が無い。このことを甚だ不審に思う。よく考えてみると、江戸の日本橋から唐山、オランダまで境界の無い水路である。そうであるにも拘わらず、ここに備を置かないで、長崎にだけ守備を敷いているのは一体何なのか。私の意見としては、安房と相模の両国に諸侯を配置して、湾の入口にある海峡部、すなわち浦賀水道に厳重な備を設けるのであるが。日本の全ての海岸を守備するには、まずこうした港の入口から始めていくべきである。これは海国における武備の中でも特に重要な場所である。そうは言っても、(江戸幕府がやっていない政策を)恐れはばかることなくありのままに言うのは不敬である。しかし言わないのはまた不忠である。これゆえに、孤独な私が罪をはばかることなく、ここに書くのである。

○水戦に強くなるには、第一に艦船(いくさぶね)の製造に創意工夫を尽くさねばならない。その次には船頭や楫(かじ)取りに軍船の操作法を十分に教育・訓練しなければならない。その次には総ての兵士に水泳訓練、水馬、操舵術の教育を施さねばならない。これら三つが水戦の最重要事項である。さらに詳しいことは、第十六巻で述べるところの「文武兼備大学校の図」を見て承知されたい。

○異国の武備についての書物にも、海からの侵攻を防御する手段が様々に書かれているが、これは唐山において倭寇と名付けた日本の海賊船を防ぐやり方であり、はなはだ容易(たやす)いことばかりなので、これを我が国にて異国船を防ぐための手本とすることはできない。日本において国外からの侵攻を防ぐ術策は、これに反して大々的な事ばかりである。そのように大々的となる理由は、異国から日本を併呑する目的でやって来るのであれば、そのやり方も大仕掛けになるはずである。

そうした大規模な侵攻を破砕すべき守備であるからには、こちらも又大仕掛けで対抗しなければ、勝つことはできないと知るべきだ。その大仕掛けのそれぞれについては左記のとおりである。

○海辺に守備を敷いて異国の大型船を破砕することを目指すからには、先ず異国船の構造や、それらが堅固である理由を十分に理解しなければならない。それらを知ってから後に、勝つための術策を施すのである。

○今日、日本に来航する異国船といえば、唐山、オランダ、朝鮮、琉球、タイ等がある。北方には蝦夷船があるが、未だ我国に来たというためしを聞いたことがない。たとい来ることがあっても、取るに足らない小船である。同じく北方にカムチャッカ（ロシア）の黒船がある。これも又、未だ日本に来ていないと云われているが、すでに自序で述べたように、カムチャッカのベンゴロウが黒船に乗って日本を巡見したという例もあるので、一概に来ることがないとも言い切れない。その船はオランダ船と同様に小さな城のようであり、きわめて頑丈な船だと聞き及んでいる。この船が来ることがあれば、先ず陸奥・常陸及び上総・下総等の港口に寄るに違いないと思われる。海路の道順からすれば、こうなるものと予想されるのである。

○唐山の船は長大ではあるが、製造法が拙（まず）いため、その船体は頑丈ではない。元より唐山人は船のことを「板（ばん）」と呼んでいる。心の奥でただの板だと思っており、その板に乗り水を渡って用をなすまでの事だとしか考えていないので、その製造もお粗末になるのだ。ただ五色鮮やかな漆喰（しっくい）を用いて塗装することで壮観さを示すだけである。これを破砕するには、大砲や大型の弓を用いて容易に砕けばよい。フィリピン、朝鮮、琉球等の船は、ほとんど唐山船のやり方を模倣しているので、その製造法は甚だ粗略であり、しかも小型なので、唐山船よりもさらに破砕するのが容易である。オランダやヨーロッパ諸国の船は、その構造がたいへん頑丈で、大型である。優れている大砲でなければ、これを破砕することはできない。元より西洋人は船のことを「水城」と呼んでいる。唐山人が「板」と云うのとは天と地ほどに大きな違いがある。まさに水城と呼ぶに相応しく、その構造の頑丈さと大規模さは恐るべきものである。まず、天然の叉木、このような形の大きな木材を連ねて船の骨組みを造り、その表側で板を張るべき箇所には、また同じく叉木の長大なものを、首尾から組違いに連ね重ねて、このように積み上げ、鎗（やり）のような太さの鉄釘を狭い間隔で数多く打ち貫き、縦横に縫い合わせて仕立てるのである。その空隙の部分には蠻瀝青（チャン）※1を注入し、また外面の水に浸る部分は全て鉛で表面を包み、水が一滴たりとも船の木部に接しないようにしている。船の長さは十六丈（約五〇ｍ）、幅は四丈（約十二ｍ）、船体の高さは三丈五〜六尺（約十一ｍ）もあり、帆柱を四本立てている。中央の大柱の高さは十九丈（約五七・五ｍ）もあり、

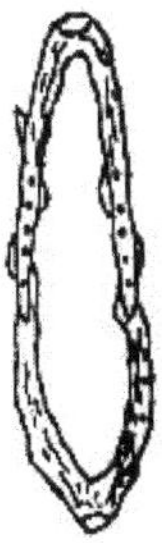

帆十七、幟十二を掛けている。船内は板敷きを全部で三つの階に張り詰め、諸所に天窓（ひきまど）を設けて、船外から明かりを受けている。各階毎の上下間隔は九尺（約二・七m）余りである。その広く平らであるのは、馬場のようである。二階部分の側舷（そくげん）には、約一メートル四方の窓が三〇余り開いており、窓毎に大砲が設置されている。その大砲は三貫目（約十一・三kg）の弾丸を入れるものである。特にその舵取りは実に巧妙であり、一度船を操れば、この大船がくるりと廻るのである。例えば、面舵（おもかじ）に敵がいれば、面舵の大砲十二門を一から十二まで順に発射する。射ち終わった時に合図をもって舵取りに命ずると、舵取りは操舵し、船を廻してすぐに取舵（とりかじ）を面舵の方に向けると、再び取舵の大砲を敵に向けて一から十二まで順に発射する。その間に初めに発射した面舵の十二門に弾込めをして、合図を待つのである。弾込めをするのには、窓の外に突き出た砲身に船の上から移って、砲口近くに馬乗りに跨って込める。火薬は紙の袋に入れて袋のまま込めている。すでに取舵の十二門を射ち終われば、また船を最初のように直して面舵を敵に向けて発射するのである。その巧妙さは言葉に尽くしがたく、日本や唐山等がやろうとしても及ぶところではない。水戦に用いて有利なものとしてこの船に勝るものはなく、敵にとって恐るべきものでこの船に及ぶものはない。このようなわけで、なかなか通常の大砲をもって破砕できるものではない。また近頃、オランダ人が日本に持ち込んだ「ゲレイキスブック」というヨーロッパで出版されたイタリアの武備に関する書物を読んだところ、水戦についてはこの船だけでなく、全てが広大この上なく、はなはだ巧妙にできた戦艦が数多くある。この書物を読んで、大略を知ってもらいたい。
○右に述べたようにとてつもなく頑丈な大船が存在するからには、先ずこれを破砕できる方策を創意工夫することが、海国で最も重要な戦法になるだろう。十分に思慮して計らねばならない。
○私が方策を考えるに、オランダ船に搭載している大砲は全て、前文で述べた頑丈な大船を相互に破砕する為の道具なのだから、この大砲の構造を模倣すれば頑丈な大船をいとも簡単に破砕できるだろう。安永の頃、私はオランダ船に乗り込んで、その大砲の構造や寸法を測定してメモ書きした。その構造は左記のとおりである。

砲身の長さ八尺（約二・四m）、砲の太さは砲身の先端部で直径一尺一寸（約三三㎝）、
火薬を込める部分（砲尾部）は次第に太くなって、最も太い所で直径一尺四寸（約四五㎝）、
砲の口径は四寸（約十二㎝）一貫目の鉛玉の直径は二寸九分三厘（約九㎝）余りであるから、直径四寸の弾丸は二貫七百目（約十㎏）程度である。

この大砲の図を左に示す。

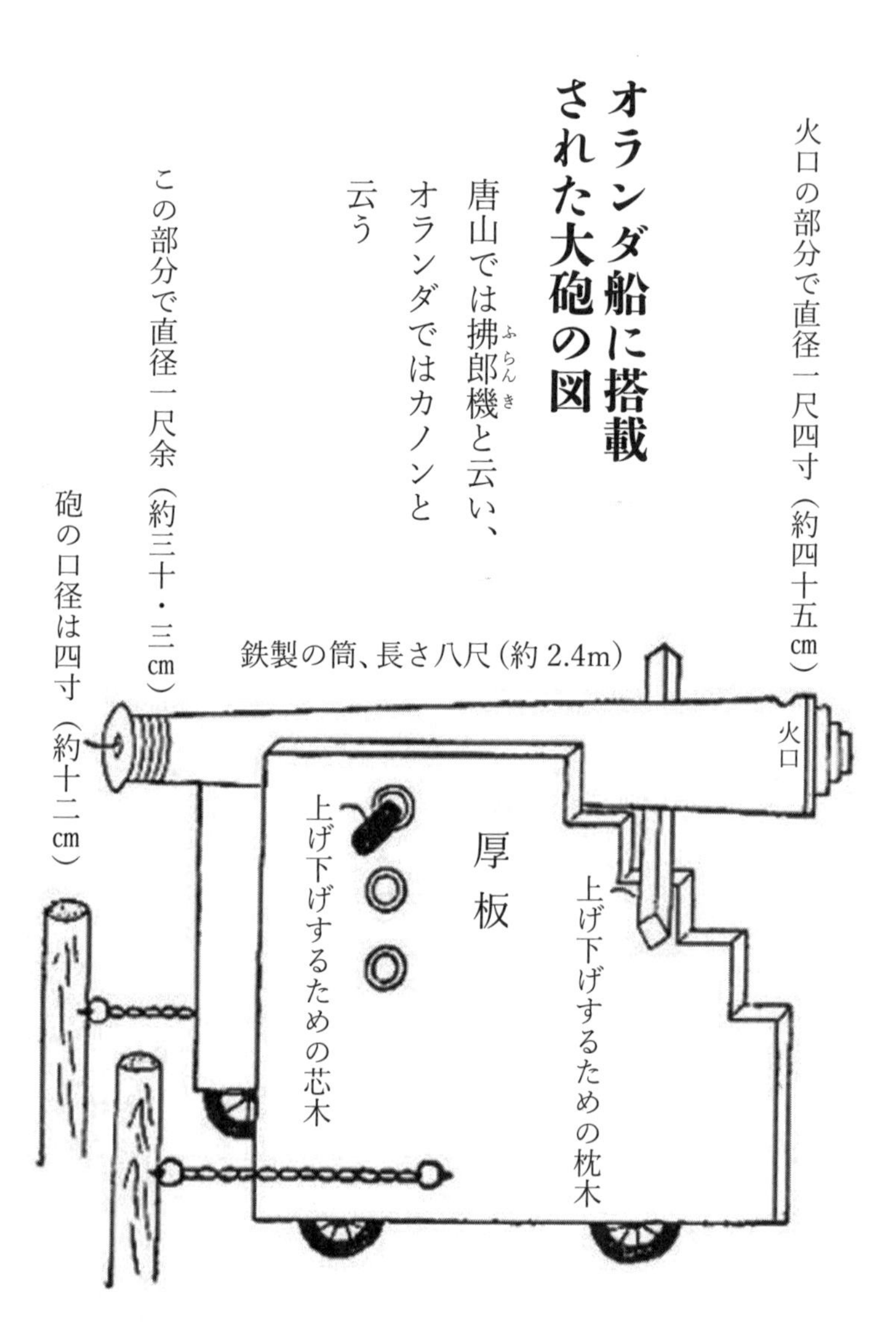
火口の部分で直径一尺四寸（約四十五cm）
オランダ船に搭載された大砲の図
唐山では拂郎機と云い、オランダではカノンと云う
この部分で直径一尺余（約三十・三cm）
砲の口径は四寸（約十二cm）
鉄製の筒、長さ八尺（約 2.4m）
火口
厚板
上げ下げするための枕木
上げ下げするための芯木

○右の構造に倣って大砲を製造して砲撃すれば、敵の頑丈な船を、いとも簡単に破砕できる。ましてや唐山、フィリピン等のお粗末な船ならば一発で二〜三隻も破砕できるだろう。

○オランダの砲弾に「帆柱切」という弾種がある。その形体は鉄の弾丸二つを相連ねて、長さ五尺ほど（約一・五ｍ）の鉄鎖により二つの砲弾をつなぎ合わせたものである。これにより、敵艦の帆柱を折るという。その形は左図のとおりである。

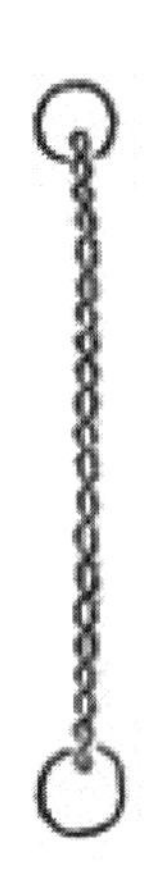

全ての異国の大船は（その構造上）、艣（ろ）や榜（かい）を一線に並べて設けることが困難で、ただ帆のみを頼みとするので、帆柱を折られてしまうと甚だしく航行困難に陥り、終には乗っ取られることになる。こうしたことから、相互に敵船の帆柱を折ることを最初に追求すると聞き及んでいる。

○右に述べた大砲を海岸に配備して発射するのである。また、海辺の山上に据（す）えつけて敵船を見下ろして、手前の舷側を射て。撃ち抜けば、その弾丸が向こう側の舷側から水中に抜け通るので、船に水が入ることになる。

○右のような大砲を日本船に搭載することは、これまで試みたことがないので何とも言えない。思うにこの大砲を日本船に搭載して砲弾を込めたならば、必ずや船体が裂けて破損することになろう。十分に試験してから船に設置しなければならない。

○また思うに、敵船が陸に近づくのを撃って破砕するための備(そなえ)であれば、船に搭載しないで、海岸にのみ設置しても十分な効用があるだろう。
○一貫目(三・七五kg：砲弾の重量)内外の大砲を日本船に搭載して水戦に臨むべきことは、以下に記している。ただし、二〜三貫目(七・五〜十一・二五kg)の大砲で戦うことは、やった例(ためし)がないので知らない。
○大砲により大船を破砕することの効果は、この趣意に基づいて損得勘定すれば、大砲さえあれば容易かつ確実に敵を撃滅できるということである。そうであるのに、日本の風潮として、古来より大砲の製造はほとんどなされなかった。これは海国であることを意識しなかったからである。このような時代には海国に相応しい武備は、全く存在しなかったようなものである。願わくは、前述したような大砲をおびただしく製造して、日本の宝としたいものである。しかしながら今の世は、公私ともに華美に費やす金が分に過ぎて多いので、大砲を新たに製造することなどは、中々思いも寄らないことである。そうであっても、あえて言おう、華美は禁じるべし、国土の武備は欠いてはならない、と。この旨をあまねく天下の人々に呑み込ませて、雑費が出ないように制度を定め、自然と質素にさせる優れた法令を施行して、上下の出費を削減し、国家を富ませて、その後は大名小名の禄に応じ、または国土貧富の場所に応じて、「大筒役(大砲税)」という金銭を少しずつ払わせて、上述したところの大砲を年々、数を定めて製造し、日本国中の全ての海浜に備え置き、これを日本永代の武備として、天地とともに止むことのない掟として定めたいものである。この大砲の備を全ての海岸に設けなければ、日本の武備が完整したとは言い難いのである。

○密かに思うに、日本が国を開いてから三千年来、この大砲の備を海岸に設けないまま今に至るが、なお安全である。その上、外からの侵攻を想定して厳しくたしなめられたことも、今日に至るまで一度も起こらなかったのに、今新たにこの海国の備をものものしく言い出すのは、考え過ぎているようでもあり、あるいは新奇をてらっているようでもあり、またはみだりに狂言を発しているようでさえある。そうは云えども、〝天地や人の世の事には必ず変革がある〟というのが定められた真理である。これから後もずっと、今日と同じ世の中が続くなどと、断じて思ってはならない。その上、五つの世界に存在した国々、早く国を開いたものであれば今から六千余年前、遅くても三千余年前には国というものが存在した。当然、それぞれの国には皆、英雄や豪傑がおり、三千年以上にわたる智恵を積み上げて、天文、地理、海路等を測量してきたことで、地球を掌(てのひら)の上に見るかのようである。当然のことながら相互に他の遠国を侵略しようと思うようになり、五つの世界の英雄豪傑等は互いにこれを目指したので、今では世界共通の宿願となった。中でも優れた法律を整えたヨーロッパ諸国の人々は、ことさらこの願望が強い。そうであっても遠国を取るには妄りに軍隊を動かさず、ただ利害を説得することでその国人を懐柔し、そうした後に押入って占領する。これについて思うに、今、日本はヨーロッパと海路で遠く離れている。その上、彼らの説得話は古来、日本人が受け容れなかった心情に基づく。その軍隊は海路が遠すぎて、連れてくることができないので、我にとってヨーロッパは恐れるに足らない。ところが、密かに聞くところによれば、近年、唐山やシベリア（ロシア）の人々がヨーロッパ人と交わり親しんでいるという。さらに親交が深まれば、唐山やシベリアの英雄豪傑等が優れた法律を授けられるであろう。西洋流の法律を受け容れたならば、侵略を企図するようにもなろう。彼らが侵略を企図して日本にやって来るならば、海路は近く、兵馬は多い。その時になって備が無ければ、どうすることもできないだろう。つくづく思えば、今後も必ずや唐山、シベリアの地から、日本を侵略しようと企てる者が現れるであろう。絶対に備を怠ってはならない。このことは、日本が国を開いてから三千年後の今日に至って、私が初めて発言したのである。密かに思えば、こうした話をするのは、私本来の能力を超えている。もしかしたら、塩釜宮の大神による〝神託〟かもしれない。
○鉄製や青銅製などの大砲は、一般的で誰もがよく知っている。もっとも一度製造すれば千年も持つものであるから、この兵器が重宝となることは、言うまでもない。それでも大器晩成の理（ことわり）どおり、年月を積み重ねて製造しなければ、必要な数を得ることはできない。もし、急速に数多の大砲を用いることがあれば、当座の間に合わせに松の木砲を用いよ。差し当って急場をしのぐことはできるだろう。そうは云えども、これにより真の大砲を製造することを怠ってはならない。

○松の木砲は、よく弾丸を飛ばせて遠くまでとどかせるものである。しかしながら、長時間にわたり使用するのには耐えられず、発射弾数は五〜六発に限られる。その製造法は、生の松の木を丸く削って二つに引き割り、その中心に弾丸が入るだけの溝を掘り抜く。溝の末端は抉止め（くりどめ）に形成する。溝を掘り終えてから二つを合わせて、竹の箍（たが）を砲首から砲尾まで隙間なく巻きつけて使用する。真の大砲に劣らない威力を発揮する。当然のことながら点火は「指火式」すなわち砲身後方上部に火口を設け、そこに火種を付ける方式である。溝の抉り方は左図のとおりである。

ここに火口を付ける
これを二つ合わせて一本の筒にする

○火薬の製法は多くの場合、九・二・一の方法を用いる。硝酸カリウム九匁（もんめ）（三三・七五g）、灰二匁（七・五g）、硫黄一匁（三・七五g）、これらを細かい粉末にし、煎茶により煮合わせ、竹筒の中に突き固め、竹を割って取り出し、細かく刻んで用いるのである。また、十、二、一の方法もあり、硝石十三、二、一の方法もある。

○弾丸は鉛が最もよい。次は鉄、次は銑（づく）※2、次は煉丸（れんがん）である。煉丸は砂石及び銅鉄の滓を細かくして、漆あるいは膠（にかわ）※3によって煉り固めて玉の形にし、布で三重に包んで用いるものである。また、粘土質を多く含んだ良質の土に芋（う）ズサを刻んだものを混ぜて弾丸とし、布で三重に包んで用いる。これは、爆発力の弱い火薬で近くの船や敵陣を砲撃するのに適している。イス、ブナ、樫等の堅くて重い木で玉を造り、潮が混じった泥の中に埋めて貯え、使用するときは表皮を乾かして用いる。

右に記した砲弾や火薬も、事変に臨んで急速にこしらえることができないので、長い平和で戦のない日々に、漸次に製造して貯えておかねばならない。いくら大砲があっても、砲弾・火薬が無ければ、全く役に立たないのである。

火薬は長い年月を経て、少しも劣化しないものである。私が安永年間（一七七二〜一七八一）に、元和年間（一六一五〜一六二四）に製造された火薬を手に入れて、自ら大砲を発射して試したところ、（約百五十年前の火薬のほうが）かえって新しく製造された火薬よりも良好であった覚えがある。火薬を貯蔵するには、銅器か大瓶に入れて埋めておくのである。

○大きな弾丸により大船を破砕することについては、前条ですでに詳述した。そこで次に乱火、棒火矢等により焼討ちを行なうのである。黒船は蠻瀝青（チャン）を塗っているので、ことさらに火が移り易い。さて、焼討ちにも様々な方法がある。左にこれを記す。

○大砲には炮烙火と云って、敵船を炙り溶かす弾丸がある。その製造法は、銅により直径三〜四寸（約九〜約十二cm）の空丸（中が空の弾丸）を作り、銅鑵の半片を二つ合わせて球状の弾丸とする その中に硝酸カリウム五十匁（一八七・五g）、硫黄十二匁（四五g）、灰五匁（十八・七五g）、松脂四匁（十五g）、樟脳三匁（十一・二五g）、鼠糞二匁（七・五g）、これらを細かい粉末にし、水糊を混ぜて周囲五寸（約十五cm）の竹筒の中に突き固め、竹を割って取り出し、鋸で長さ二寸（約六cm）程に切断し、これらを紙袋に入れた物を四つの半片銅鑵の中に据え、空隙の箇所に火薬と砒素を流し込む。火薬は銅鑵を割り、袋薬は物を焼き、砒素は人を眩ます そして銅鑵へ導火縄を差込んで、外面は漆布により張り固めるのである。この火薬の加減製法はきわめて重要である。全てにわたり大砲専門家の秘伝があるので、その技術者を用いなければならない。

導火縄が一寸（三・〇三cm）であれば、先端の三分（約九mm）を球外に出しておき、余りは横向きに寝かせるようにして漆布で押えておく。この図の弾丸を二〜三十発同時に射ち込めば、どんな大船もあっという間に焼き崩すであろう。

○乱火の法がある。その方法は、鉄製の小筒を数十挺作製し、小筒の寸法は長さ二寸（約六cm）、口径は三匁（十一・二五g）の玉が入る大きさ。筒の末部に火口があり、そこから導火縄を差し込むようにする。 これらの筒に通常の鉄砲に弾丸と火薬を込めるように、火薬を八分

（三g）ずつ入れて玉を込め、堅く突き固めるのである。そして、小筒毎に導火縄を差し込む。この小筒を十四～五挺、筒先を外に向けて、縦横に組み合わせ、細い苧縄※4により結い固めて丸い筒状にし、その隙間には粗い粉末の火薬を所々に流し込んで、外面から導火縄を差し込んでおく。そうして漆布で十分に巻くことで凹凸が無いよう円筒形にする。それぞれの小筒の先については、閉じることなくむき出しにしておく。この弾丸を敵船に射ち込んで、敵船員があたふたしている間に、大導火縄から導火薬に火が移り、導火薬からそれぞれの小筒の導火縄に火が移れば、十五挺の小筒が鳴響いて鉛球が飛び出し、これらが人を殺傷し、物を破壊する。もっともこの弾丸とは、初めの段落で言及した炮爍火と相交えて射ち込むものである。炮爍火は物を焼き、この弾丸は人を殺傷するので、人が（消火のために）近づくことができず、終に船が焼き尽くされる。炮爍火が十五発ならば、この弾丸も十五発ということになる。

○筒火矢というものがある。薄い鉄板により長さ二尺（約六十cm）程度、周囲は概ね八～九寸（約二四～二七cm）の筒を作り、その中に竹筒に込めた大薄の花火を入れ子にして導火縄を差し込む。竹に込めず、鉄筒に直に込めれば、一挙に火が移って早く燃え尽きてしまうので、竹に込めて、入れ子にするのである もっとも鉄羽を付けなければ、飛ばないものである。鉄羽を取り付けるには、蝶つがいにして、大砲に込めるときは、その鉄羽を筒先の方に折り返して込める。発射して砲身を離れたならば、その鉄羽が後ろの方向に開いて、風を受けるので、筒火矢が真直ぐに飛ぶのである。鉄羽の付け方は左図のとおりである。

込める時は、このように折り返す
飛ぶ時は、このように開くのである

右に記した大薄の花火を込める竹筒の中には、別に燃焼用の火薬玉を込めなければ、物を焼くことができない。秘伝であると聞き及んでいるが、大略は先に述べた炮爍の火薬を胡桃子（くるみ）の大きさに丸くし、筒に応じて込めるのであろう。いずれにせよ大砲の秘伝に通じた専門家を用いるべきである。

○棒火矢というものがある。通常の六尺（約一八二㎝）棒の太さで、長さ三尺（約九一㎝）程の樫木棒の先端に尖って木部に突き刺さる金具〝鉄根〟を取り付け、棒に火薬を塗って敵船に射ち掛ければ、その棒が狙った部位にしっかりと立って燃えるのである。その火薬の調合は、

硝酸カリウム五十匁（一八七・五g）、硫黄十二匁（四五g）、灰五匁（十八・七五g）、

松脂四匁（十五g）、樟脳三匁（十一・二五g）、鼠糞二匁（七・五g）

右は日本式の方法である。又一方で、

硝酸カリウム十匁（三七・五g）、硫黄八匁（三十g）、灰三匁三銭（十一・二五g）

右は『兵衡（へいこう）※5』に記されている方法である。

右はいずれも細かい粉末にし、薄く塗った糊の上から棒に塗る。塗り方は、棒に溝を三条掘って、この火薬を溝から溢れるほど塗り、全体にも厚さ二分（約六㎜）程懸かるまで塗りつけ、外面は紙を貼り付けて固めるのである。もちろん鉄羽を取り付けることは、上述した筒矢の構造と同じである。この矢を二〜三十本、高所から船中に射ち込め。あるいは船の横腹、又は艫（とも）（＝船尾）の部分の舵を取り付けている箇所に射ち込むのがよろしい。

○初めに言及した炮爍火を三十個作製し、細い紐を二尺（約六〇㎝）程付けて、一人に一個ずつ持たせ、小船二艘に乗せ、（一艘につき十五人が炮爍を持って乗る）敵船の左右に忍び寄り、密かに導火縄に着火して、一斉に敵船に投げ入れよ。もちろん砒素入り火薬※6でなければならない。

○小型の棒火矢を百挺作製して五つに分け、一船に二十挺ずつ乗せて、敵船の左右に忍び寄り、二十挺ずつ同じ標的に向けて弓矢で射て、五ヶ所に襲いかかって焼討ちせよ。

右に挙げた以外の焼討ち戦法、又は曲打火矢、繰玉（からくりたま）、狼煙（のろし）、花火等の仕方には、大砲家に数々の伝授があるが、いずれも秘とされている。全ての火術には、その技術者を用いなければばならない。

○弩弓により火矢を射掛ける術がある。その方法には陸から射出すものと、船に設置して射るものとがある。どちらから射るにせよ、弦を張り、矢をつがいてから後に、口薬に火を着けて発射しなければならない。
○弩弓を船に設置し、敵船に押し寄せて射るには、一つの弩を二人で操作することになる。一人は弦を張り、もう一人は矢をつがい点火するのである。全ての弩は、短時間で矢をつがえることができるので、鉄砲・大砲による火矢よりも効果的な場合もある。もっとも（鉄砲や大砲よりも射程が短いので）楯を仕立てて敵船に漕ぎ寄る必要がある。
○火船の術というものがある。この戦法は、軽い船によく乾かした柴や萱（かや）を船一杯に高く積んで、縄を四方から引っ掛けて崩れないように固定し、柴には油を注いでおく。その積み重ねた柴の上と舳（へ）先とに帆を懸ける。また、筒切りの燃焼薬（炮爍火の箇所に記述あり）三十斤を箱に詰込んで、両方に導火縄を取付け、頑丈な足が付いた台の上に載せて船の真ん中に置き、縄で船の梁に結んでしっかり固定し、桐油紙や渋紙の類で蓋（おお）っておく。さらに、これとは別に火薬と燃焼薬とを等分に混合したものを二斤（燃焼薬は上述の炮爍火の条中に記述あり）小箱に入れて、これを三個こしらえ、導火縄を差し込んで柴の間に結び付けておくのである。さて、強風の時に別の船で風上からこの火船を引いてきて、敵との距離六十間（一〇九・一m）程で小箱の導火縄に点火して、敵船が密集して縄でつなぎ合って停泊中の所を目がけて突っ込ませる。（導火縄は、概ね六十間に二寸と見積られる）そうして、この船を敵船に押し付けて、敵が慌てふためく間に小箱の火薬が燃え始め、柴に火が移り、さらに中央の大箱へも火が移って燃え出したならば、柴の火炎が盛んになって、たちまち敵船に火が移るのである。もっとも、この箱火薬も製造法がきわめて重要である。

○西洋船は、密集せずに一艘ずつ距離を開けて停泊するものである。こうした場合の火船には、別の戦法がある。ただし、火船の構造は始めに述べたとおりである。この火船を小早船（小型の早船）二艘に引かせるのである。小早船の水主（船員）は、一艘に十人とする。さて、その火船の前後に長さ一丈（約三ｍ）程の細い鉄鎖を、船首に二本、船尾に二本取り付ける。この四本の鎖の先に長さ六～七尺（一・八二～二・一二ｍ）の棒を付け、棒の先に鋭く尖った鉄の部品を取り付ける。そして、この鎖を火船の前方の小早船に二本、後方の小早船に二本を取り乗せて、火船と合わせて三艘が連続して、焼こうとする敵船の楫に近い所に船体を押し付けるのである。その時、十人の水主の内二人は素早い動きで、その鎖付きの大きな棒を、敵船の船板にあらん限りの力で突き立てよ。ただし、楫に突き立ててはならない。又、二人は慣れた手つきで素早く、燃焼薬をしみ込ませた花火数本に火を着けて、小箱に近い柴へ差し込むのである。これらの動作が完了次第、小早船を漕いで速やかに大船から離れよ。火船から七～八間（約一二・七～一四・五ｍ）隔たれば、火薬の爆発による震動で怪我をすることも無いであろう。さて、船首と船尾の花火から柴に火が移れば、大小の箱火薬が激しく燃焼し、大火になって敵船に燃え移るのである。
○船中に棒火矢、炮爍火の類を射ち込むには、ほぼ真中に射ち込むようにする。又、外から仕掛けて焼くには、楫の部分から燃やしていく。そこには楫柄の穴があるので、船中に炎が通り易いからである。その上、船尾の方には船員の部屋も多くあり、物置もあり、窓も多いので、船内に火が移り易いことを考慮せよ。これらが焼討ちの心得である。

大砲の構造や製造法、射撃法及び焼討ちの概要は、右に述べた条項によってあらましを修得せよ。それ以上はさらに精しい理を窮めることで自ら優れた域に到達せよ。これらは海国が最も重視すべき武術であるから、上にある人は、よくこれらの術を下の人々に教え、下位にある者は、よくこれらの術を鍛錬しなければならない。必ずや上下ともに海国のため、このことを怠ってはならない。

○又、大船を破砕するには大弩を用いよ。異国に千均の弩と云って、柱のように巨大な矢を弾く弩がある。『ゲレイキスブック』にも大矢を弾く柱弓がある。さらに大石を飛ばす装置がある。これら三つの図を左に示す。私が三つの兵器の雛形となる模型を作って試したところ、いずれもよく弾いて遠くまで飛ばすことができた。ましてやその実物とあれば、どうであろうことか。

三兵器の図は左のとおり。

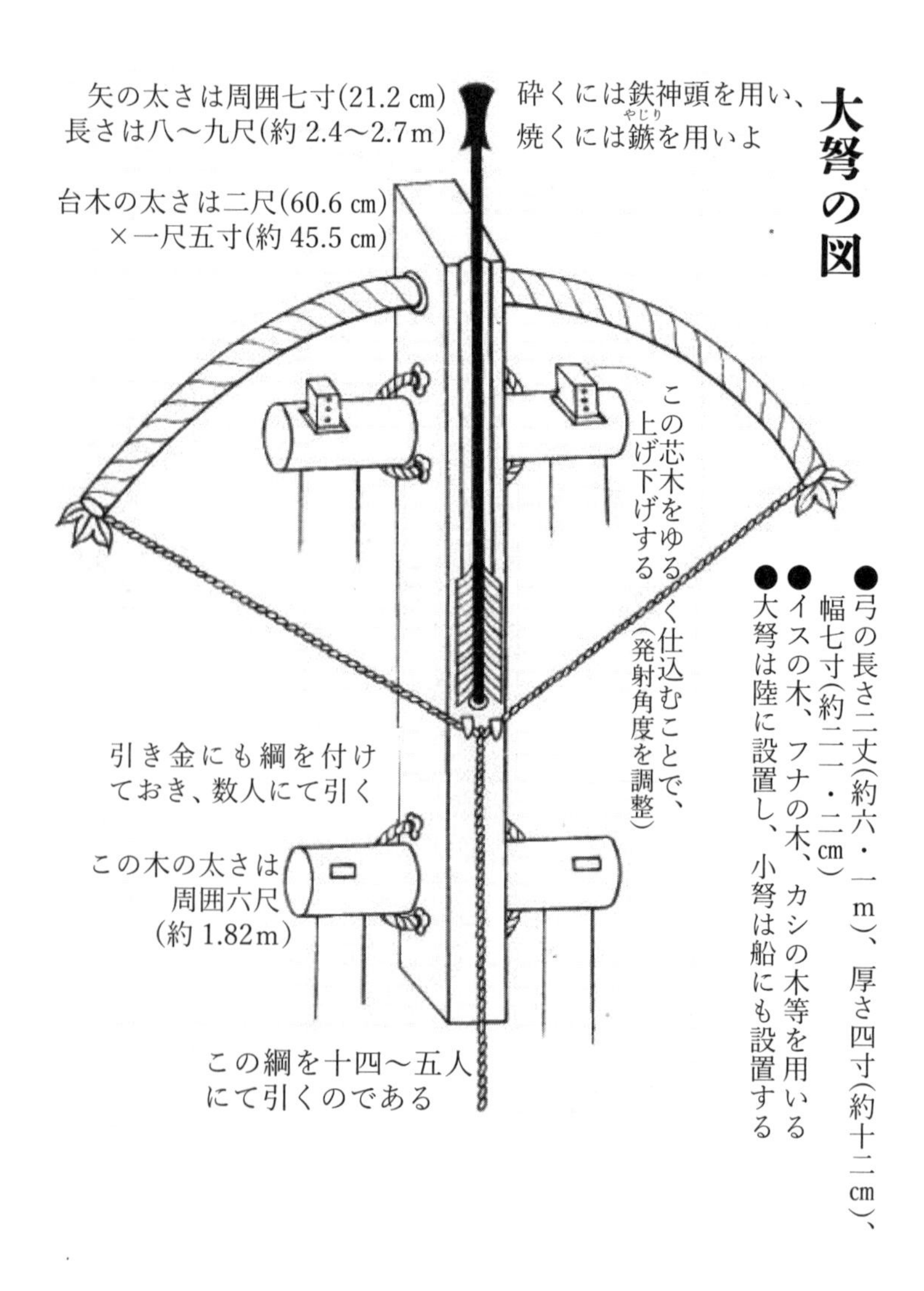
大弩の図
矢の太さは周囲七寸(21.2 ㎝)
長さは八〜九尺(約 2.4〜2.7m)
砕くには鉄神頭を用い、
焼くには鏃を用いよ
台木の太さは二尺(60.6 ㎝)
×一尺五寸(約 45.5 ㎝)
この芯木をゆるく仕込むことで、
上げ下げする
(発射角度を調整)
●弓の長さ二丈(約六・一m)、厚さ四寸(約十二㎝)、
幅七寸(約二一・二㎝)
●イスの木、フナの木、カシの木等を用いる
●大弩は陸に設置し、小弩は船にも設置する
引き金にも綱を付け
ておき、数人にて引く
この木の太さは
周囲六尺
(約 1.82m)
この綱を十四〜五人
にて引くのである

石弾きの図

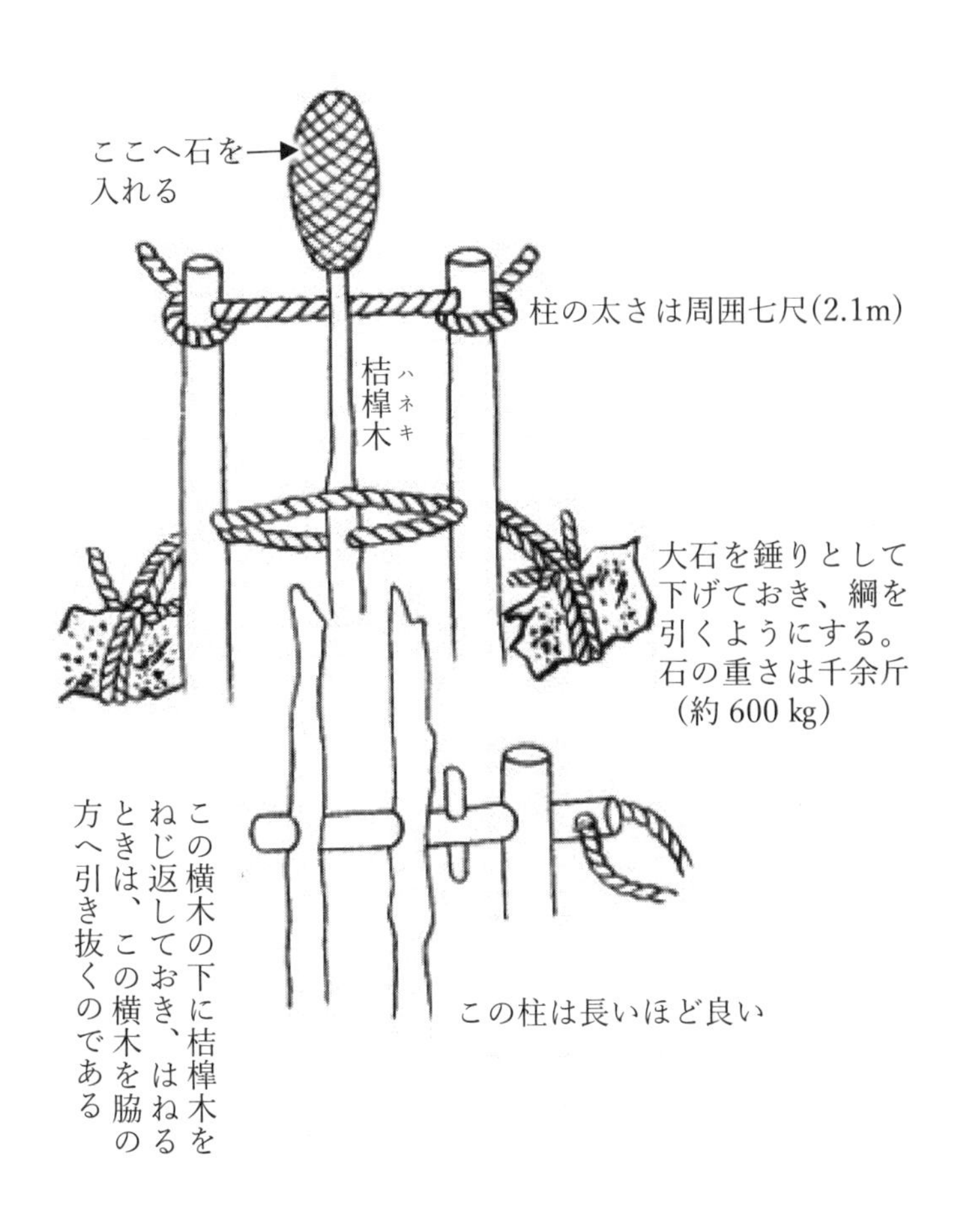
ここへ石を入れる
柱の太さは周囲七尺(2.1m)
桔槔木(ハネキ)
大石を錘りとして下げておき、綱を引くようにする。石の重さは千余斤（約 600 kg）
この横木の下に桔槔木をねじ返しておき、はねるときは、この横木を脇の方へ引き抜くのである
この柱は長いほど良い

柱弓の図

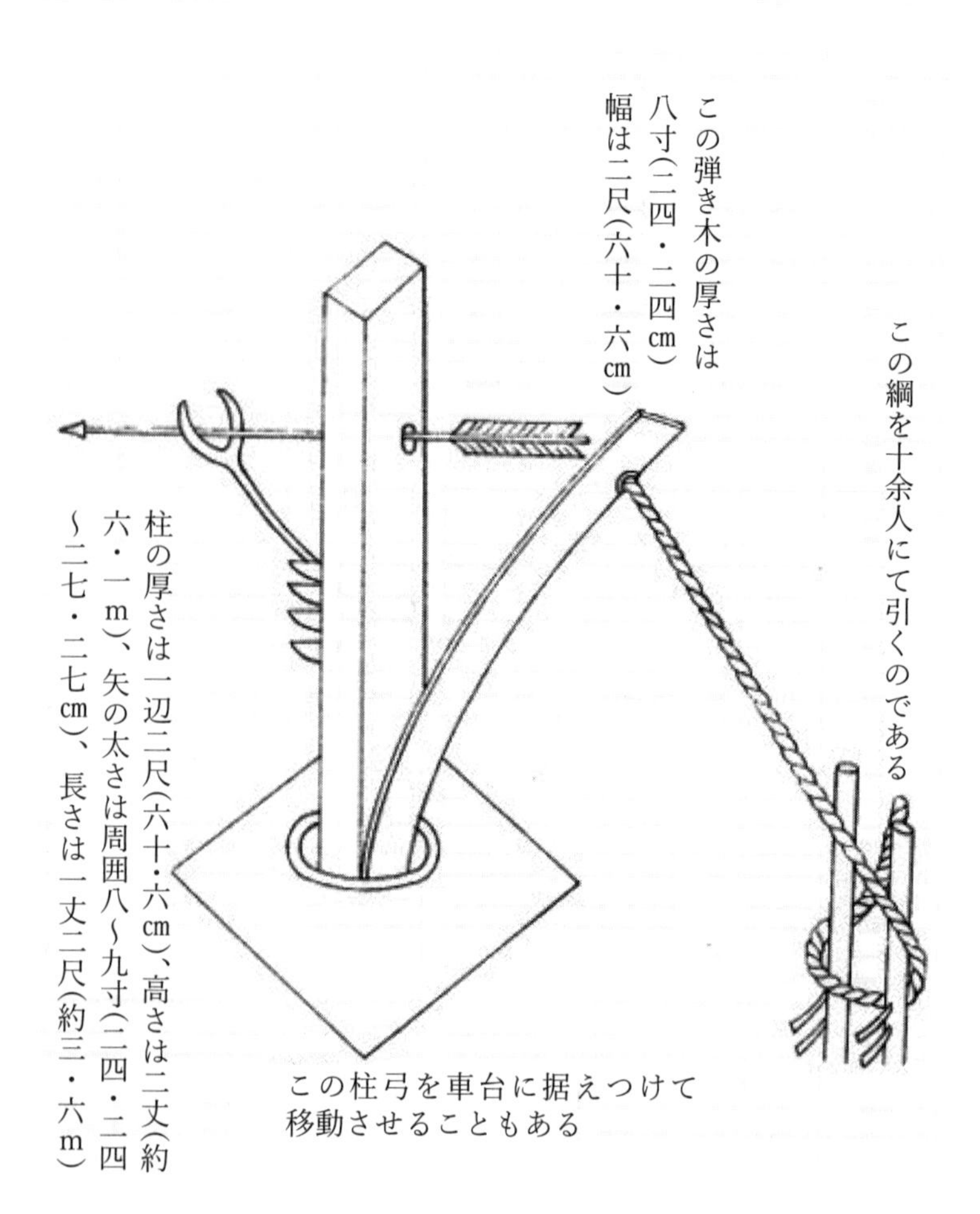
この弾き木の厚さは
八寸(二四・二四cm)
幅は二尺(六十・六cm)
この綱を十余人にて引くのである
柱の厚さは一辺二尺(六十・六cm)、高さは二丈(約
六・一m)、矢の太さは周囲八~九寸(二四・二四
~二七・二七cm)、長さは一丈二尺(約三・六m)
この柱弓を車台に据えつけて
移動させることもある

○砲弾や石・矢を遠くまで飛ばして堅固な敵船を砕くということが、これまでに記してきた大砲、大弩、柱弓、石弾き、焼討ち等についての数箇条である。これらをよく教え諭し、鍛錬すれば、海岸防御の術は大概こと足りるであろう。

○大弩、石弾き、柱弓等を製造することは、無用の造工のように思う人もあるに違いない。しかし、これらの兵器こそ火薬を節約する良策であって、英雄豪傑の深い思慮から出てきたことである。断じて迂遠の長物などと侮ってはならない。今こそ製造すべきなのである。

○飛道具により大船を破砕する術は、これまでに記し終えた。そこで次に〝手詰めの水戦法〟すなわち水上における接近戦や白兵戦の方法について記す。しかしながら、諸流に伝授する船軍(ふないくさ)は、ただ小船同士の戦法のみであり、異国の城のような大船に対して我が小船に乗って攻め懸かるような教えは、全く存在しない。今、この書は我が小船に乗って異国の大船を悩ますべき術を旨とした書であるので、先ずその術を最初の段落に記すものである。それらを理解したる後に、小船同士の小競合いについてもよく理解すべきである。

○小船にて異国船に攻めかかって戦うには、先ず唐山、オランダ等の大船の長さ、高さ等を知ってから後にその術を施さねばならない。ほとんどの唐山船は、長さ二十余間(約三六・四m)、横幅五間(約九・一m)余、深さ二丈(約六・一m)余である。その船の形状は、たいへん反りが高くなっている。この船に四〜五百人も乗れば、船体中央付近で水面に浮かび出る部分の高さは七尺（約二・一m）余になる。舳先は一丈四〜五尺（約四・二〜約四・六m）浮かび出て、艫は一丈（約三m）程水面から出ることになる。

○オランダ船は、唐山船よりはるかに高くて大きく、しかも頑丈である。その長さは二十四〜五間（約四三・六〜約四五・五m）、横幅六間（約一〇・九m）程、深さ三丈五〜六尺（約一〇・六〜約一〇・九m）から四丈（約一二・一m）にも及ぶ。その船の外形は反りが無くて平作りである。その水上に浮かび出る部分の高さは、船体のどこでも二丈（約六・一m）程である。日本の番船（番船は小船で、長さは五〜六間（約九・一〜一〇・九m）である。）をオランダ船に押付けて、オランダ船の横腹に取り付けてある梯子を登るのであるが、大概は二十階か二十一階登っている。一階を一尺（三〇・三cm）と見積っても二丈（約六・一m）となる。このような大船なので、日本の船を横付けしたところで登るべき術がない。せっかく小船を大船に横付けしても、登るのに手間取っている間に大船を旋回されてしまえば、たちまち押沈められてしまうだろう。それゆえ横付けするや即時に飛び登らなければ、犬死してしまうのである。その飛び登る術について左に記す。

○柄の長さ二丈（約六・一m）の大きな鳶嘴（とびくちばし）を十分に鋭く磨いで、その柄に一尺（約三〇cm）間隔で縄巻きの節を付けて、各人がこの器具を持ち、また爪の飛び出た鉄履（てっくつ）を着用する。履の形状は左に図示する。そうしてオランダ船に横付けしたならば、即時にこの鳶觜を船の上段に威勢よく打ち込み、その鉄履の爪を船板に踏み掛けながら、たぐり登る。登り終われば、素早く船中に飛び込んで斬りつけるのである。しかしながら、この動作は五人や十人の少人数で登れば、皆薙ぎ落とされて死ぬことになろう。戦法としては、戦士二十人乗りの小船を二十艘で乗りそろえて、大船の左右に十艘ずつ同時に押付け、一斉に打ち込み、一同にたぐり登り、一挙に飛び入るのである。きわめて重要な動作である。よくよく教え諭し、繰り返し訓練しなければならない。

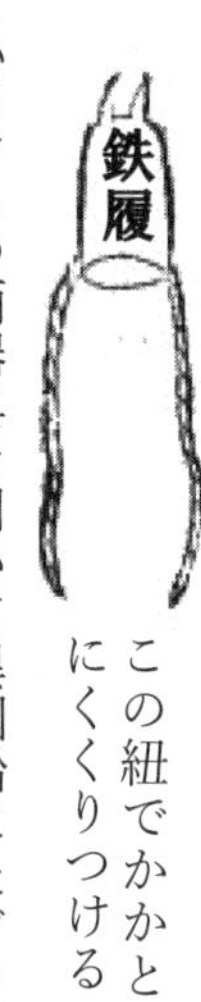

長柄の鳶嘴

私自身この両器具を用いて異国船にたぐり登ることは未だに試みていないが、通常の直立した木板に登って試したところ、思いのほかよく登ることができた。三～四回稽古すれば、身軽にこなせるようになり、呼吸も苦しくなくなること疑いなし。

○ある説に右のたぐり登りをするのに、左右から同時に攻めかかれば、船中の敵も左右に備えて防ぐので登り難い。例えば小船二十艘ならば、十艘で左側から押し寄せて、短兵急に攻め登るように敵に見せる。船中の敵は左側を防ごうとして、兵員全てが左方に片寄るであろう。その時残りの十艘が素早く右側に押付けて、たぐり登る。登るやいなや、刀を抜きつれて船中の敵を薙ぎ倒して廻るべし。その騒動中に左側の人員も登って斬り込むのである。

思うに左右から攻めかかろうと、一方から攻めかかろうと、その時に有利な方に従えばよい。いずれにせよ定められた動作さえ素早くできれば、勝利を収めることにもなると思われる。動作が悠長であってはならない。

○中船に脚を固定するための荷を積んで、その上に高さ二丈（約六・一m）程の梯子(はしご)を五本立て、左右に四～五尺（約一二一・二～一五一・五cm）ずつ間隔を開けて取付けておく。この船に戦士五十人を乗せて十艘を一組として、五艘ずつ敵船の左右に押付けて、その梯子を伝わって登るのである。もっとも全員が鳶觜を持って船端に打ち掛け、打ち掛けて攻め入る。このように鳶觜を用いるのは、梯子を押し倒されないためである。船中に飛び入ったなら遮二無二に斬りつけろ。

○小船十四～五艘に戦士十五人ずつを乗せて、全員に初めに述べた鉄履を着用させ、その上に柄の短い鳶觜を両手に持たせて、大船に押し寄せるや即時に両手の鳶觜を打ち掛け、打ち掛け、鉄履の爪を踏み掛け、踏み掛けてよじ登れ。登り終わったならば、刀を抜きつれて斬りまくれ。

右の器具にてよじ登ることも、私が直立した木板に登って試してみた。これまた、思いの外登り易いことが分かった。特に西洋船は、船体の外面に大綱、大碇、水揚げの器などがあって取り付き易いので、戦闘中でなければ徒手にしてよじ登ることさえできる。ましてや器具を用いるならば、なおさら容易である。

樓船（たかどの）の図

船の長さは五十間（約九十・九m）
樓の高さは二丈（約六・一m）

○この船に乗る戦士は三百人である

○二百挺の榜（かい）を用いる。榜を漕ぐ人は、板子の下に居て働く。ただし、舵候（かじみ）と梶取りだけは板子の上に居て、取舵・面舵の命令・合図等をするのである。

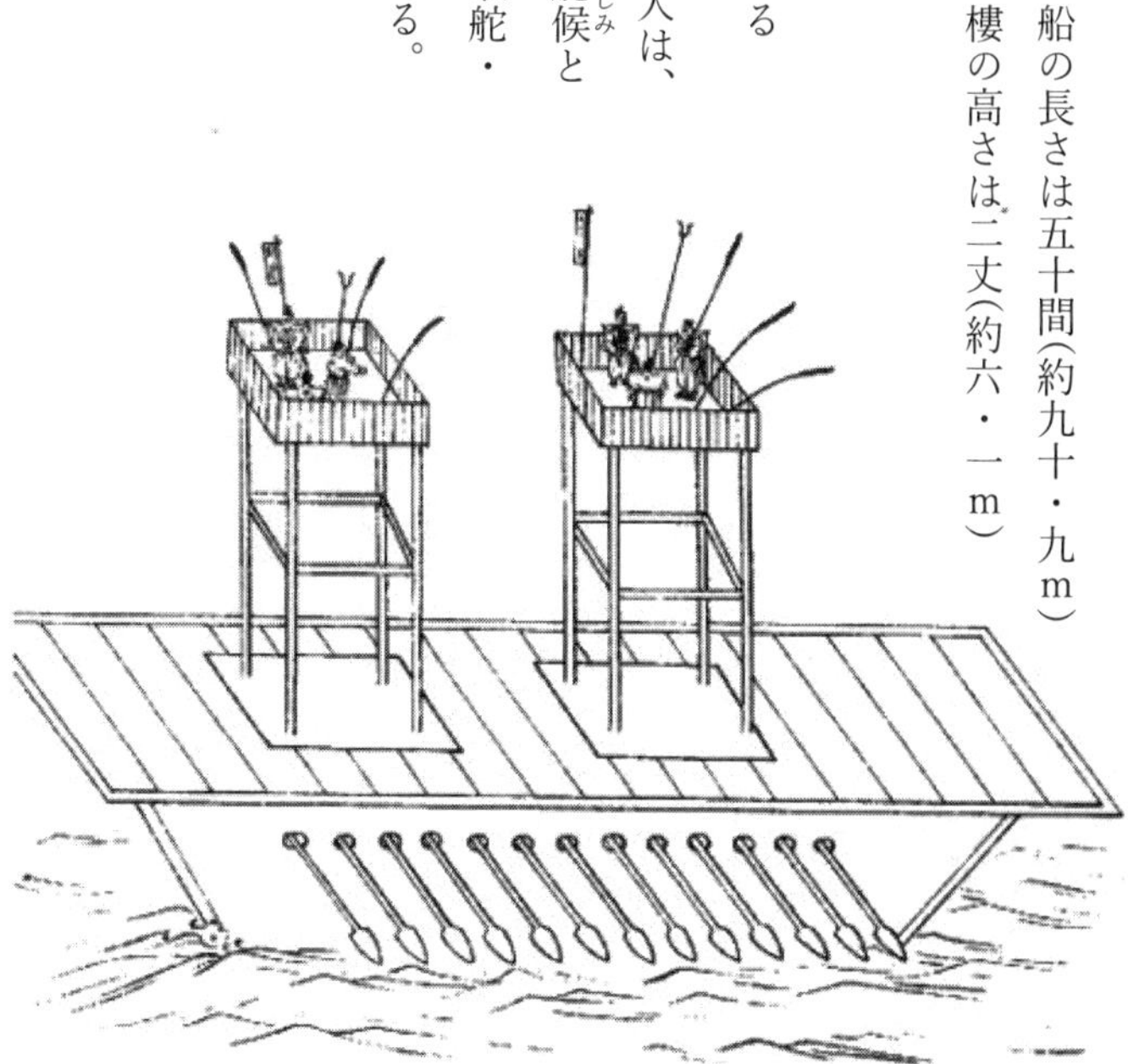

○長さ五十間（約九〇・九ｍ）程、横幅七〜八間（約一二・七〜約一四・六ｍ）にして、平らで大きな船を製造し、その上に高さ二丈（約六・一ｍ）程の樓（たかどの）を設ける。樓の広さは三間（約五・五ｍ）×六間（約一〇・九ｍ）である。四方に高さ三尺（九〇・九㎝）の囲いを付ける。この樓を二つ建て、樓の内に梯子を取り付けて、上の坐に登れるように構成し、戦士三百人を乗せ、二百挺の榜により船を進ませて敵船に押付け、弓、鉄砲、鎗、長刀等での戦いを生起させ、近づけば打鈎（うちかぎ）、鳶觜を打ち掛けて敵船に乗移り、激戦して敵船を乗っ取れ。これまたオランダ流である。ただし、この船は足が遅いので、大砲を搭載している大船には十分注意しなければならない。通常の大船を乗っ取るのである。よく臨機応変せよ。

打鈎

○竹束船というものがある。敵が鉄砲を数多く射ち込んできたり、敵の焼討ちを専門とする船に攻めかかるには、この船に勝るものはない。もっとも二十艘を一組として戦うべし。少数の船で戦ってはならない。さて、その構造は、小船に竹束を幾重にも密集して結び付けて、四方（前後左右）ともに大綱によって内側に結び付け、合間々々に狭間を切って内側から四方がよく見えるようにし、竹束は三重も四重も取付けて、垂れて水にひたるほどになるだろう。そして小さな帆を数多く揚げて、鉄砲によって二本三本が撃たれて切れても、構わずに目標とする敵船に走り着くようにする。もちろん、艣（ろ）や櫂（かい）も自由に使うのである。そうして鳶觜や熊手等が届くところまで接近したならば、内側から大綱を切り払えば、（前後左右）どちらでも一方の竹束がガラリと落ちて、我が船と敵船とが肌合わせになるとき、鳶觜、熊手、梯子等を自由自在に使って敵船にもがり付き、その後はこれまで述べてきたような種々の動作となる。船は二重底にして、水が入らないようにし、底を重くして、転覆するおそれがないようにせよ。もちろん、板子の下をいくつにも仕切って、水が浸み込まないように塗り固めるのである。これは、銃弾で撃ち抜かれても、仕切りの外に水を通さないためである。もっともこの仕切りはこの船に限らず、軍船であれば全て右記のように仕切るべきであろう。又、船ごとに〝水弾き〟すなわち散水装置を多く用意し、常に水をはじき上げて、竹束が濡れ浸るようにしておくことで、焼討ちの難を避けるようにする。竹束を低くするのは、風による抵抗を少なくするためである。総じてこの船も火船と同じように、強風の時に風上から攻めかかるのが好ましい。その構造・製作や操作等に関する事をよく教育訓練して、優れた錬度に到達すべきである。

竹束船の図

○船が見えない程に竹束を厚く取付ける
○図のように不断に散水する
○帆は船一艘につき十五～六を懸ける

右の数条では、異国の大船を攻め討つための戦い方の大略を述べた。なお創意工夫して精妙の域に到達すべし。ただし、いずれも敵船から大砲で撃たれることもある。それでも大砲の射撃には手間がかかり、次弾発射が遅くなるものである。その遅さに乗じて、手っ取り早く大船に引っ付くのである。大船から三～四十間（約五四・五～約七二・七m）以上離れているときは、大砲による被害を受けるものである。素早く敵船の脇に接触できたならば、船と大砲の構造上、敵は真下に大砲を射ち放つことなど絶対に不可能なのである。

○右の数条にわたる行動は、その多くが夜討ちとして実施されるものである。状況により昼間に行なわれることもあるが、昼は目視できるので敵船も防御の体勢を取り易いことから、攻める側に不利である。このため、夜間の行動とするのが一般的である。

○夜討ちをして首尾よく大船に飛び入れても、暗闇であれば案内知らずの船中で戦うのは困難であろう。そこで、戦士が敵船に乗移ったならば、我が船から早々と松明(たいまつ)を燃やして、敵船の中を照らすようにするのである。その方法として、例えば戦士二十人乗りの船であれば、水夫は十人である。敵船に横付けして戦士がよじ登っている時、十人の水夫のうち五人は、事前の役割分担により長さ二丈（約六・一m）余の松明を一船に十本ずつ用意しておいて、戦士が敵船にたぐり付くのを見たならば、五人は艪櫂(ろかい)を手放してその長松明に点火し、戦士が敵船に飛び入るのを見たならば、素早く長松明を敵船の船端まで立ち上げて、船中を照らすのである。一艘の小船から五本ずつ指し上げて、十艘にて五十本を燃やせば、敵船の中はかなり明るくなるだろう。しかしながら、これは一時的な照明手段に過ぎない。この後は数人ずつ段階的に大船に上げて、松明役の水夫は敵船中において、松明を燃やして戦士を助けるのである。いずれも計画を実行する初めに、しっかりと役割分担を定めて各人に徹底し、間違いのないようにして行動を開始せよ。

○小船数艘に水泳の上手な者（以下、水練上級者と云う）数十人を乗せて、敵船に忍び寄り、潜水して敵船の船底に穴を穿って浸水させる術がある。この戦法は、水練上級者毎に桶か瓢を顎から上にかぶって、両手を働かせても頭部が水に沈まないようにする。そして、筒鑿と鉄槌とを持って敵船に寄付いて、あらん限りの力でその筒鑿を打ち込むのである。すでに船板を貫いて船中に水が入るようであれば、筒鑿の頭に手をあてて伺えば、水が入るのが指を吸い入れるような感触で分かる。その時は、鉄槌だけを持って早く逃げ去れ。こうして、船一艘に水練上級者二十人を乗せて十艘を設ける。五艘ずつ左右から忍び寄って、水練上級者の全員が穴を穿ち終われば、二百の穴を穿つことになる。いかなる大船でも、たちまち沈没するであろう。西洋の海賊にこの術を施す者があると聞き及んでいる。

ただし、西洋の大船は、頑丈な丸太により船を製造しているので、鑿を打ち込む力が及ばないかもしれない。唐山やタイ等のように板だけで造られた船であれば、実施すべきであろう。
鑿の形は左図のとおりである。

長さは一尺五寸(約四五・五cm)

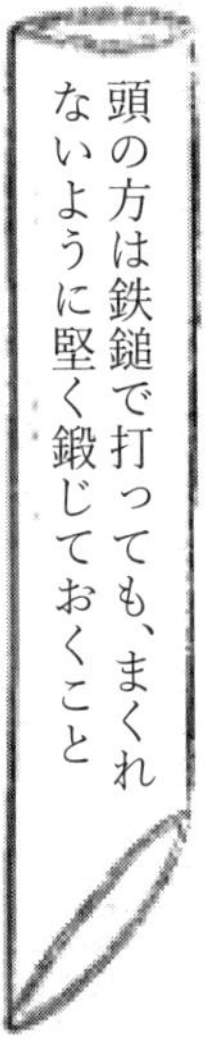

頭の方は鉄鎚で打っても、まくれないように堅く鍛じておくこと

筒鑿

右の数条で述べたことは、我が小船により異国のたいへん大きな船を打ち砕く戦術・戦法である。上下一致してよく教育訓練すれば、遠くヨーロッパに出向いても、断じて後れを取ることはないだろう。ましてや、遠くからこの国にやって来るような異国船など物の数ではない。しかしながら、上が教えることをせず、下が鍛錬しなければ、又しても空理空論となるだろう。疎かにしてはならない。

○異国人と戦う上で最も重要な心得がある。これまでにも述べてきたように、異国人は血戦が得意ではないので、種々の奇術寄法を設けて、互いに相手の気力を奪うことに努める。その国人同士はそれを見抜いて心構えもできているが、そのことを知らない日本人は彼らの奇術に遭えば、恐れ入って実に肝を奪われ、臆病を生じて、日本人の持前とする血戦さえも弱くなってしまうのである。小西行長・大友宗麟の輩がこれである。私が思うに、その奇術奇法はいずれもカラクリであって、武力を真剣には用いないものであるから、その奇術奇法を少しも恐れず、ただ一向に斬り込むのを第一の心掛けとすべきである。絶対に奇術の仕掛物に臆してはならない。こうした心得のためにも、その奇術を左に記す。

火夭　処々に火が燃える
毒霧　晴天に霧が起こる
火獣　数多の火の玉が地を走る
水底龍玉　水の底で雷のように鳴くもの
理圃古突悉吉不（リュクドシキップ）　中天を鳥が飛ぶように自由自在に乗り回す船。理圃古突は気体の南蛮語、悉吉不は船の南蛮語である。気体で乗る船（＝気球船）という意味である

神煙　処々に煙が立つ
火禽　数多の火の玉が中天を飛ぶ
八面砲　八方に飛び出る鉄砲
地雷　地中にて雷のように鳴って火炎が地上に燃え出て人を焼くもの

理圃古突悉吉不（リュクドシキップ）の図

船の長さは二丈(約六ｍ)、袋(気球)の大きさは一丈(約三ｍ)四方、帆柱の長さは四丈(約十二ｍ)、帆柱は鉄の張り抜きである。

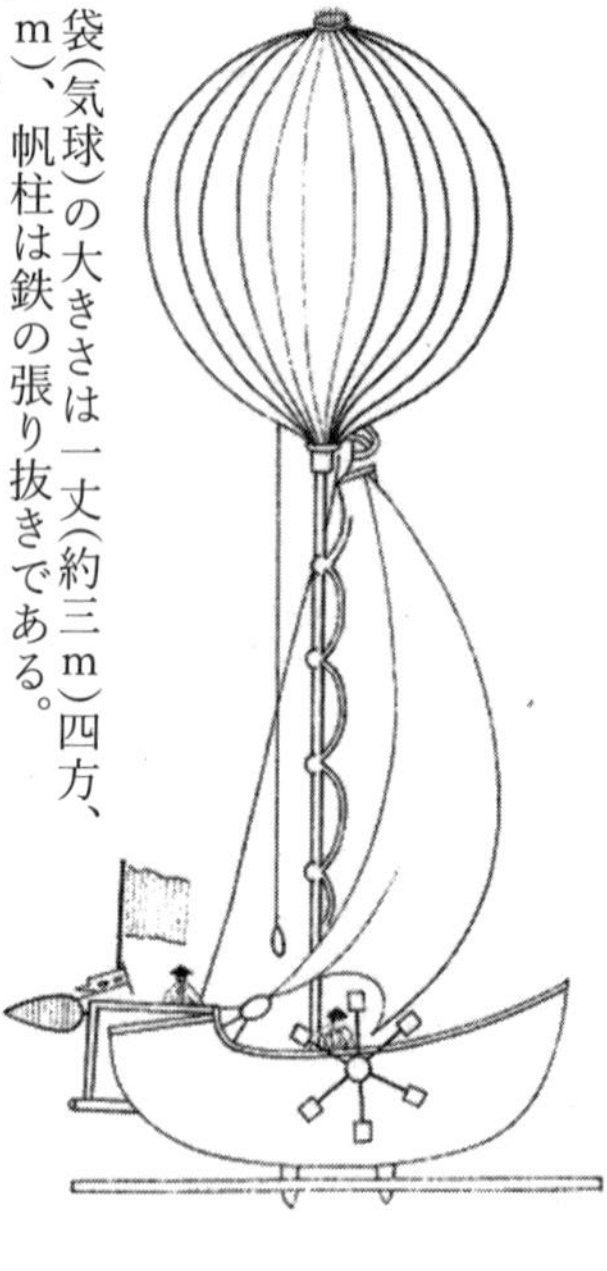

右の他にもまだいくらでもあるが、全て実用性の無いものばかりである。中でもこの船だけは特別に恐ろしい物のようであるが、これ又、たわいもないシロモノである。もしも我が軍の頭上を乗りまわすならば、鉄砲で帆柱の上にある風袋（気球）を撃ち抜けばよい。気体が漏れて船が落ちてくる。それを生け捕りにして、弄（もてあそ）んでやるのだ。しかし、こうした怪しき物を見馴れていない人は、恐れおののいて臆病になるものである。それゆえに異国人と戦うには、これらの物を恐れるなと云うことを、戦のたび毎によくよく諸軍に訓示しなければならない。

右の数多の怪しき物が日本で用いられた例は、未だに聞いたことがない。しかし、その製造法は『兵衡』及び『武備志』又は『ゲレイキスブック』等に詳しく載っている。閑暇の時にでも製作して、その実用性があるか否かを試してみるがよい。私は清貧なるがゆえに、この数多の怪しき物を造って試すことができない。空しくも後世の賢者を待つのみ。

これ以下は、世間一般の水戦法だけを記す。先に言うところの「小船同士の小競り合い」である。

○水上の戦は、陸地の戦における心構えとは相違があることを知れ。先ず大まかに言うならば、第一に船の進退が自由にならず、一身のかけ引きも思うままになし難いので、何よりも船を自由自在に動かさなければ戦うことさえできない。船を自由自在に操るには、楫候（かじみ）・楫取（かじとり）等の選任と、船の製造を精密にするのと、平素から操練をしっかりやることである。これらを心掛けずして急に水戦に臨めば、陸地の戦よりもいっそう手際が悪いものになると言えよう。そうであるから、異国では海辺の肝要な場所に、平素から船手の軍士を備えて置き、時には津々浦々の船を集めて、水戦を想定して操練している。これを「水塞」と云う。今では朝鮮にも、処々に「水営」を置いて、その教令もよく整っていると聞き及んでいる。これらの事は、実に羨(うらや)ましいことである。

○船役というのは、知行高に応じて軍船を出させることである。こうして軍船を集める方法は、御家や国ごとに定められている。また内陸国と沿岸国との違いもあるので、一定のことは言い難い。大略を心得ておき、国情に応じて最適なやり方を選べばよい。又、国によっては商用船も戦時には軍用船となり、大小船ともにことごとく国主に献上する掟もある。いずれにせよ最も好ましい方法を選んで定めるのである。

○船軍(ふないくさ)とは、大小の船を組み合せることである。大船は正兵となって敵に当たるのを主とし、小船は大船を助けて奇の働きをなすのである。

○大船、小船それぞれの利点については、大船は乗り回して周囲の小船を乗り沈めるのに適している。飛道具を備えて敵を悩ますのに適している。石を落として小船を苦しめるのに適している。大砲を発射するのに適している。総じて大洋に出れば出るほど大船に有利であると理解せよ。

○小船の利点は、軽々しく往来するのに適している。大船を助けて奇の働きをするのに適している。急に兵を増援するのに適している。二〜三十匁(七五〜一一二・五g)の大砲を射撃して大船の横腹、喫水線を狙い撃ちにするのに適している。物見（偵察）に適している。火船に適している。これら全てが小船の得意とするところである。

○異国には楼船と云って船の上に三重の楼（たかどの）を構えて、おびただしい数の戦士を乗せて水戦を行なうことがある。この船は水戦にきわめて有利であると云えよう。日本で今まで楼船が造られたと聞いたことはないが、先見の明ある将帥がいれば、ぜひとも製造してもらいたいものだ。たとい真の楼船ではなくても、楼船を意識して船を造れば、水戦に有利なことになるだろう。

○楼船は云うに及ばず、大小船ともに楯を用いて弓矢や鉄砲から防がねばならない。これとは別に大将の坐と楫候・楫取りの居所は確実に（木板等で）囲うべし。ただし船楯は、かけ外し自由になるようにすること。

○米穀、塩、味噌の類は船に応じて積む。大船に米や薪の類を積むには、一定量の米、次いで一定量の薪というように段階的に積み込むこと。

○艫（とも）（船尾）のはや緒（お）は、鎖にする。敵に切られないためである。

○楫候（かじみ）は巧みな者を選べ。そして「つめ」「ひらけ」の合図は言葉で発してはならない。鳴り物による合図を定めよ。例えば鈴と鳴子とを用意しておいて、面楫は鈴、取楫は鳴子、両方を一同に鳴らせば、直艫（まとも）※7というように定める。ただし、合図の鳴り物は気に入ったものでよい。

○艫櫂（ろかい）は定数の他に余計に用意せよ。破損したときの予備である。

○船に見合わない大旗を立ててはならない。重さで船の動きが不自由になるからである。その上、強風に流されることにもなる。単に目印として一本を立てればよい。ただし、将机船と楼船とは軍威を示すためであれば、軍旗を多数立てることもある。ただし、大将がそれとは別の船に在ろうとも気の向くままでよい。

○接近戦・白兵戦になったならば、艫（とも）の櫓三〜五挺のみで漕ぎ、それ以外は全て水から揚げる。

○舳先と艫には心身頑強な者に打鈎（うちかぎ）を持たせて配置し、敵船に打ち掛けさせよ。近くに引き寄せたならば、熊手、鎌等を打ち掛けて乗移れ。打鈎の図は初めに照会した。

○全ての船は、傾いても転覆しないように「脚止め」を取り付けよ。その形状について試みて最も良いものを採用すべし。

○水主（かこ）（水夫）たちにも平素から弓、鉄砲を教えておき、接近戦になって艫櫂を揚げたならば、水主たちも飛道具で戦うようにさせよ。

○小船に帆を上げて強風の中を走るときは、転覆することがある。艫から蓆（むしろ）を下げて水面を引かせれば、転覆しないという。

○船には自然と航行の遅いものと速いものがある。もちろん構造上からも遅い速いがある。いずれにせよ遅い船には艣榜を増やし、速い船には減らすようにせよ。

○「鉄だも」を船毎に用意しておいて、松明を燃やし、または炮烙火(ほうろくび)を敵船に投入れよ。また、敵からこちらの船に投入れてきたならば、この器具ですくい返すのである。「たも」の網は針金でこしらえる。その形は左図のとおりである。

鉄だもの図

○舵が折れてしまったときは、艣榜二～三挺を艫の左右に立て結び付ければ、船が転覆しない。このほか、舟楫のことに習熟して居る船方の者に尋ねたり、問うたりして、さらに知識を深めるようにせよ。

○港や河口等に入るには、敵に臨むのと同じように考えよ。先ず物見を遣わして陸地まで探り、その後に船を乗入れよ。絶対にこれを軽視してはならない。

○出船、帰船のどちらも、必ず船魂(ふなたま)を祀るようにせよ。その身は不信仰であろうとも、必ず祀るのである。これは人心を安堵させる権謀なのである。

○剥木（そぎき）、片板（へきいた）、まきはだ、鉄鎚（かなづち）、煉石灰（しっくい）等を船毎に多く用意しておくこと。これらは船を鉄砲で撃ち抜かれたとき、すぐに塞ぐための道具である。また、剥木に綿（わた）、あるいはまきはだ類をまといつけておいて、大砲で船を撃ち抜かれたときに素早くこれを押し込み、その上に板を打ち付け、煉石灰で塗り塞ぐのである。皆、一時的に急難を救うことになろう。前もって水夫らの中でこの役割分担を定めさせておくこと。

○船の舳先を鉄により鋭利に張り固め、敵船の横腹に突っ込んで船板を乗り割れ。

○百石積の船には、水夫を含めて三十五人乗ることができる。ただし艪櫂（ろかい）は十挺より少なくしてはならない。それ以外は、これを推して知るべし。もっとも脚固めの荷物を積むことを忘れてはならない。

○船と船との合図は、貝、太鼓等では風や波の音にまぎれて聞こえ難いことがある。そこで昼は旌旗を用い、夜は流星花火の類を用いるのがよい。

○火急の変がある時には、碇（いかり）を切って捨てよ。そのため船毎に予備の碇を用意しておくこと。ただし鉄の錨を切捨てにするのは惜しまれるので、石碇、木碇を用いるのがよい。異国も多くこれらの碇を用いている。その形は左図のとおりである。

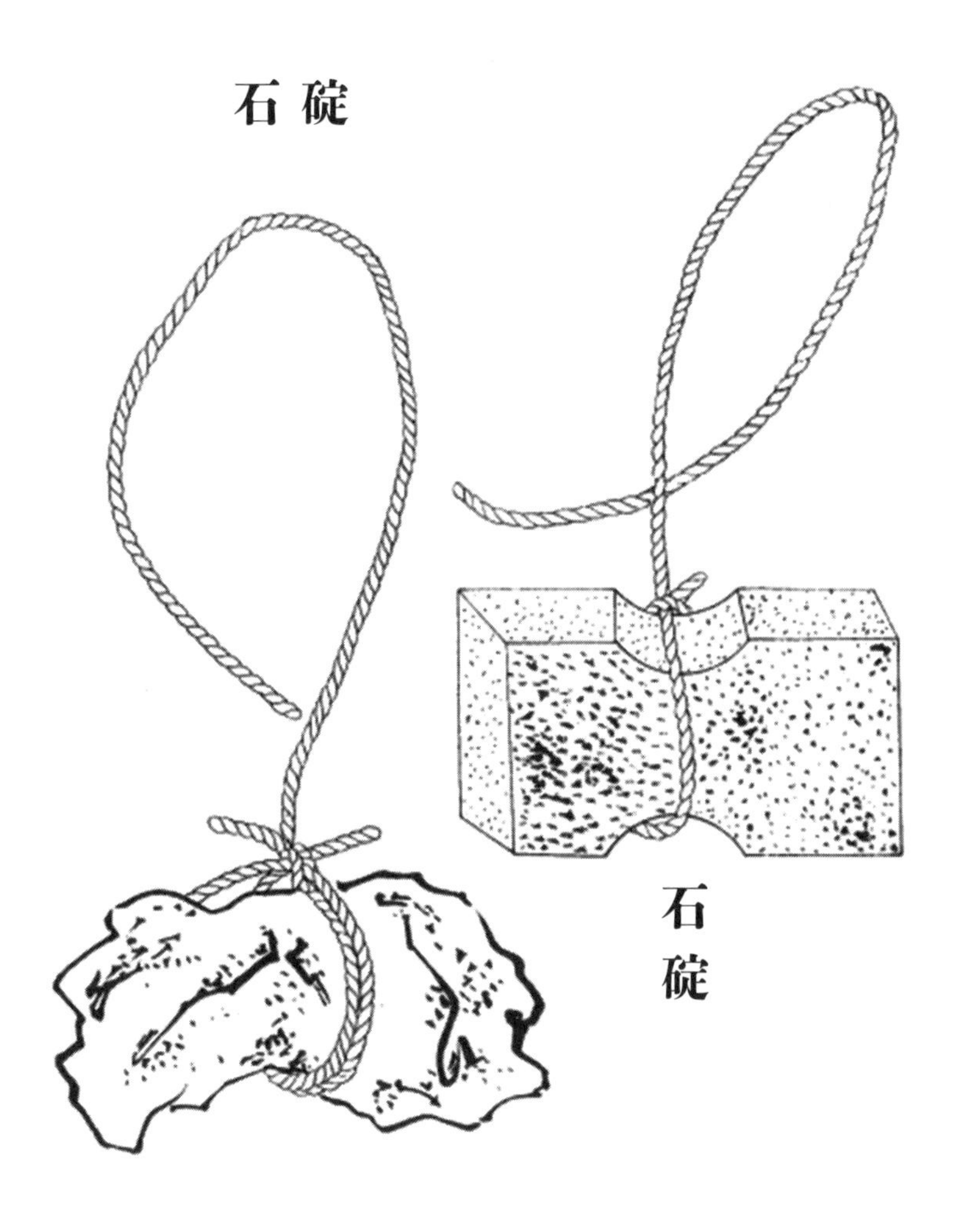
石碇
石碇

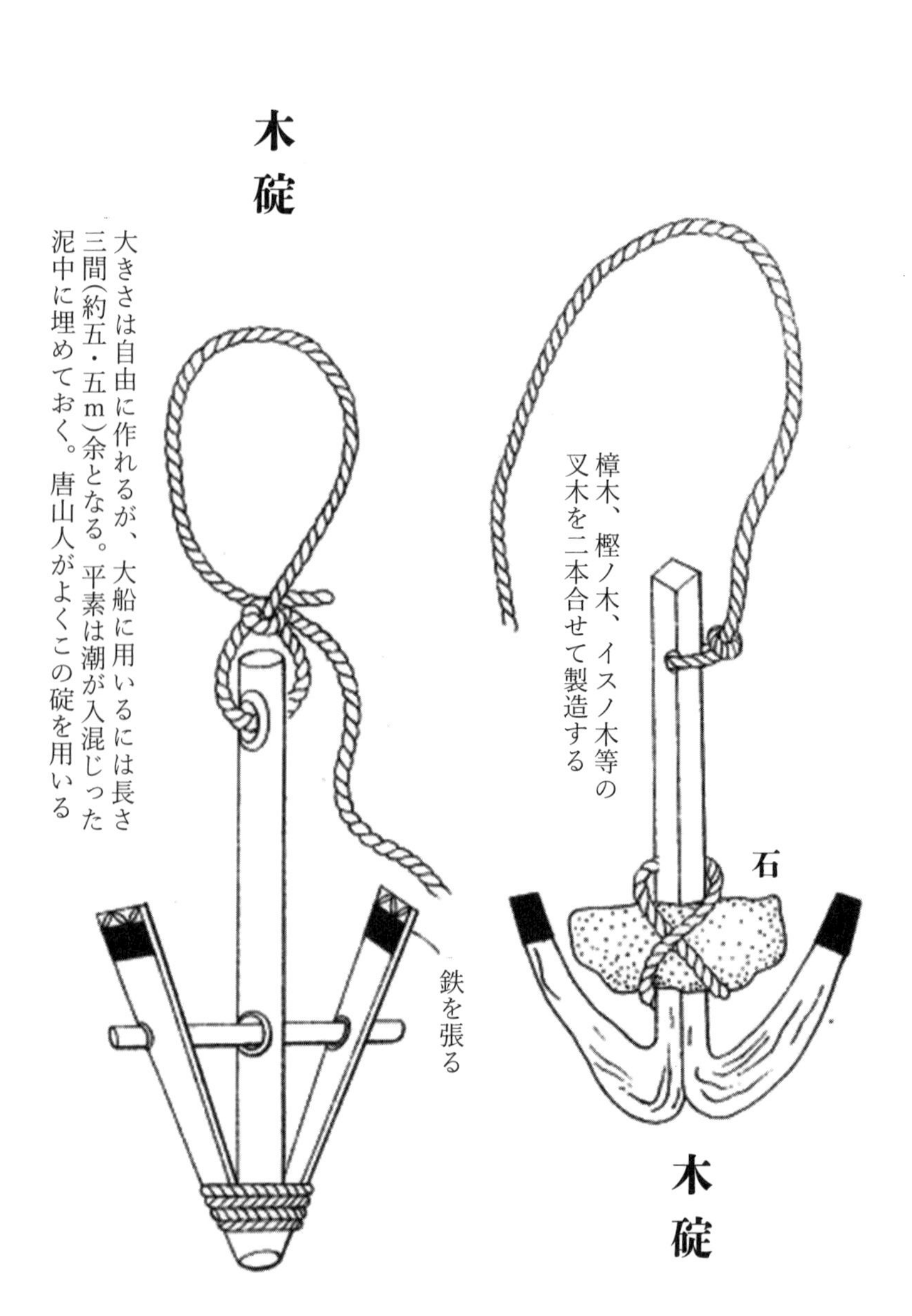

樟木、樫ノ木、イスノ木等の
叉木を二本合せて製造する
石
木碇
木碇
大きさは自由に作れるが、大船に用いるには長さ
三間(約五・五m)余となる。平素は潮が入混じった
泥中に埋めておく。唐山人がよくこの碇を用いる
鉄を張る

○国の地勢によって風がよく吹く方向がある。これは他所の人では知り難いところである。その土地の船乗りを交えて用いるのがよい。

○船から陸の敵を攻めるには、着岸を慎重に行なわねばならない。左右の手先から飛道具で敵を射すくめつつ上陸するのである。

○馬を船から下ろすには、馬梯子を用いるが、これは戦闘が緩やかな時のことである。激戦中であれば、船から岸に飛び上がらせる。また、岸まで近づけず、水上にて馬を船から追い下して、船に引き付けて泳がせ、馬が脚で立てる所で船から直に馬に飛び乗って、陸地の敵に攻めかかることもある。源義経は、このやり方を実行している。こうした行動も、時々、人馬に教練しておくのがよい。

○洋上で船同士を繋（つな）げて停泊するときは、船を間近く並べて繋げてはならない。強風になればぶつかり合って船が破損することがある。

○船に幕を張るには、水に浸るように張れ。矢や火炎を遮ることがあると云う。

○船中に用意すべき物品は左のとおりである。さらに工夫すれば、改善の余地もある。

方位針　　望遠鏡

長柄の鎌　　長緒の打鈎

長柄の熊手　　　　　　鉄たも
大砲　　　　　　　　弩弓
松明　　　　　　　　流星花火
石大小　　　　　　　火薬並びに油類
乾燥した柴萱

右の他、塩、味噌、米、薪、水の類は云うまでもないことである。ここまでは軍船で用いる各種道具の大略である。これ以降は戦法について記載する。小船による小競合いについては、この段を見て理解すべし。

○船備は物見船を真先に出して、敵の様子を偵察する。もっとも四方の物見も油断してはならない。もちろん物見船も飛道具、又は合図に用いる旌旗、花火の類を持ち込んで乗るのである。

○軍船は小船であっても一艘だけで単独の行動ができるように心掛けよ。それゆえ船毎に飛道具、打鈎その他全ての戦具を用意しておくのである。例えば小船で水夫を含めて三十五人乗りの船であれば、飛道具も三十五を用意しておく。敵との間合いが遠ければ飛道具により悩まし、近ければ打鈎を打って敵船を引き寄せ、手詰めの勝負に持ち込むのである。

○船備は人数の多少と船数とに応じるものであり、備の編制を定型化するのは難しい。それでも一備の船は二十艘より少なくしてはならない。備立（陣形）としては、一二の先手、左備、右備、前遊軍、旗本、小荷駄、後備、後遊軍などを立てる。しかしながら始めに述べたように、人数の多少と船数とに因ることなので、これらを定法とは云い難い。時に臨んで制定することになろう。ただし、船と船との間には船だけを除いたり置いたりし、備と備との間には備だけを除いたり置いたりせよ。このようにしなければ、（運用単位が入り混じることで）混沌として動かし難くなると云えよう。もちろん、港や河口等に差し掛かるならば、なおさらのこと船同士の間隔を遠くしておかねばならない。間隔が近ければ、火船で同時に焼かれる恐れがある。
○敵船を悩ますには、十匁（三七・五g）から二十匁（七五g）の砲により、敵船の横腹、喫水線を撃ち抜いて、船中に水が入るようにせよ。この射方は小水戦でも肝要な戦法である。
○大砲を発射することは、小船では実行困難である。大船に数多く設置し、時機を見合わせて、激しく撃ちかかるのである。ただし、小船にも二〜三十匁（七五〜一一二・五g）の砲を一門ずつは設置できる。それでも、百石積の船で五百匁（約一・八八kg）の砲が限界であるという。
○前述した「一艘でも、単独行動をせよ」というのは、一つの心構えをいったのである。全体の戦法としては、あるいは二〜三艘、または五〜六艘を一組として、進むも退くも互いに離れず、一丸となって奇正（奇襲と正攻）の戦闘行動を執るのである。

○敵船を見れば無二無三に乗りつけて攻め、打鈎、熊手等を打ち掛けて乗り移れ。

ただし、味方の船がたった一艘で敵と接近戦に及んでいるのを見たならば、いかなる場合でもその船に近づき、味方の船二～三艘で漕ぎ付けて、戦を助けよ。

○一艘の戦闘員は、初めに述べたように、水夫を含めて三十五人乗りの船であれば、武者二十五人である。（水夫は十人）その中の一人を船長に指定して一般の事を司るようにさせる。そして、武者が二十五人であれば十人は鉄砲、十五人は弓により、敵船を見つけては激しく撃ちすくめ、近づいたならば鉄砲の者六人と水夫二人は従来の役目を離れて打鈎、熊手等を打ち掛け、敵船を引き寄せるのである。その時、残りの武者は飛道具を手放して敵船に乗り移り、手詰めの勝負（白兵戦）を決すべし。大人数であっても、この方法に準じて戦闘員を定めるようにせよ。

○敵船を追うには、敵船の水夫を撃て。敵船に乗り移ったならば、すぐに艪や櫓の早緒を切れ。

○平素の操練として、武士足軽ともに艣榜（ろかい）（艪と櫂）、棹等の使用法をしっかり教えておくこと。上述したように敵方からもこちらの水夫を目がけて撃ってくるものである。その時、戦士が艣榜の扱いに習熟していれば、水夫を残らず撃ち殺されても船の進退等に苦しまずにすむ。この教えは、水戦を実施する上で必要不可欠であり、怠ってはならない。

○大船に楼を二ヶ所構え、四方を厳重に囲い、その敷板に鉄砲が入る程度の刻みを十ずつ彫っておき、その刻みに鉄砲を十挺ずつ入れ、これを鉄砲手一人の受け取り分とし、敵船に近づいたならば、人々は受け取り前の鉄砲十艇を取替え、取替えて激しく撃ちすくめて、敵船を乗っ取る。ただし、それ以外の取るに足らない船に妄りにこの戦法を用いてはならない。本命の敵を見据えてこの戦法を行なうことで敵を討ち取るのである。さて、敷板に刻みを彫って鉄砲を置くというのは、船が大きく揺れても転がったり動いていったりしないためである。船櫓の構造は先述した五十間船と同形であり、それを小さく造るまでのことである。
○大船に大小の弩を相交えて設置しておき、大きい弩で敵船を破砕し、小さい弩で人を殺傷して敵船を乗っ取るのである。
○船櫓に火桶を大量に準備しておき、敵船に押し付いたならば敵の頭上から投擲して、慌てふためくところを乗っ取るべし。火桶は陶器(せともの)で作り、投げ入れれば砕けるようにすること。
○大船に石を大量に積んでおき、周囲に取り付く小船に投げ落として損害を与えよ。
○強風の時、前後左右の物見は絶対に油断してはならない。敵が我の風上から火船を放すことがある。慎重であれ。用心せよ。
ただし、火船の用心と云っても、別段に仕方があるわけでもない。第一には物見船、第二には大船の傍ら毎に武士を乗せた小早船を備えておき、物見船から「火船来る」の合図があれば、この小早船の武士たちが早々と漕ぎ出して、火船が我が大船に押し付いてくる途中で乗っ取り、素早く柴・萱等を切りほぐして海中に投げ入れる。第三は諸器物に水を汲み溜めて、大船毎に舷側（ふなべり）に並べておき、火船が来たならば勢いよく水を注ぎかける。第四は錠綱を切捨て、船を風上に転ずる。火船を防ぐための術は、この四つである。よくよく心を鎮めて、平常心で行動せよ。実に武士の精神が顕れるところである。慎むべし。

以下、船中の法令を記す。

○敵船を乗っ取った者は、上功である。
○敵船を発見して速やかに乗り付け、攻めかかったのは、その船全体の上功である。
○怪しい船を捕獲したのは上功である。
○適切に打鈎を打った者は、功とする。
○大砲により敵船を撃破した者は、功とする。
○敵船に囲まれている味方の船を救い出したのは、功とする。

右は賞法である。

○船中の武器、船具等は、船司（船長）の責任において日々点検しなければならない。破損したものがあれば、すぐに取り替えること。これを怠って戦闘に支障が出たならば、その船司は有罪となる。
○船から上陸して水、穀物、薪、野菜等の調達に任ずる者は、船司から承認印を受けて行動する。この際、示された帰船時刻を厳守すること。これに遅れた者は斬る。
○番船、物見船等に就いた者は、各人の役目を怠ってはならない。怠った者は斬る。
○正当な理由なくして自己の持ち場を離れ、あるいは許可なく上陸した者は斬る。
○味方の船同士については云うまでもないことであるが、中でも同じ船にいる同士は兄弟のように親しまねばならない。とりわけ、喧嘩や口論等をしてはならない。万一やむを得ない事情があったとしても、戦闘が終って陣を解いた後に報告し、問い調べて理非をはっきりさせるようにせよ。その場で相互に討ち合ってはならない。犯した者は双方とも斬る。
○船が他船と繋がりあっている時、列を離れて他所に繋がることがあってはならない。これに背くことがあれば、その船司を斬る。
○敵船を発見しても、臆してこれを攻撃しないときは、船司は云うに及ばず、楫取、水主(水夫)までも斬るに等しい罪となる。
○激しく敵船を追う時には、敵の謀で種々の物を船から海に投げ落とすことがある。絶対にこれらを拾い取ってはならない。もしも拾い取るために敵船を取り逃がしたならば、その船司を斬る。

○潮気により火薬が湿気るものである。用心して度々乾かさねばならない。もしもこれを怠って点火しないことがあれば、その船司の職を剥奪する。

○敵の首を取ることは考えず、敵船に追いつくことだけを追求せよ。もしも他船と首級を争って敵船を取り逃がしたならば、その争った者及び船司の皆が有罪となる。

○船中での大声を禁ずる。これを犯す者は有罪とする。

○船具をもてあそぶ者は有罪とする。

○船中での飲酒、あるいは賭の勝負事を禁ずる。これを犯す者は有罪とする。

○船中の兵糧はその船毎に炊くこともあり、また兵糧船で炊いて配食することもあるが、先ずは一船毎に炊くのを基準とするものである。

右の第一巻始めからここまでの数々の条項により、海国の備、水戦の法については十分であると云えよう。これ以下は、水戦に付随する諸事項を記す。これらについてはなお一層の工夫を加えてもらいたい。

寒さから身を守る方法　船乗り・漁師などが最も必要とする薬である

○樒(しきみ)※8の木の油を採取して全身に塗れ。

○また、酒三升に胡椒十二匁(四五g)を入れて、少々煎じて手足に塗るとたいへん効果がある。

○これらは、寒冷地で行動する際は、必ず用意せよ。

溺死を救う方法

○山雀（やまがら）を何羽でも羽ごと墨になるまで焼いて水と混ぜ、全身に塗る。
○又、石灰を水と混ぜ、全身に塗ってもよい。
○又、生明礬（きみょうばん）の粉を鼻の中に吹き入れる。たちまち水を吐き出して活き返る。
○又、皂角子（さいかちのみ）の粉を絹に包み、肛門から中に入れて関元（かんげん）※9と百会（ひゃくえ）※10の二箇所に針灸すると、たちまち活き返る。

右記はいずれも、溺者が一晩を経ていても活き返すものである。

湯火傷（やけど）の薬

○杉木の葉を墨になるまで焼いて細かい粉末状にし、鉄漿（おはぐろ）と混ぜて作る。
○又、石膏の粉末を胡麻油に混ぜて作る。
○飯を墨になるまで焼いて胡麻油に混ぜて作る。
○胡瓜を細かく突き潰して液状にし、塗り付ける。
○又、人家の台所を流した塩気のある下水中の泥を付けてもよい。
○白粉（おしろい）を卵白に混ぜて付けてもよい。

暴風を察知する兆候

○雲が横にたな引いて、太陽の色が赤ければ、暴風が吹く。
○霧や雲によって太陽や月のまわりに輪のようになった光が現れたら、暴風になる。
○金星が見え難ければ、暴風になる。
○西南に三つの星が揺れ動いているならば、暴風になる。
○諸々の星がひらひらと動いているようであれば、暴風になる。
○雲行きが速く、まるで矢のようであれば、暴風になる。
○禽鳥が高く飛んでいれば、暴風になる。
○空の色がほの暗ければ、暴風になる。
○人の身体や頭が熱く感じれば、暴風が吹くものと知っておけ。

右は強風が起きる兆候の大略である。これ以下は合戦の方法とは直接関係ないが、心得のために唐山、オランダ等の船の呼称、又はそれらの船に居る役人の職名を書き記す。そしてさらに、時に臨んで知っておくべき知識にして最も重要な事項について説く。

○唐山人は船を呼ぶのに船（シセン）と云う。また、鵬（ホウ）とも云う。その船に名付けるには、何々鵬と云う。（日本では何々丸と名付けるのと同じ）日本で云うところの伝馬船を杉板（サンハン）と呼んでいる。

○唐山船の三役人は船主（シセンシュウ）、夥長（ホイチャウ）、惣官（ツオンクハン）である。この三つは唐山船の頭役である。

○オランダ人は船を呼ぶのにシキップと云う。伝馬船をバッテイラと云う。オランダ船の三役は、オップルホウフト カピタンである、シケップル 船頭である、オップルステュルマン 安針役である、これらの三つはオランダ船の頭役である。

○本書冒頭からここに至るまでの内容は、私独自の永久不変の見識であり、日本武備の綱領ここにあり、と密かに誇るところである。しかしながら、文面のみを悦んでいても武器や船などの器械が具わらなければ、善の善ではない。又、器械が具わっても操練がなされなければ、これもまた善の善ではない。文面をよく会得し、器械を備え、操練を十分に実施した後に、初めて善の善と云うべきである。およそ軍事というものは陸戦であっても操練されていない軍勢では、手あたり次第の戦（いくさ）になることが多い。ましてや水戦は、船のかけ引きも一身の進退も不自由この上ないものであればこそ、是が非でも操練無くしては戦うことができないのである。それゆえに水戦の操練は、操練の中でも最も重要な操練であるものと認識しなければならず、これを疎かにすることがあってはならない。そうは云えども、武器や船の操練のみに没頭して武術の鍛錬を怠れば、血戦に弱くなってしまうだろう。これら二つの関係をよく理解して、操練と血戦の双方を全うすることを目指さなければならない。さて、すでに海国と水戦について正しい道筋を述べたので、次に陸戦のあらましについても話そうと思う。そこで第二巻から第十六巻までを書き記すことにより大小戦闘の概要を示す。読者諸氏はこれらを軽視してはならない。

第一巻終

※1　瀝青（チャン）　コールタールや石油を蒸溜したあとに残る、黒くて粘り気の強い滓。現在でも道路舗装や防水加工などに使われることがある。
※2　銑（づく）　炭素を多く含む鉄、銑鉄
※3　膠（にかわ）　動物の皮や骨などを煮つめて作った接着剤
※4　苧縄（おなわ）　麻糸をより合わせて作った縄
※5　兵衡（へいこう）　唐山・明代の医者である龔居中が編纂した兵法書『喩子十三種秘書兵衡』
※6　砒素入り火薬　燃焼時に激しい閃光を発することで、目眩まし効果がある火薬
※7　直艫（まとも）　面舵（右旋回）や取舵（左旋回）から直進に戻すこと。船の真後ろからの方向
※8　樒（しきみ）　その葉が線香の材料となる植物
※9　関元（かんげん）　おへその約五㎝下の位置
※10　百会（ひゃくえ）　頭のてっぺんにあるツボ

海國兵談　第二巻

陸戦（陸上における戦闘）

既に水戦を会得したので、陸戦の方法を理解せよ。先ず戦法とは、戦闘の法組※1である。日本の諸流派の戦法は、ほとんど法組が窮(きわ)められており、鉄砲、弓、長槍、武者の四段構えで陣立てし、六十間（約一〇九ｍ）から三十間（約五五ｍ）まで鉄砲で撃ち合い、それより十四～五間（約二五～二七ｍ）に接近するまで弓で射合い、そこからは長槍のせり合いで鼻突き合わすようになり、そこで武者の勝負に出て切組むといったように大概のことは定まっている。現在では世の中の多くの人が、この切組みの他に合戦の仕方はないものと思っているが、接近戦の始まりはこれのみに限られるわけではないので、切組みと違った戦法の敵と出合えば、大いに狼狽することになる。全て戦闘は先を取るにある。先を取ることは、人の胆(きも)を奪うことである。その戦法に六つある。以下それらを記す。異国勢の備を砕くにも、是非ともこの術を施すべきである。

○敵が現代流の編成・装備により楯を用いずに攻めて来るならば、両懸(もろかか)りや手詰め懸りが良い。また、楯を用いて弓、鉄砲を厳重に備えて攻め寄せるならば、玉砕(たまくだ)きが最も良い。また、敵が楯を用いずに鉄砲のみ数千挺備えて攻め寄せるならば、指矢（さしや）懸りが良い。また、敵が飛道具をおびただしく備えて攻め寄せる時、味方に飛道具も多からず、楯も無く、その上兵員も少ないならば、乗崩（のりくず）しに勝る戦法はない。さらに、いずれの備をも押し崩す車掛りの戦法がある。ただし、これは平地でのみ用いるものである。

○両懸りというのは、楯を一面に突き並べ、その陰に弓、鉄砲を等分に組み合わせ、鉄砲を少々撃ちかけながら押し詰めて、敵との間合いが十四～五間（約二五～二七m）になった時、鉄砲を次々に続けて撃ちかけ、弓は矢継ぎ早に二筋ずつ射かけて、敵が射すくめられてひるむ所を足軽の後ろに控えていた武士が手持ちの武器（刀）を打ち振って前後を顧みず、踏込み、踏込み斬り進む戦法である。弓・鉄砲の足軽も皆、それら手持ちの武器を体の脇側にしのばせておき、武士に続いて斬込む。これを両懸りと云うのは、弓・鉄砲と刀の両方で攻め懸かるという意味である。

○手詰め懸りというのは、これも楯を一面に突き並べて、胆力があり意気盛んで力持ちの者二～三十人、六～七十人から二～三百人をも選んで、各人に大太刀、太棒、大薙刀等を持たせておき、敵との間合いが三十間（約五四・五m）程になったならば、楯持ちが足を早めて無二無三に敵との間合いを三～四間（約五・五～七・三m）に押し詰めて足を止め、その時に楯の陰からこれらの壮士が、少人数ならば一隊で（一正面から）、大人数ならば二隊（二正面）にも三隊（三正面）

にもなって、剛気無慙に敵中に割って入り、縦横無碍に斬り込ませる戦法である。後の軍勢もこれに続いて駆立てるのである。これは、味方に飛道具が無いときの攻撃初動に特に適したものであると云えよう。

○玉砕きと云うのは、楯を一面に突き並べ、飛道具に大砲を加えて備えておき、小銃を無秩序に撃ちかけながら敵との間合いを十四〜五間（約二五〜二七m）に押し詰める。そして、保有する全ての大砲を次々に続けて発射して敵の肝を冷やし、そこへ小銃を一斉に撃ちかけて、いよいよ敵のひるむ所に煙の下から武者も足軽も無二無三に切り込んで、乗り越え、乗り越えて進撃する戦法であり、敵を破ること疑いなし。さて飛道具の数は、人数の多寡に従うべし。大砲については、鉄製の砲身と鉛玉では重くて取り扱いや移動が不自由である。そこで、たかだか数町（一町＝約一〇九・一m）程度の戦場で敵部隊を砕くまでのことであれば、木製の砲身と煉玉を用いるのが良い。これらは軽くて便利である。製法は水戦の巻に出しているので、そこを参照せよ。

○指矢懸りというのは、敵が大量の鉄砲を先に立てて攻めかかり、味方を撃ちすくめるならば、こちらは射手数百人を揃えて矢種を惜しまず、指矢で射かけて敵を射すくめて、鉄砲を発射させない。その時に左右の側面から攻め入って破る戦法である。この指矢懸りでは、弓の専門家だけが第一の働きをなすので、鉄砲撃ちには全く納得できない攻め方であると聞き伝えられている。

○乗崩しについて。敵が大量の飛道具を備えて、隙間も無く攻めかかるとき、味方には飛道具が不足しており、しかも少人数であれば、通常どおりに戦っては必ず打ち負かされるものである。そのようなときには、乗崩しに勝る戦法はない。この戦法は、強い馬を前に立てて二〜三十騎、又は五〜六十騎から百騎二百騎であろうとも、主君の大事はこの一戦にありと、命は塵芥よりも軽く、忠義の一念に軍神の来臨を請い奉って、前後を顧みず、無二無三に敵の隊中に乗り込む。これに続いて歩兵も斬り込むものである。馬の突入要領には三とおりある。それらを左に記す。

騎馬が三十でも、五十でも一隊となって、敵隊の真中に乗り込む。これを一口入れと云う。又、二隊に分かれて敵備の両端から乗り込むことがある。これを二口入れと云う。又、二隊に分かれて一隊は敵の正面に乗り込み、一隊は脇に乗り廻らして横合いから乗り込むことがある。これを廻し入れと云うのである。右の何れも馬を突入させるには、敵の人数の厚い方に乗り廻すようにせよ。薄い方に乗り込むときは、(罠にはまって)撃ち殺されるものだと云われる。

○車懸りと云うのは、左の図にあるような単輪の長車を用い、一つの車を八人で押すものである。この車を備に応じて十車、或いは二〜三十車も用意して陣前に押出し、敵との間合いが十間(約十八・二m)程になるまでは静かに進め。そして、太鼓の合図に従って無二無三に敵部隊の中に押込むのだ。人をも馬をも押し倒すのである。それに続いて武者が斬り込めば、勝ちを取ることは疑いない。もっとも、この車の押し方は、事前に十分操練しておかねばならない。

竹鑓を乱散に結び付ける
木の長さは三間(約5．5m)
横木の前に小楯を取り付けて、押す人を矢や石から防ぐようにする
車輪は四尺(約一・二m)程に作る。
竹ヤリは敵兵の顔面にも当たるように結び付けよ
この車を押す者には、足軽・百姓等から勇者を選んで用いよ

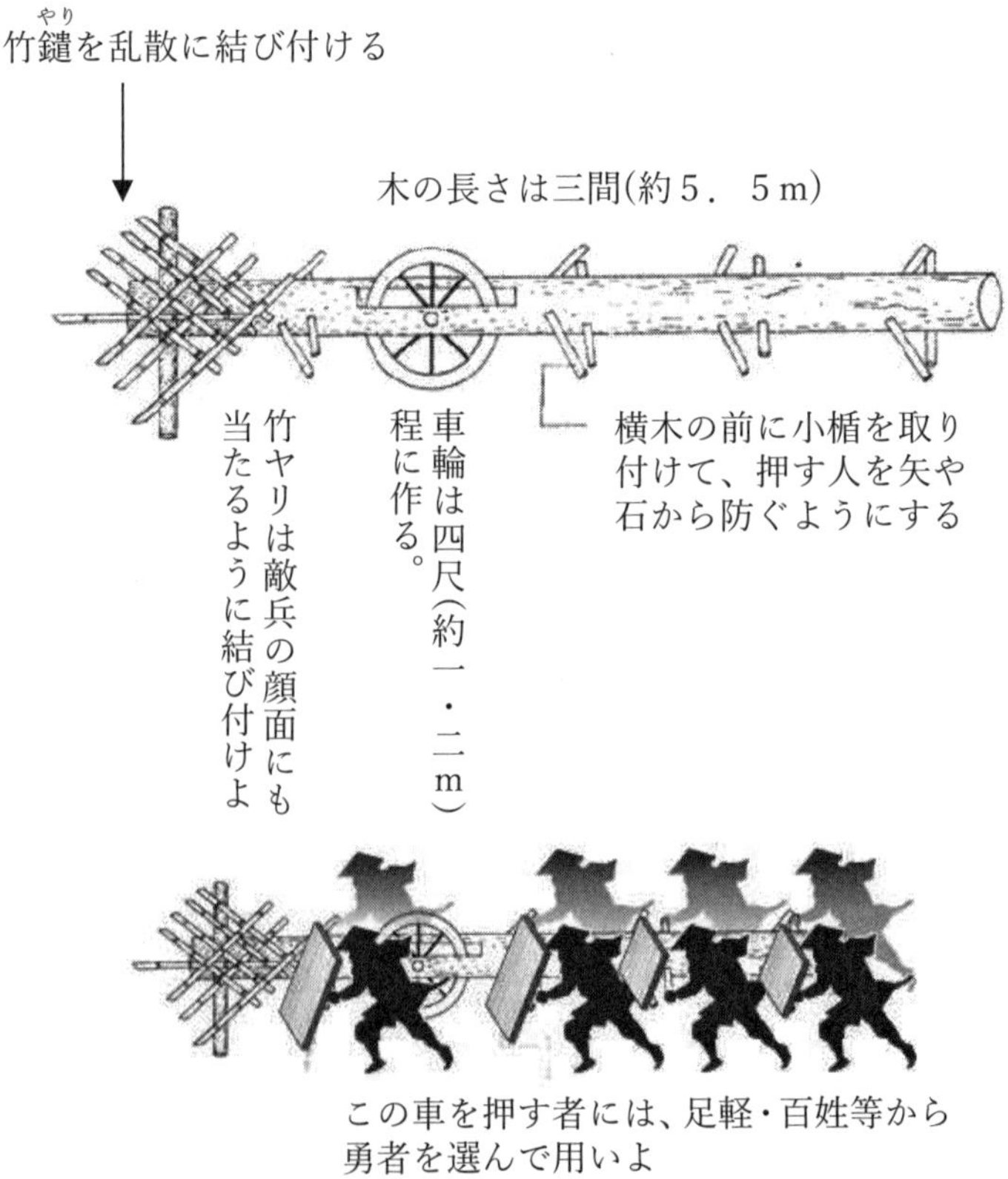

○敵が馬による突入を図るときは、早いうちに敵のいる場に出向いて、馬の前足を薙(な)ぎ斬るようにせよ。こちらの備に乗り込まれたならば、必ずや崩れかけていくものであると知れ。

○敵が大量の長槍を備えて押し来るならば、先ず射手を進めて散々に射立てるようにせよ。射られてひるむところに武士が抜刀して無二無三に飛び込め。手詰めの勝負※2は長槍の不得手なものであるから必ず破れるのである。

○右の他にも、異国では車戦、すなわち車を馬四頭に牽(ひ)かせ、車の上は生牛皮にて張り固め、その中に十人ほど載せて、敵陣に馳せ込むのである。それに続いて騎馬も歩兵も突入して敵を破る術がある。又、『ゲレイキスブック』に、小さな家屋のようにこしらえて、四方を生牛皮で張り固めたものを象の背上に負わせて、その中に戦士二十五人を載せて、(内一人は象使いである) 敵陣に駆け込む術がある。こうしたことは将帥の機転次第であり、土地と人数とをよく計って製作し、用いるべきである。とかく合戦の道は、世の中に無い形を創意工夫して勝ちを取ることが肝要である。

○敵と対陣して戦を決しようと思うときは、先ず戦場を見ておかねばならない。地形は戦をたすけるものなので疎かにしてはならない。地形については十巻目に記す。

○備を押出すには、必ずだしぬけにしてはならない。できるだけ多くの物見※3を四方へ遣わして、障碍が無いことを確認した後に押出さねばならない。(荻生徂徠先生もしばしばこの意を述べておられた)

○近世になりほとんど楯を用いなくなった。これは皆がただ力戦だけを合戦の主流と心得ているので、楯などを用いるのはまわりくどい事のように思えて、合戦の仕方も古よりも軽薄になってしまったからである。その上、近世は鉄砲が流布して、合戦の次第も鉄砲が無かった以前よりも一層ひどくなってしまった。これらを鑑みても、楯を用いてこそ良将の戦法なのだから、楯というものを再び一般化すべきである。さて、楯については百姓・商人らの意気盛んな者に持たせるのがよい。この役目は、ただ楯を持って前陣に立つだけであって、合戦に直接携(たずさ)わることは無いので、百姓・町人等を用いても何ら問題無いであろう。又、一枚楯に穴を穿ち、鉄砲を貫いて、直に鉄砲足軽に持たせるものもある。さらに唐山、オランダの戦法に、生牛皮にて笠の形にこしらえた楯を、戦士毎に持たせるというのがある。(百姓らに持たせないのは)これには稽古を重ねて熟練する必要があるからである。その図を左に紹介する。この他にも楯の構造には様々なものがある。これについては器械の巻に記述がある。

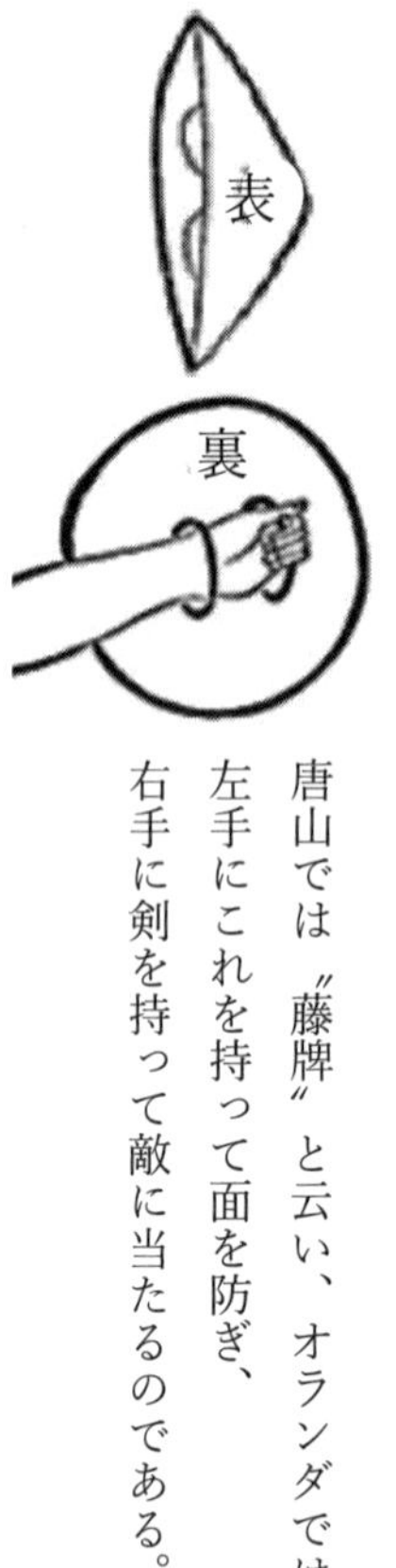

唐山では〝藤牌〟と云い、オランダでは〝シケルド〟と云う。
左手にこれを持って面を防ぎ、
右手に剣を持って敵に当たるのである。

※1　法組　様々な手法や手段を組み合せること

※2　手詰めの勝負　白兵戦、至近距離での戦闘

※3　物見　敵情を偵察すること及びそれに任ずる兵（斥候）

※4　居敷（おりしけ）　片ひざをついてしゃがむ姿勢

※5　新田義興、太閤・豊臣秀吉、西涼州の馬超の働き　いずれも長距離にわたる追撃に成功した事例。新田義興は、新田義貞の次男。南北朝時代、後村上天皇から足利尊氏追討の勅命を受けた新田義興と義興と義貞の弟・脇屋義治の軍勢は、正平七年・文和元年（一三五二年）閏二月二十日、小手指原（こてさしばら）（埼玉県所沢市）で武蔵に進攻した尊氏の軍勢を破り、さらに逃走する足利尊氏軍を隅田川河畔の石浜（現在の東京都台東区）まで追撃した。太閤・豊臣秀吉は、天正十一（一五八三）年四月、美濃の織田信孝、伊勢の滝川一益と連携し秀吉軍を三方向から挟撃しようとする柴田勝家の軍勢を琵琶湖北方の賤ケ岳（しずがたけ）から柳ヶ瀬に至る隘路内で破り、さらに戦場から退却する勝家軍を、その根拠地である北庄（きたのしょう）（現在の福井県福井市）まで追撃し、主城を攻撃して柴田勝家を自害させた。西涼州の馬超は、後漢末期から三国時代にかけての蜀漢の将軍。

※6　虎落（もがり）　竹を筋違いに組み合せて縄で結び固めた柵や垣根

※7　春秋左氏伝　左丘明が作成した『春秋』の解説書

○長追いを禁じる理由は、敵が必死になって取って返し、死に物狂いの行動に出たときは、却って手に余ることになるからである。そうは云えども、その敵国まで追詰めて根を断ち、葉を枯らす見込みがある時は、太鼓を騒がしく打ち鳴らしながら追詰めねばならない。新田義興、太閤・豊臣秀吉、西涼州の馬超の働き※5などを考察して理解せよ。

○逃げる敵を追撃するのに心得がある。旌旗（せいき）（軍旗）がそろい、足並も乱れず、士卒が後勢を返り見、返り見ながら逃げるのは、本当の敗走ではなく〝虚敗（そらにげ）〟である。追ってはならない。これを妄りに追えば、伏撃か反撃に遭い、却って敗軍することになりかねないので慎重に行動せよ。又、旌旗も乱れ、足並もそろわず、兵器さえも投げ捨てるのは、真の敗走である。追詰めてこれを撃滅せよ。

○激しく突進してくる敵に対して、我が虚敗して、あるいは伏兵を設け、あるいは反撃して討ち取ることがある。そうは云えども敵将が心得ある者であれば、虚敗の手に乗らないものである。それゆえに虚敗のやり方がある。旌旗を乱し、兵器を捨て、足を高く上げて走るのである。敵将に智あるがゆえ、却ってこの手に乗ることがある。全てこの類のことは、将がその才能を活かして発揮することにあるのだ。

○我が虚敗するときは、その合図としては旗や馬印等を伏せては起し、起しては伏せながら走るようにせよ。もっとも事前に操練することにより、こうした約束事をしっかりと教えておかなければならない。
○（虚敗ではなく）実に逃げることを恥とのみ思えるのは戦の道に暗いからである。勝負は時の運によるものであれば、名将と云えども負けることはある。その時に奪回する見込みが無ければ、馬を急ぎ走らせ、人が早足で駆けて逃げることもあるのだ。総じて名将が逃げるには、その逃げ方が甚だ上手であるものだ。漢の高祖や足利尊氏卿の逃げ方から学べ。そうは云えども、いつでも逃げることを心がけよと教えているのではない。時に臨んでは上手に逃げよと云うことである。
○敵を撃退したならば、自軍の侍大将や番頭は、旗幟（のぼり）や馬印をその場所に立て定めて人員を集合させ、負傷者と戦死者を調べ、戦功の大小を吟味して全て記録し、これを主将に閲覧させること。
○敵を撃破した侍大将、番頭には、時宜によって即時に感状を賜わることがある。又、将士ともに褒美として禄を賜わることもある。
○敵を撃破して、確かに味方の勝利であるならば、旗本にて五々三の貝を吹きたて、勝鬨（かちどき）を挙げよ。これは軍神を祭る意味があるとともに、軍の勢いを増す術でもある。
○負傷者には介抱人を添えて薬を与え、戦死者にはたとい子弟がいなくても母、妻女等に遺品を相違なく申し渡し、嗣子（しし）は後日に定めること。

○先手（前衛）が敵に追い立てられて進みかねているならば、すぐに二番手により敵の横から突入せよ。これ即ち奇正の術である。先手がすでに追い崩されて足並みを乱していれば、突入しても戦況をひっくり返すのは困難であろう。又、先手が崩れかけているのを見て、素早く横合から騎馬を突入させるのも良い。いずれにせよ、こちらから敵側面に突入しようとするときは、敵の二番手も押出してきて、当面の敵とともに我と戦いを交えるものである。その時は敵の二番手には目もくれず、味方の一番手と協同して攻めかかり、敵の先手の側面や背面を第一に打撃せよ。こうした行動は、全て道理にしたがい神速になさねばならない。

○先手、二番手ともに追立てられて、旗本に崩れかかるときは、旗本の楯を一面に突き並べ、楯の陰から長槍を斜めにして半ば指出し、石突（槍の端末部）を土に突き止め、兵の身は居敷（おりしけ）して厳しく固め、崩れかかる味方を一人も旗本に受け入れてはならない。その隙に右備は右から、左備は左から廻って挟み討ちにせよ。又、このようになるときは、味方の前遊軍は素早く一方に駆け込んで、超越攻撃をせよ。超越攻撃の仕方は、味方を追って来る敵の先手などには目もくれず、敵の旗本へ無二無三に突っかかって、必死の一戦を遂げるのである。こうした行動は電光（いなびかり）のようにせよ。このようであれば、却って味方の勝利にさえなる。これらは疑いの余地がないだろう。いずれも機転と武勇とに因るものと理解せよ。

○敵からこちらに超越攻撃を仕掛けるときは、すぐにその様子を見きわめ、第一第二の備は当面の敵に当たり、左右の備の中、どちらでも近い方が超越攻撃してくる敵部隊に当たれ。もちろん、遊軍、又は旗本の部隊の一部も分派して、超越攻撃する敵に横から突入させよ。

○川を渡る敵であれば、半渡を討て。半渡とは、敵勢の半分程が川に入った時を云う。

○押し寄せてくる敵を待受けて討つのに六つの方法がある。一つには伏兵を用いて討つ。二つには中途に出向いて討つ。三つには駐屯地に着いて未だ整列していないところを討つ。四つには兵糧を使っていないところを討つ。五つには敵軍の一部だけが到着した夜に討つ。六つには敵の全軍が着陣した翌朝未明に討つのである。これらが待軍（まちいくさ）（迎撃）の代表的な方法である。

○待軍をするには、味方の駐屯地に虎落（もがり）※6を二重三重に囲むように構成し、鉄砲、大砲、弓弩を備えて待つようにせよ。

○田単は火牛を用い、韓信は〝嚢沙（のうしゃ）の計〟という土嚢を用いた水攻めをなし、李靖はヨモギの葉に火をつけて諸鳥の足に結びつけ、これを追い放って敵の陣営を焼き、『春秋左氏伝※7』に、虎の造り物を陣前に押出して、敵の馬を驚かして破ったという記事もある。この類いのことは児戯に似ているようだが、その効果は甚だ大きい。才覚次第で創造すべきものである。

○時と場合によっては、小荷駄車を真先に押出し、車の陰から弓、鉄砲にて撃ちすくめることもある。敵が押し寄せて来ても、車に隔てられて進むことができない。その時、味方は適宜の頃合を見て、無二無三に斬り込んで行けば、敵を破ること疑いなしと云えよう。総じてこの類のことは、なおいくらでもあるだろう。呉の人は、手がかじかまない薬を製作して、多くの水戦を有利にしたこともある。皆、良将の一時の謀才により出ずることであると知れ。

○いずれの戦場へも近習、小姓等の中から監軍（めつけ）として、二人を一組にして、二組も三組も遣わして、その日の合戦の次第、又は諸軍が剛毅か臆病かを共に記録して、大将に上申させる。これは頭々（かしら）から申し上がる趣意書と附合するか、しないかを見合わせるため、又は諸軍士が自分の頭の他にも監軍がいると思えば、一層油断なく戦に身を入れるものでもあり、こうした様々な目的で用いるのである。

第二巻終

※1　法組　様々な手法や手段を組み合せること

※2　手詰めの勝負　白兵戦、至近距離での戦闘

※3　物見　敵情を偵察すること及びそれに任ずる兵（斥候）

※4　居敷（おりしけ）　片ひざをついてしゃがむ姿勢

※5　新田義興、太閤・豊臣秀吉、西涼州の馬超の働き　いずれも長距離にわたる追撃に成功した事例。新田義興は、新田義貞の次男。南北朝時代、後村上天皇から足利尊氏追討の勅命を受けた新田義興と義貞の弟・脇屋義治の軍勢は、正平七年・文和元年（一三五二年）閏二月二十日、小手指原（こてさしばら）（埼玉県所沢市）で武蔵に進攻した尊氏の軍勢を破り、さらに逃走する足利尊氏軍を隅田川河畔の石浜（現在の東京都台東区）まで追撃した。太閤・豊臣秀吉は、天正十一（一五八三）年四月、美濃の織田信孝、伊勢の滝川一益と連携し秀吉軍を三方向から挟撃しようとする柴田勝家の軍勢を琵琶湖北方の賤ケ岳（しずがたけ）から柳ヶ瀬に至る隘路内で破り、さらに戦場から退却する勝家軍を、その根拠地である北庄（きたのしょう）（現在の福井県福井市）まで追撃し、主城を攻撃して柴田勝家を自害させた。西涼州の馬超は、後漢末期から三国時代にかけての蜀漢の将軍。

※6　虎落（もがり）　竹を筋違いに組み合せて縄で結び固めた柵や垣根

※7　春秋左氏伝　左丘明が作成した『春秋』の解説書

海國兵談　第三巻

軍法及び物見（軍の刑法・規則と偵察・斥候）

軍法とは、軍中に定めておくところの諸法度である。軍法が厳正でなければ、人数※1が一致した力を出さないものである。総じて軍とは大勢の人数を一身のように動かすものであるから、軍法を厳重にして行動を縛らなければ、斉一にはならない。よく兵を用いる者は、例外なく法を厳重に定めている。日本の軍は法度が粗いので、斉一にならない軍が多い。左に軍法の大略を記す。将たる人はよく会得して工夫すべきである。

○ほら貝や太鼓の音を聞いたならば、前に剣の山があっても進まねばならない。進まない者は斬って棄てるものとする。

○鐘の音をきいたならば、目の前に簡単に取れる首があっても踏み止まらねばならない。止まらない者は斬る。

○傍らにいる者同士は、相互に危機を助け合わねばならない。とりわけ頭（かしら）※2格、大将格の危機を見捨てる者は斬る。

○物見の張番、又は夜番等に当たってその職を怠り、あるいは居眠りし、又は守り場を立退く者は斬る。
○血戦の場において鐘を鳴らさないのに自ら退く者は斬るものとする。
○城攻めのときに攻め登るべきところを攻めかねている者は斬る。
○籠城のときに妄りに自己の持ち場を退く者は斬る。
○根拠の無いことを言い出して、味方の気を動揺させた者は斬る。
○敵と書面で通じるのは言うに及ばず、音信贈答し、あるいは妄りに敵と言葉を交えた者は斬る。
○他者が討ち取った首を盗んだ者は斬る。
○人が討った敵を、脇から理不尽に奪う者は斬る。
○公用ではなくして、妄りに自己の持ち場を去り、あるいは陣小屋等から離散する者は斬る。
○約束の時刻、日限等に遅れて来る者は斬る。
○私事で相争って大声を出し、あるいは刃傷(にんじょう)に及ぶ者は、双方ともに斬る。
○妄りに先懸けしてはならない。これを犯す者は斬る。
○身に着けて携行すべき武器を紛失した者は、問いただした上で斬る。
○忍び足で陣中を通行する者は縛る、あるいは斬る。

○妄りに備の中を走り回る者は縛る。
○妄りに大声を出す者は縛る。再犯者は斬る。
○軍中での飲酒を禁ずる。これを犯す者は縛る。再犯者は斬る。
○博奕(ばくち)は云うに及ばず、妄りに賭けの諸勝負をする者は縛る。再犯者は斬る。
○馬を取り放して備を騒動させた者は、馬を取り上げる。
○味方に敵と内通する者がいると聞き出したならば、速やかに総大将に報告せよ。遅々として報告しないのは有罪とする。又、事によっては即座に斬る。
○身に着けて携行すべき武器が不調の者は、問いただした上で斬る。不調とは弓があっても弦が無く、鉄砲があっても引金が破損している類を云うのである。この類のことは、全て武士としての大不覚である。
○商売婦女の類と妄りに言葉を交わす者は縛る。再犯者は斬る。
　右は罰法の大略である。さらに将帥の考えにより、又はその国の風土等を考慮して最良のものを定めよ。又、軍法には賞すべき条々もある。左に大略を記す。
○先手が敗北して、すでに総崩れになりつつある時、守り抜き、敵を押し返して味方が敗北しなかったならば、その守り返した者を上功とする。

○敵の主将を討ち取った者は上功である。並びに大将格の者を討ち取ったのも上功に準ずるものとする。
○攻撃開始時に一番槍を入れた者は上功である。
○後退時の殿（しんがり）は上功である。
○味方の大将格の首を敵に取られたとき、その首を奪い返した者は上功である。又、大将格ではなくても、敵に取られた味方の首を取り返した者は功とするものである。
○味方の軍旗、鐘、太鼓の類を敵に取られたとき、奪い返した者は上功である。
○主将は云うに及ばず、大将格の者の危機を救い、又は自分の命に代えた者は上功である。厚く子孫に報わねばならない。
○川を渡るのに、瀬踏み※3した者は上功である。
○城攻めに一番乗りした者は上功である。
○主将は云うに及ばず、大将格の者が敗走するとき、その身を離れずに本国まで付き従った者は上功である。
○敵方に間（かん）※4に遣わされ、敵の計略を聞き出して報告し、それを知って逆に味方が謀計をなして敵を破ったときは、間として行って来た者は上功である。

○敵の間者※5を捕獲した者は上功である。

○敵の軍旗、鐘、太鼓、帷幕（いまく）の類、総じて敵方の武器を奪い取った者は功である。

○籠城中に城外に使いとして出て、その任務を遂行した者は上功である。

右は賞法の大略である。この賞罰を総じて軍法と云うのである。さらに工夫し、よく考えて法を立てねばならない。しかしながら軍法は細密にわたり箇条が繁多であるのは好ましくない。ただ肝要な事だけを少ない箇条で定めよ。もちろん定められた法は、少しでも違反することがあってはならない。全て法令は違反のないことを主意とするのである。違反が頻繁にあれば、法が軽くなる。法が軽くなれば、人は恐れなくなる。人が恐れなくなれば、法を守る者がいなくなって、斉一ではなくなる。不斉一は児戯の軍立て（いくさだて）であると理解せよ。将たる者は、法を厳しくしないことがあってはならない。そうは云えども、法をこそ厳格にせよ。我が意を厳格にしてはならない。福島正則のごときは、我が意の厳格なるがゆえに国を失ったと云うものである。「功は疑いこれ重く、罪は疑いこれ軽く」と云うのは、聖人の法にして実に意味深いことである。将帥たる人は、このことを忘れてはならない。

物見

○物見は軍の肝要なものであり、勝敗に関わるところなればこそ、最も重視しなければならない。先ず物見には大中小の三段階がある。大物見とは総大将が直接に物見する事である。中物見とは侍大将、番頭等がなすところである。小物見とは一～二騎が出て物見することを云う。

○中物見以上は、直に取合い※6になることがあり、覚悟しておかねばならない。覚悟とは武器を備えておくことである。新田義貞の足羽(あすわ)合戦※7における大物見では、事を軽々しくしたことにより大変な目にあってしまった。慎重に行動せねばならない。このように物見から直に取合いになったときは、そのことを本陣に知らせる役目が定めてあらねばならない。

○小物見に出たとき、敵から勝負を望む者が現れたならば、主任務として物見に出てきたので、先ずは帰来して報告することを優先し、「すぐに馳せ来て勝負しよう」と言って、互いに名乗り合い、かつ鎧、指物等を相互に見覚えて立別れよ。それでも、実際に帰来して勝負を決するかどうかは、当時の相手の様子による。帰来しなくても大きな恥辱にはならない。これらは大将の命令次第なのである。一方で前述のように訳を語っても、敵方が承知せずに攻めかかるならば、その時はやむなく無二無三に戦って勝負を決せよ。それでもこのやり方は十中八九好まざることであり、物見としての任務を主とすべきである。ただし、三人ならば二人は勝負をなし、一人は帰来してその状況を報告することもあるだろう。これも又、当初から帰って報告する役目を定めてから行なわねばならない。

○つなぎ物見と云うのがあり、遠方の所に用いる。これは数箇所に人をつなぎ置いて、段々に伝言し続ける方法である。場先の事を早く本陣に報告するためである。

○唐山、オランダの軍事は、大小ことごとく物見を用いる。そうであるから粗忽※8により敗れることがない。日本の軍事は物見について甚だ粗く、必要な時だけ計画し、物見を用いるのである。これゆえに戦に強いとされる大将も、足元から不意の動乱を受けてしまうことが多い。武田信玄の本陣が上杉謙信に攻めかかられ、今川義元の旗本が織田信長勢に切り込まれたのは皆、物見に粗かった事例であると理解せよ。

○大小ことごとく物見を用いると云うのは、備を張って敵と戦を交えるときは勿論のこと、行軍にも前後左右の物見を用い、又、陣営を設けている途中でも四方の物見は怠ることがない。その他にも万事皆、物見を用いるのである。実に慎重である。

○敵地の深くまで物見に行くには、あるいは商人となり、あるいは草鞋の前後を逆に履き、又は獣足を作って履くこと等もあるという。さて又、物見に出て何を見極めるかについての習わしがある。左にその大略を記すが、さらなる工夫が必要である。
○敵国の貧富、強弱、又は士民が国主に服従しているか、服従していないかの様子、あるいはその主将の気質等を観察することが最も重要である。
○敵の虚実を見よ。虚とは部隊が整列せず、旗手が動き、軍士が妄りに四方を見廻し、あるいは所持している武器を玩(もてあそ)び、又居敷もせず、あるいは首が空を仰いで冑(かぶと)の内側が白く見え、あるいは武者がよそ見や雑談しているのは皆、虚である。
○実とは部隊が整列して、皆が居敷し、又視線を下げて妄りに五体を動かさず、所持している武器を玩ばず、旗手は立派であり、妄りに声を立てないのは皆、実である。
○敵地に入ったならば、先ず予想される戦場をよく見ておくこと。地形には順と逆がある。これについては、第十巻目の「地形」の条に記す。
○敵勢が多いか少ないかを見積もれ。これは平素から見て習得しなければ、見積るのが難しいものである。操練の時に意識しながら見て習得せよ。
○敵の備の形を見極めよ。攻撃箇所、すなわち「敵はどこに攻めてくるか、我はどこを攻めるべきか」を解明できるからである。備の形とは魚鱗(ぎょりん)、鶴翼(かくよく)、鋒矢(ほうし)等の陣形※9を云うのである。
○騎馬が多く歩兵が少ないか、騎馬が少なく歩兵が多いか、その様子を見極めよ。

○山や川などでは、険しくて通過困難な場所を見極めよ。

○敵と我の間が何町であるかを見積れ。これも平素から見て習得していなければ、見るのが難しいものである。心がけておくこと。

○田が浅いか、深いかを見極めよ。畦が崩れているのは深田である。田植えの並びが不ぞろいなのは深田である。刈った穂が長いのは深田である。総じて水国の田には深田が多いものと知れ。

○川があれば渡れる箇所を見極めよ。川底が石であれば、広く平らで大石が無い所が浅瀬である。川底が砂であれば、直線の所に浅瀬がある。長刀（なぎなた）のように曲がっている所は川底が掘れて深いものである。泥川は狭い所が深くなっている。岩川は滑るものである。これらが大概の見極めであると云えども、様子を知らない川は、案内者を用いることが第一の心がけであると知れ。

○伏兵が籠っている場所を見極めよ。これ又、習わしがある。森林等で鳥が飛び騒いでいるのは、その中に伏兵がいるからである。獣が驚いて走るのは、伏兵がいるからである。飛ぶ鳥が驚き、行雁が列を乱すのは、伏兵がいるからである。森や藪等の近辺の草を踏みにじられているのは、伏兵がいるからである。草野に虫の鳴く声が無いのは、伏兵がいるからである。これら数条は伏兵を察知するための概略である。

○敵と対陣しているときは、敵陣に日中立上るところの飯煙（めしけむり）が多いか少ないかをよく見覚えていること。通常よりもかなり多いのと、通常よりもかなり少ないのは、敵陣で何事かの準備をしているのである。よく注意して通常より多いか少ない飯煙ならば、間者を遣わして細密に敵の様子を探れ。武田信玄と上杉謙信が川中島で対陣した時、武田軍の飯煙が通常よりもかなり多いのを上杉方から発見され、武田が部隊を廻すことを察知した事例もある。このことを思い出せ。

右は物見の大略である。先述したように、物見は勝敗に係わるものなればこそ、怠ることがないようにせよ。特に前進、陣取り、細道等では、念入りに物見をすべきである。

第三巻終

※1　人数　複数の人員、集団、部隊

※2　頭（かしら）　小組頭、百人頭、寄合頭等の中・下級指揮官。詳しくは第七巻で述べている。

※3　瀬踏み　部隊の先頭で浅瀬を足で探りつつ進むこと

※4　間（かん）　スパイ活動、諜報・謀略活動

※5　間者　スパイ、諜報員

※6　取合い　敵と本格的に戦闘を交えること、あるいは予期せずしてその状態に陥ること

※7　足羽（あすわ）合戦　建武五（一三三八）年、越前足羽郡（福井県福井市）で新田義貞が最期を遂げた戦い。同年五月、義貞は斯波高経らの黒丸城を包囲する一方で足羽山の諸城を落としていた。同年六月、新田軍が藤島城に立て籠もる斯波方の平泉寺衆徒を攻撃していると、敵側は越後から大井田氏経が来援。閏七月二日、義貞はわずか五十騎で藤島に駆けつけるが、その途中で黒丸城から藤島城の救援に出撃してきた斯波軍三百騎と遭遇、深田に追い落とされた義貞は矢に当たり、自害した。享年三十九。

※8　粗忽（そこつ）　不注意から起こした過ち

※9　魚鱗（ぎょりん）、鶴翼（かくよく）、鋒矢（ほうし）等の陣形　下図参照

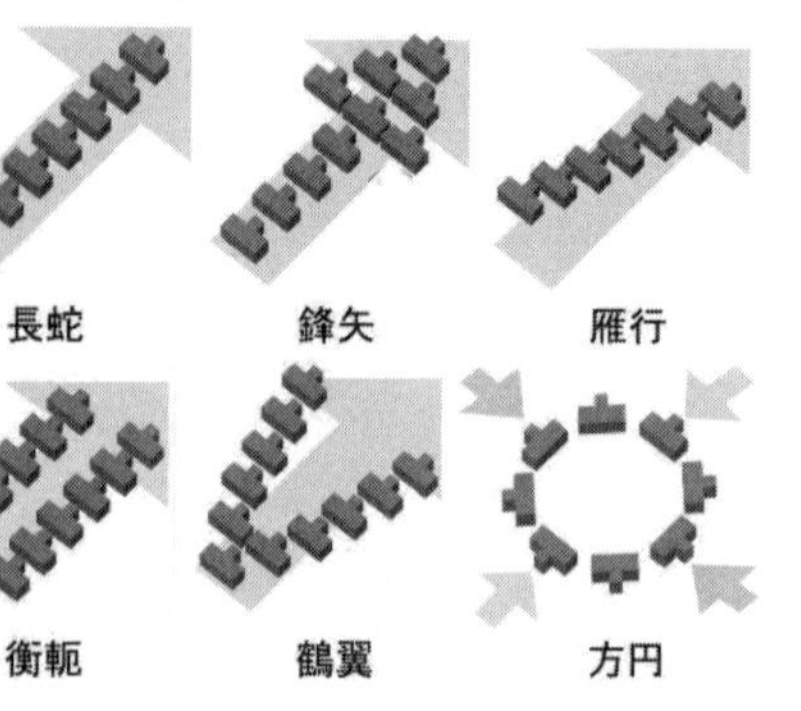

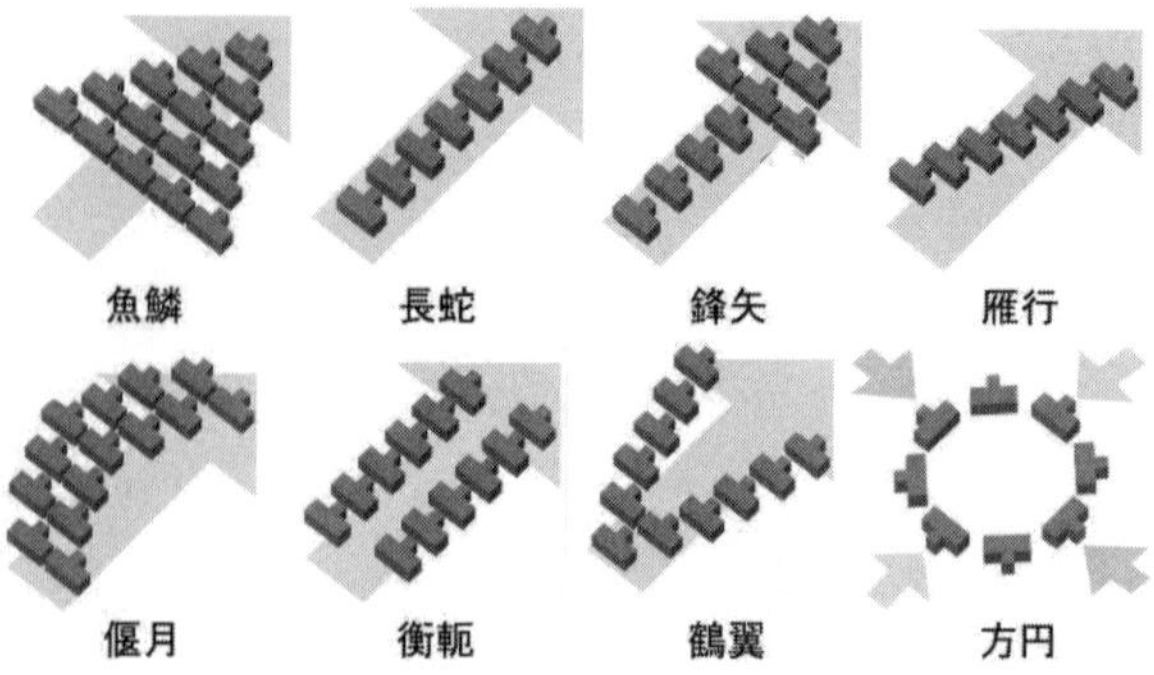

海國兵談 第四巻

戦 略（作戦戦略・戦術・戦法）

戦略とは、『孫子』で云うところの「算（見積り）を精しくして、その上にて謀慮をめぐらし、戦に勝つべき手だて（作戦）を創出して軍（軍隊を動かすこと）する」ことを云うのである。この戦略に疎ければ、拙い軍をすることがある。将たる者は、十分に思慮して創意工夫しなければならない。

○戦略は又、「軍略」とも云われる。しかしながら、世の中には「軍法」と戦略とを取り違えている人が多い。「軍法」というのは、軍中の諸法度であり、事前に定めておく掟のことである。戦略（軍略）とは今述べたように、戦に勝つための作戦を工夫して軍隊を動かすことである。俗人の云うところの軍法は、戦略・軍略であると理解せよ。

○戦略に精通したいと思うならば、和漢の軍記を数多く読んで自然と会得すべきである。いずれにせよ多くの先例を知り、その上に寂然不動の勇気と機略を修得できた人でなければ、急速臨時の場において、胸中から湧き出ずるものにはならないが、それでも初学者のために概略だけを左に挙げるものである。さらに工夫しなければならない。
○『孫子』に「兵は詭道」というのがあり、接戦の妙境とされている。ところが聖人の兵法を学ぶという人によくあるのだが、この「詭道」という言葉をことの外に忌み嫌うのである。しかしながら、そのような先入観は捨てよ。もちろん「詭」は「いつわり」と読む字であって虚言を意味するが、これだけで虚言・いつわりと見るのは適切ではない。ただ軽く〝そうではない事〟と理解すればよい。その意味するところは東を討つようにして西を討ち、あるいは鷹狩りするようにしてそのまま戦を仕掛けるといった事であり、〝そうではない事〟をして勝ち易い手段や方法を取るための一時の謀を指すのである。
○間を用いることは、全て一時の権謀であり、定まった方法はない。そうは云えども間を用いることの概略を知らなければ、用いるのが難しいものである。『孫子』に「五間」というのがある。郷間、内間、反間、死間、生間である。郷間とはその郷民を間に用いるのである。内間とは敵の身内の者を用いるのである。反間とは敵方からこちらに来た間を、却って我が間に用いるのである。死間とは漏らしてはならないような事を漏らして、敵方へ風聞させ、味方でこれを漏らした者を尋ね出してこれを殺し、敵に実のように思わせて、別に謀をめぐらすのを云う。生間とは間を遣わして、敵の様子を見聞するのである。生きて帰る間ということである。総じて間は謀計の主となるものであるから、戦略で最も重要なものであると理解せよ。
○「夏、南を征せず、冬、北を伐たず」と云うことも心得ておくこと。新田義貞の北国落ち※1等も時節が遅くなったがゆえ、寒気のために作戦がうまくいかずに敗れてしまった。日本の中であれば、焦がれる程の南国は無いけれども、北国で行動するのであれば時節を考慮すべし。
○性急にして強い敵であれば、味方は懦弱（だじゃく）なように装って敵を驕らせて、討つこともある。
○終日合戦しても、勝負が決しないので戦を中止し、後日勝負をつけようと約束する時などは、昼の戦いで味方の主だった指揮官たちが多く討たれて、味方は大いに疲れているなどと流言して敵の気を驕り怠らせて、急に夜討ちすることもある。
○敵が短慮の大将であれば、こちらから無礼の振舞いを仕掛けることで怒りを起こさせ、無益な戦をさせて疲れさせ、その疲弊したところを討つことがある。
○優柔不断にして懦弱な敵将であれば、短兵急に挫け。
○怨み事があって軍を起こした敵であれば、ねんごろに言い訳などして、和睦を取りつくろい、油断しているところを討つことがある。
○残虐・暴虐にして村里を犯し、掠奪（りゃくだつ）する者には、威勢を強大に張り、武威を示すことで挫け。
○全員がしっかりと鎧冑で身を固めている敵であれば、軽々しく軍を仕掛けてはならない。よく工夫して行動せよ。

○大敵を見てこれを侮るというのは、古の勇将にあることで、今どきの理解では少々野猪武者のような感じであるが、敵の大勢を見て臆する心気が露ほどに生じても、その気持ちで取り掛かったのでは、負けることは疑いない。その一方で、味方が残らず一致して大敵を侮る心になって突入するときは、小勢を以て大勢を追い崩したという例は多い。いずれにせよ、力戦は〝生を忘れてただ死あるのみ〟と念じて斬り込むことが最も重要な心がけである。上杉謙信、加藤清正、本田忠勝などがこれである。

○小敵を見て侮らないのは良将の慎みであると知れ。古も侮り軽んじて、小敵のために大軍を破られた例が多い。よく考察せよ。

○敵地に踏み込んで戦うには、〝肝要の地〟を見きわめて、早くこれを取れ。肝要の地とは、これを取れば敵方が行動困難に陥るような場所を云う。例えば米倉、城郭を見下ろす高所、運送の道筋、大社あるいは大寺等である。

○戦に勝つことでその地を攻略し、敵国に踏込むとき、我を拒むか、あるいは従わずに戦おうとする気色があるような地元の村があれば、皆殺しにして猛威を示し、敵国を手に入れることもあるだろう。また、殺伐乱暴を厳しく禁じて寛仁の徳を示し、あるいは年貢を薄くする約束等をして、敵国民を親しませることもあるだろう。この二つは時勢と敵国の政治風俗を詳らかに理解しておかなければ、論じ難いものである。その概略を云えば、初めの手合いには皆殺しにして軍威を示し、その後は殺伐を禁じて親しませ、又時宜を見合わせて折々猛威を示すことが、敵地を攻略する基本である。そこで肝要なのは、寛仁と猛威の徳を相兼ねて、時宜に従って施すことと心得よ。寛が半分、猛が半分では一方だけに偏ることになるので、あってはならない。
○降伏と称する者には、真の降伏があり、大将を狙うための降伏があり、他の味方と示し合わせて裏切るための降伏があり、他にも謀計の降参まで多々あるので、よく察しなければならない。真に降伏してきた者を殺してしまえば、これに懲りて以後は降伏する者がいなくなる。そうなれば、その地を攻略するのが難しくなる。又、偽の降伏を助けておけば、害を受けることがあるので、よく確かめねばならない。これを判別するには、降伏する敵将の甲冑等に注意せよ。目印になるような異形の物を着ているのは、必ず意味がある。こうした降人は敵襲の先立てなので、斬って害を除かねばならない。又、偽りの降参と見ても、速やかに了承して、あるいは城を受取り、あるいは兵隊を奪うなどして、その上に彼の降人をあるいは撫育し、あるいは畏服させたならば、真の降人となることもある。いずれも主将の器量によるのである。
○敵国に押入ったならば、その国に豪傑で用いられずに、鬱として時を待つ者もあるだろう。あるいは功徳ある者で、推し沈められて上に恨みを抱いている者もあるだろう。又、才智が豊富であり、国中の事を理解している者で、用いられずに引き籠っている者もあるだろう。この類の者を聞き出したならば、召し出して懇(ねんご)ろにもてなし、国土の様子、合戦の手だてや方略等を尋問して、厚く遇するのである。こうしたことは大いに〝強を得るの道〟である。さて又、右のように敵国の人を我が手下に用いることは、その国の士民を安堵させることにもなるのだ。とかく敵国に押入っては、士民が怨みを生じないようにするのが第一である。後ろに気遣いがあっては、思うままに敵城を攻めることもできない。よく考察せよ。

○総じて戦の妙は、奇正を十分に理解するにある。奇正とは〝仕手(シテ)、脇(ワキ)〟となって行動することである。敵を相手組むのを正兵とし、横槍を入れるのを奇兵とする。しかしながら無形でなければ妙とするには足りないのである。無形とは正が変じて奇となり、奇が変じて正となって、敵をして我が奇正を察知できないようにすることである。もっともそう言ったからとて、妄りに奇兵の働きのみを貴ぶことでもない。元来は正兵にて正々堂々と戦って敵を挫くべきであるが、あるいは人数の多寡、又は敵方の猛将、謀者等により、正々堂々のみではやっていられないこともあるだろう。これが奇正を用いる所以である。すでに奇を用いる上は、自己の奇正を敵に見透かされてはならない。これが無形を重視するところである。　神武天皇の軍立てにも、陰軍(めいくさ)、陽軍(おいくさ)※2

というものがあった。つまり、全ての戦において奇正を用いられたのである。このことに思いをいたせ。なんと貴いことであろうか。

第四巻終

※1　新田義貞の北国落ち　湊川の戦いに敗れた新田義貞は、後醍醐天皇を奉じて比叡山に逃れ、京都を奪回しようとしていた。しかし、建武三(一三三六)年十月の尊氏による和平工作を受けて後醍醐天皇が京都に帰還されたので、義貞と弟・脇屋義助は恒良親王を奉じて冬の越前に下り、金崎城に立て籠もった。翌年正月、足利軍が諸国の軍勢を集めて城を包囲して糧道を絶つと、食糧備蓄が不十分であった金崎城中は飢餓状況となり、三月六日に落城した。恒良親王は捕えられ、義貞はその直前に杣山(ひやま)城に脱出した。

※2　陰軍(めいくさ)、陽軍(おいくさ)　それぞれ「女軍」、「男軍」と表記されることもある。古代の日本では、軍団を編制する場合に精強な兵員だけを集めた陽軍（男軍）と普通の兵員からなる陰軍（女軍）に区分するのが一般的であった。『日本書紀』によれば、カムヤマトイワレヒコノ命(後の神武天皇)は、日向国で戦に強いとされる肥人(くまびと)を動員され、陽軍と陰軍から成る〝大来目(おおくめ)〟を編制された。そして紀元前六六三年十一月、皇軍の奈良盆地進出を阻止する梟雄兄磯(たけるえしき)城の軍勢を国見丘(くにみのたけ)で討たれたが、このとき皇軍は、まず陰軍で正面の男坂から猛攻撃して敵にこちらの主力が来たと思わせ、後方の磐余邑(いわれのむら)に集結していた敵の予備隊を正面に引きつけた。次いで強兵である陽軍を迂回させ、宇陀川を奇襲的に渡らせて敵陣の翼側にあたる墨坂の陣地を突破し、後方から敵軍を挟み討ちにして敵司令官・兄磯城を斬り殺したという。

海國兵談 第五巻

夜戦（夜間における戦闘）

夜の戦は陣所に攻め寄せるのを夜討ちと云い、城に攻め寄せるのを夜込みと云い、互いに陣を取って夜出て戦うのを夜軍（よいくさ）（あるいは夜合戦）と云うと世上に言い習わされている。その中で夜討ちと夜軍とは少しばかり異なるが、夜討ちと夜込みとは大した違いはない。
○夜は敵の様子も明確に分からず、足場の良し悪し、旌旗の合図もはっきりと見分け難く、敵味方も定かに判別し難いものであり、万事不都合なるがゆえに、十中八九は夜の戦を好まないのである。そうは云えども、夜討ちは勝ち難き敵に勝つことさえある。しかしながら、統制事項が十分に徹底されていなければ、ただ彼これとひしめくばかりで、戦もやり難いものであろう。これゆえに合図の鳴物、合印、合言葉等をしっかりと覚え込ませよ。先ず夜戦の大主眼として、旌旗の合図が見え難いので、鳴物の合図を厳格に定めなければならない。鳴物の合図とは、東西南北の鳴物を定め教えることである。例えば拍子木を東の鳴物、太鼓を南、貝を西、喇叭（らっぱ）を北と定めるように。平素の操練でこれらの事項をよく覚え込ませておき、事に臨んで間違いのないようにせよ。この他、松明（たいまつ）、花火等、工夫次第で定めること。
○夜戦は人数（部隊）編制を確実なものにせよ。編制が確かでなければ、引き上げるときに敵から紛れ者が付きまとって来ることがある。この紛れ者を防ぐ術は、人数の編制が正確でなければ実施困難である。和田※1と楠木の軍勢は夜討ちから帰って、立すぐり、居すぐり※2ということをやって、敵の紛れ者を発見したことがあるが、編制がきちんとしていれば、立すぐり、居すぐりに及ばずとも、紛れ入れるような隙がないことを理解せよ。
○夜戦では一個組二十五人として数多く編成し、各組単位で行動させるのが甚だ便利である。
○夜討ちをしたならば、その攻め入った所から帰らず、脇か裏へ斬り抜けて帰れ。
○夜討ち、夜合戦ともに戦場から一町（約一〇九・一m）程退いて隠密の備を一備も二備も出しておく。万一味方が敗北して、敵が追って来たならば、我が備の前を敵勢の半分が通過した時、斬りかかって踏み崩せ。その時、引いて来た味方も反転して攻め合い、挟み討ちにせよ。
○夜軍の習わしとして、前鉄砲の音を合図に攻め入るようにせよ。
○夜討ちはどこから攻め入って、どこへ抜けるということを全員に徹底しておくこと。抜けて帰るべき道には、迎え備を出しておく。又、帰ることの無い方向に松明等を少々出して、敵の認識を誤らせることもある。

○夜間の識別印(しるし)は白色を用いよ。胴巻、腰巻、鉢巻、袖印、鞘巻等のどれにしてもよい。
○夜討ちでは声を上げることを禁ずる。もし声を上げる者がいれば即座に斬捨てにせよ。このゆえに、昔は枚(ばい)を含むと云って、楊枝の大きさの木を各人の口にくわえさせ、あるいは馬の轡(くつわ)を結びつけることがあった。
○夜討ちの習わしとして、敵陣に入ると同時に先ず大将の居所を目がけて斬り込め。次に敵の馬を切放して騒動にさせ、その次は素早く火を付けて焼き立てよ。もちろん一箇所に固まって行動することなく、組を単位とする十~二十人ずつ所々で行動せよ。首は切り捨てる。ただし大将の首と思われるものは捨ててはならない。太刀、具足までも分捕って帰れ。さて又馬を切り放し、火を着けることばかりに皆が気を取られていると、接戦の働きが二の次になってしまうものだ。それゆえ切放しや火付け等の役目は、戦士以外に三~四人を一組として、五~十組でも二十組でも、できるだけ多く用いるようにせよ。そして、これらの者も馬を放し、火を付け終わったならば、戦士と同じように戦え。
○夜討ちの武装は飛道具を多く用いない。手詰めの戦闘(白兵戦)を第一に心がけよ。
○敵を追い崩したならば、長追いしてはならない。鐘を聞いたならば、全ての戦士が足を止めよ。また、旗や馬印の代りに松明十本を将机に振り立てよ。これを目印にして全軍が一所に集るのである。もちろん陣営を乗っ取っていれば、敵陣に有るところの兵器や諸道具を、手に持てるだけ取ってくるのである。

○柵を厳重に張り廻らせている所は鋸（のこぎり）で土際から引き切り、押し倒して突入せよ。この行動は状況により昼間でも実施する。ただし、昼間には仕寄（しよせ）道具※3を用いよ。

○夜討ちの時、火付け役の者は、乾いた柴・萱（かや）等を四～五把（つかみ）ずつ携行し、陣営の中で火の付け易い場所を見つけて、持参した柴・萱を積み上げて火を付けよ。火を付けるには、火船の条に出てきた燃焼薬を込めた大薄の花火を用いよ。

○夜討ちを実施すべき場合に四つある。敵が到着した夜、終日合戦があった夜、大風や雨雪の夜、敵が吉凶について揉（も）めた夜である。この他にも時に臨んで考察して討つべき場合を計画し、神速に討ちかかれ。

夜討ちに用いるべき器械を左に記す。

○梯子、これは塀、堀あるいは長屋等を越すのに用いる。

○大槌（つち）、これは営門等を打破るのに用いる。

○大鋸、これは柵、塀、柱等を引き切るのに用いる。

○熊手並びに大鳶觜(とびくち)、これらは乗越しの道具にも用い、あるいは力戦にも用いる。

○柴萱、大薄の花火、これらは火付け道具である。

右は夜討ちの大略であるが、さらに創意工夫を加えよ。これ以下は、夜討ちを防ぐための条項を二〜三記す。これ又、自分の考えを加えて、防ぐ処置をなせ。

○夜討ちは空隙(すきま)を討つものである。我に空隙がなければ、どうして夜討ちに遭うことがあろうか。さて、我に空隙がないようにするには、第一に物見を十分に用いること。物見が密であれば、敵は寄付くことができない。その次は軍法である。約束事が遵守されており、ひとたび「夜討ち襲来」の合図があったならば、営中ことごとく防御の用意をするように精しく教えておけ。その次は営中の戦士の中から自らは戦わずに松明の役につく者を定めておけ。夜討ちが来たという合図があれば、自分は戦わずに早く松明を灯し、面々の小屋の前、並びに営中の全ての小路を照らして、営中を昼間のようにさせよ。総じて夜討ちは暗闇に乗じて少人数にて接近し、突入するものである。しかるに昼間のように明るければ、決して夜討ちに苦しめられることはないだろう。これらが夜討ちを防ぐ上で特に重要な心がけである。これらのことをよく会得すれば、妄りに夜討ちに遭うこともない。これら以外にもさらに創意工夫を加えて防御の術をなせ。将帥たる人は、よくよく頭を使って考察せよ。夜討ちとは常に思いがけない大功をもたらすものであるが、斉の田単(でんたん)が燕軍を破ったこと※4や、加藤清正が朝鮮において明の二十万騎を手勢八千で踏み破った程の激しい夜討ちは、類まれな事例である。これらを夜討ちの手本と云ってもよいだろう。

第五巻終

※1　和田　楠木正成の異母弟にして、楠木氏の一族郎党である和田正氏(まさうじ)

※2　立すぐり、居すぐり　約束された言葉を発し、これに応じて全兵士が同時に立ち、あるいはさっと居敷することで、まぎれ込んだ敵を探す方法。口頭に対して行動で応じる形の合言葉

※3　仕寄(しよせ)道具　竹を大きな束にしたもの、土を詰めた俵、木製や金属製の楯等、敵方からの矢弾を除けて敵陣や敵城に近寄るための道具

※4　斉の田単(でんたん)が燕軍を破ったこと　田単は戦国時代末期（紀元前三世紀前半頃）の斉国の武将であり、燕国によって滅亡寸前に追い詰められていた斉国を「火牛の計」によって救った。即墨で燕軍に包囲されていた田単は、降伏の使者を派遣して「もはや矢尽きたので降伏する」との偽情報を伝えて燕軍の油断を引き出し、この間に千頭の牛を用意した。牛の体には赤絹の衣に龍を描いてかぶせ、角には刀剣、尻尾には油をしみこませた葦の束をくくり付けた。決戦の夜中、牛の尻尾に火をつけて城壁に開けておいた穴から燕軍の陣へと放った。尻を焼かれて荒れ狂う牛の突進により、燕軍兵の多くが刺し殺された。これに続いて斉軍の兵士五千が、無言のまま猛攻をかけ、同時に民衆も銅鑼や鐘などで天地を鳴動させるかのように打ち鳴らした。こうして燕軍は大混乱に陥って敗走し、敵将・騎劫も討ち取られた。

海國兵談　第六巻

撰士及び一騎前（士卒の選抜と個人装備品・各個の戦闘）

人は凡人であることが一番良いと思いがちであり、しかも人々が万芸に長ずるというのも実現困難である。それでも得意とするところ一芸ずつはあるものだから、その得意とするところを選んで、それぞれの職を授けるようにせよ。孝に五段階があり、武にもまた五段階があるという心得で選ぶようにせよ。これこそ主将が第一に思慮しなければならないのであるが、無学であってはその器量に応じて選ぶことも、上手くいかないものである。これを上手くやるには、多くの書を読んで日本や唐山の才智ある君主が、人の器を選んできた事例を考察すれば、誰が教えるともなく、人の器を選ぶことが上手くなるものである。それゆえ君主たる者の第一の勤めは、多くの書を読んで君主の武を知ることである。（君主の武は平士の武と同じではない）そこで、人を選ぶ方法の大略を左に記す。なお工夫を加えよ。

○様々なことを読み知っており、その内容をしっかり覚えていて才智が逞しく、経済に達し、弁舌の才に優れ、気骨のある者は、家老の職を任せよ。

○武勇を第一として、兵道に達し、才智ある者であれば、番頭に用いよ。
○勇壮にして、おとなしく、かつ物に動じない者であれば、武頭に用いよ。
○士卒の中で日本や唐山の書を読んで多くの物事を知っている者を選んで、一組となしておけ。
○頓智頓才にして弁舌に優れる者を選んで、一組となしておけ。
○兵道を心得ており、物見等で機転が利くような者を選んで、一組となしておけ。
○力が強くて勇気のある者を選んで、一組となしておけ。
○弓、鉄砲、弩弓等の上手な者を選んで、一組となしておけ。
○道を速く進み、身動きが素早い者を選んで、一組となしておけ。
○天文、算数等の得意な者を選んで、一組となしておけ。
○水泳、水馬等の上手な者を選んで、一組となしておけ。

右の他にも、人を選ぶ基準には幾とおりもあるだろう。この類の者を全て平素から充実しておき、戦時には旗本は云うまでもなく、番頭にも配置して、肝要な用事に備えよ。

○総じて軍兵を選ぶ方法は、体格が逞しく一芸に長じ、意気盛んな者を上とする。技芸はなくても体格が逞しく意気盛んな者を中とする。技芸なく、体格も逞しくないけれども、意気勇壮な者は下の選別に充てよ。技芸なく、体格もすぐれず、意気もしぼんでいる者は取るに足らない。

もしやむを得ずに用いるのであれば、火の番か飯炊きの類となるだろう。
右は全て、兵を選ぶことの概要である。

一騎前

○一騎前（各個の戦闘行動）の趣旨は、敵に当たって勇壮であることを専らとする。『呉子』に「進んで死するを以て栄と為し、退き生きるを以て辱と為す矣」とある。又、上杉謙信の書に「真精の鉾先（ほさき）は、鳴動の中に章疾（あやとし）」とある。又、同書に遮神剣という言葉がある。これは接戦の時は前懸りなって、自分の冑（かぶと）を敵の剣にまかせて飛び込め。そうすれば、軍神が敵の剣を遮って、我が身は無事であるという意味であり、真一文字に敵陣に飛び込むことを主とする教えである。これらを一騎武者の接戦における大主意と心得よ。さて、馬の乗形、物見の礼儀、武者詞、隠し字等のことは、一騎前の奥の手にして枝葉末節なことなので、大略を知るだけで足りるだろう。左に基本となる要領について二〜三を挙げるので、さらに考察せよ。
○六具と云うものに色々あるが、先ず一騎前の六具とは、胴、冑、籠手（こて）、臑当（すねあて）、太刀、草鞋（わらじ）である。この他にも大将の六具、身堅（みかため）の六具、備の六具、番所の六具といったものがある。閑暇な時にでも学んでおけばよい。

上述したように、六具に様々なものがあり、ことごとく六の数を用いているが、これは亀が足と頭と尾の六つを甲羅に隠すことから出たこじつけに過ぎないので、厳格に六に限られたことのように思うのは「柱に膠※1」の類である。よって、私は一騎の六具に糒（乾燥米）を加えて七具と教えるのである。

○身の廻りを具足で固める手順は、下から始め、左を先、右を後とする。脱ぐときは上から始めて、右を先にする。

○鎧の縅毛、甲冑の名称などは詳しいのに越したことはないが、大略を広く知っていればよい。その理由はこれらの事に拘泥すると、重要な方法を見失うことになりかねないからである。しかしながら、敵の容体を見覚えて、大将に報告するため、あるいは矢を射当て、又は負傷させようとするためであれば、右に述べたことを全く心得ていないのは、第一の不覚であると知れ。

○組討のために、時々相撲を取るのがよい。古代は角力と云って武芸の一つであり、武士の技芸を吟味する条件の中に相撲も含まれていた。もちろん諸国から相撲人として力持ちの人を進めさせた事も、諸史に見ることができるが、今では歌舞伎と同じようなものになったことから、相撲は武士の芸ではないと思うのは間違いである。全て組討は、高く組むのは弱く、低く組むのが良いと心得よ。

○組討では常に、素早く右手指を抜いて、組みながら突け。平忠度（ただのり）※2や山中鹿之助※3等の組み様を手本とせよ。

これに付随して、異国人と組討するのにもいくつかの心得がある。先ず異国人に国々の差異があり、人の大小、力の強弱がそれぞれ異なる。琉球、タイ等の南人は皆、体格が短小で気力も弱い。唐山も浙江、南京以外の人は琉球、タイ等の人に準ずる。又、山西、北京及び韃靼、朝鮮等の北地の人は、体格も大きくて、力も日本人より強い。ただ気性が鈍いだけである。ヨーロッパ人はただ身長が高いだけであり、さほど力もなく、気性も鈍い。さて、日本人と北地の異人等が角力するのを度々見たのであるが、四つに組んだならば北人は、後にも退かず、脇へも倒れず、ただ前にすかしてなで落とせば、うつ伏せに倒れてしまう。一つ心得ておくべきことは、唐山人の武芸は蹴ることを第一に習って、胸と膝とを蹴る。又、後跳ねを頻繁に行なう。又、拳法と云って握り拳で目を突くのである。この三つを心得ていて、蹴られず、跳ねられず、突かれないように、素早く身を寄せ付けるのを第一とせよ。これが唐山人と組討するときの心得である。

○武芸は定まりのないものであるから、何であれ一芸に熟達せよ。多芸に越したことはないが、多芸を心掛けると、熟達し難いことにもなる。しかしながら、太刀は人々が帯（は）かないということがない。それゆえ、太刀打ちだけは誰もが稽古しなければならない。中でも抜き打ちに強くなることを重視する。これが太刀を学ぶ上での要法である。

○太刀帯により着けている太刀は抜き難いものである。直に帯に挿すほうが良い。この類のことは仕来りの式法にとらわれずに、自ら試みて便利なものを取ればよい。

○弓は半弓が便利であり、用いるのに勝れている。とりわけ馬上で有利である。もっとも突き通す力も強いものである。

○矢籠に三種類ある。一つは平素用いているところの物である。一つは大竹を用いて図のようにこしらえよ。一つは小竹にて作成する。

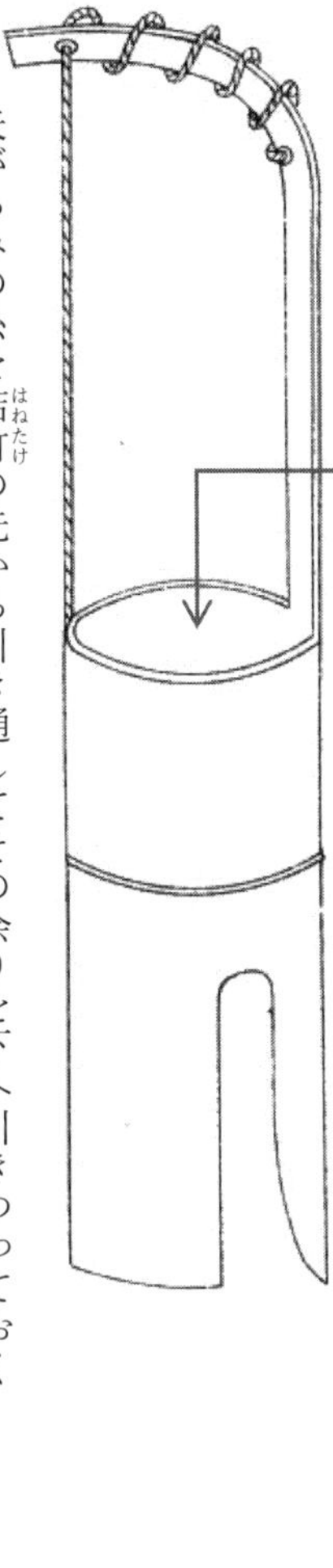

ここへ藁を入れて根溜まりとする

矢がらみの糸を桔竹の先から引き通してその余りを下へ引きつっておく
矢を抜けば竹がはねあがって糸が絞まるので、残りの矢が抜け落ちない

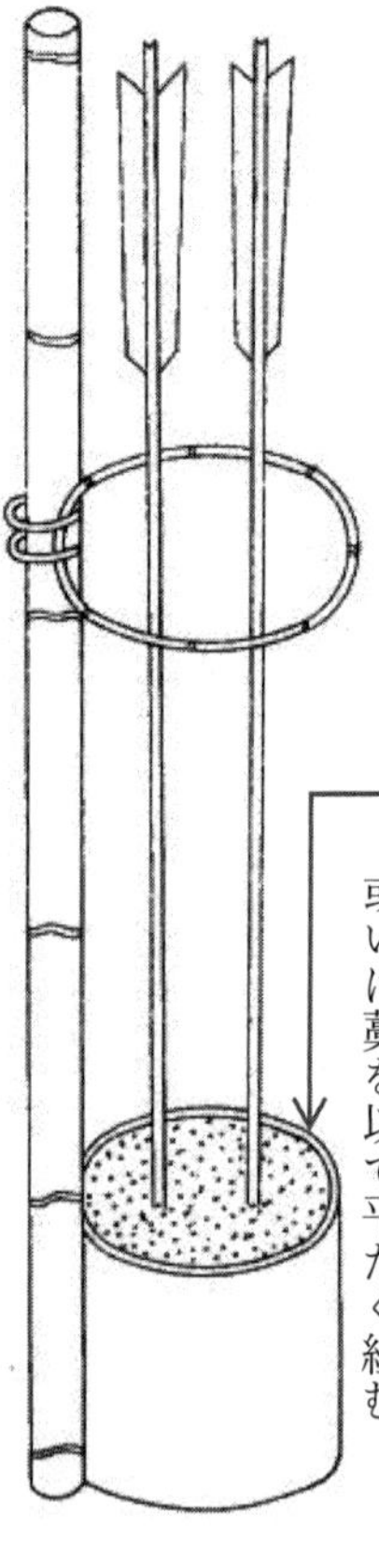

根溜まりは桶、箱、竹筒の類、或いは藁を以て平たく組む

細竹を輪にして、ねじ返しにするので、矢が締まる

○今の世の習いとして、足軽は皆、空穂（靫）※4を用いているが、空穂を腰に付けると重くて動き難い。特に行軍する時などは大変疲れるものである。足軽が矢籠を用いて、戦に不便ということもないのであれば、動き易いように空穂に代えて矢籠を足軽に用いさせるべきである。これは新たな取決めとなるかもしれないが、戦に便利ならば、どうして新たな方法をはばかることがあろうか。こちらを採用すべきである。

○桐油紙で長さ二尺（約六〇・六㎝）程の袋をこしらえて、雨天時に矢籠にかけよ。もっとも、普段からかけておいても問題ない。

○重い鎧を好んではならない。美しく飾っている鎧は必ず重いものである。全て一騎（各兵士）の出で立ちは、軽量化に努めよ。極端に略すれば胴と冑だけでも事足りるものと思え。もちろん冑も軽いものを用いるのである。鎖、鉢巻、あるいは半首（はつむり）の類で錏（しころ）※5様の物は、後ろを覆えば事足りるものである。大立て物等を用いるのは、ほめられたことではないのだ。

○太刀は古くに作られたものを好んではならない。ただ丈夫なものを重視するのである。戦時には、大平の世のように太刀、刀を玉のように、玩具同様に大切に取り扱うものではない。ただ敵をたたきひしぐ鉄棒であると心得よ。

○帯太刀（はきたち）は長さを伸ばしたものを好まないこと。大体一尺八〜九寸（約五四・五〜五七・六cm）から二尺（六〇・六cm）内外が良い。脇差も八〜九寸（約二四・二〜二七・三cm）から一尺（三〇・三cm）を用いよ。全ての太刀、刀は全体を蛤刃※6に磨げ。刃肉を落としてはならない。

○力量のある者は大太刀を用いることがある。帯くのが難しい程大きな物は下人に持たせ、又は背負うこともある。大太刀は力にまかせて、いくら大きな物でも用いよ。

○槍は穂先が三寸（約九・一cm）にして、柄（え）は丈夫で短いのが良い。これ又、敵をたたき倒す棒であると心得よ。現今、多くの流儀を立て、華麗に製作している槍などは、戦場で用いればただ一打ちに打折ってしまえ。武士たる者、本質を見失うな。

○全ての武器に自分の住国と姓名を漆で書き付けること。又、事が急であれば漆に代えて墨でも良く、又小刀で彫り付けてもよい。
○馬はただ脚と爪の強さを重視する。五姓十毛の説、あるいは相生相剋の吟味、あるいは旋毛(つじけ)、馬形等のことなどは、少しも拘ってはならない。しかしながら、手に余る暴れ馬は、乗ることができないものと心得よ。

木火土金水の五行を立て、相生相剋を論ずるのは、唐山を本家として、その他は唐山の弟子分である日本、朝鮮、タイ、琉球等の国々のみである。ムガール、ペルシア、インド等の諸国は、地水火風の四行を立て、オランダ及びヨーロッパ諸国は水火気土で四行を立てているように、これらの国々には四元行の説があって、五行の相剋はない。そうであれば、いくら論じてもさほど害もないものと思われるので、我々も表立った議論には五行の説によればよい。本来、荒々しさだけが求められる〝武〟においては、そんな説によらなくても全く問題がないのだから。

○気の弱い馬で水を渡るには、水際で早駆け四〜五回乗って、その気が衰えないうちに渡らせよ。
○歩いて急流を渡るには、三〜四十人が手に手を取り、組で渡るようにせよ。
○歩いて一人で渡るには、六〜七貫目(約二三〜二六kg)の石を肩に担いで渡れ。

○沼を渡るには、葦簀（よしず）、竹簀の類を段々に打ち敷き、その上に物を置いて踏み渡れ。さらに渡るに従って段々に先に繰りだすのである。

○草鞋、馬沓（まくつ）等の作り方も人々が心得ておくべきことである。これを知らないのは落ち度である。

（頭注）諸外国には草鞋がない。もしも外国で行動するのであれば、草鞋を多く貯えねばならない。○外国には藁はあるが、草鞋はない。自らの手で作るしかない。それゆえに草鞋、馬沓の作り方を知ることが武人のたしなみである。ただし、蝦夷国には藁もない。心得ておくこと。

○飯を炊くには、水一斗五升（約二七リットル）を沸かし、その中に米一斗（約一八リットル）を入れれば飯になる。又、鍋や釜がない時は芝の上に米を置き、水を注ぎかけて、再び上から芝くれを逆に打ちかけて、その上にて火を焚けば飯になる。又、米を水に浸して菰（こも）・莚（むしろ）の類に包み、浅く土中に埋めて、その上にて火を焚けば飯になる。又、米を水に浸して桶に入れ、ほどよい大きさの石を焼いて米の中に入れれば飯になる。又、洗米を布袋に入れ、青葉で厚く包み、焚き火の中に投げ入れて蒸せば飯になる。又、海水で飯を炊くには、釜の底に茶碗を伏せて置き、その上に米を入れて炊くべし。塩分は茶碗の中に凝るのである。

○水練の術を心得ていなければならない。知らない者は落ち度である。

○野陣、宿陣ともに自己の小屋に入るときは、四方を目で見える限りよく見ておくこと。そして寝るときは、どの方向を枕にして、どの方向を足にしているかをはっきりと心に覚えてから横臥すれば、不意の出来事に際して狼狽しないものである。かつ又、宿陣のときは、宿はずれと宿裏の方をも十分に見ておくこと。
○馬を縛り繋ぐやり方にいくつかある。一つは手綱で前足を縛っておく。一つは面繋（おもがい）※7を髪中に引き寄せておくのである。
○面や頬当てが無いとき、平素のように冑の緒を結べば、下あごの先端部が痛くなる。その時は下あごの適切な部位に真結びに結び止めて、その余りは常のように結べばよい。
○板障泥（あおり）※8を二枚合せにこしらえて、水汲みの道具として用いることがある。
○鉄砲を脇側に懸けるには、筒先を下にして、左の肩から右の脇へ袈裟がけに掛けよ。突入時に肩の上から筒先を前に引き廻して敵陣に一発射放って、その煙の下から斬り込んだならば、一段と制圧効果のある突破口となるだろう。半弓を脇側に掛けるのであれば、直に弦によって掛けるようにせよ。ただし、弦の方を前にせよ。
○戦場へは竹筒に水を入れて胴脇や腰間に帯びるようにせよ。
○草鞋は鷹野懸けで装着せよ。
○足が深く入ってしまう泥ねい地を渡るか、又は大雪などを歩行するのであれば、橇（かんじき）に乗れ。その形式に二つある。左図のとおり。

これは板カンジキである。板に緒を付けて、木履をはくようにするのである。

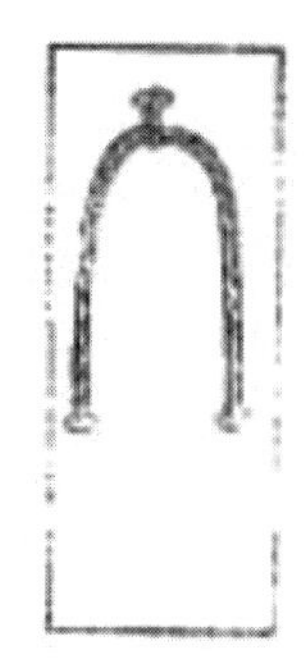

輪カンジキである。木枝を図のように曲げて真中に縄を懸け、これを足に着けるのである。

○水を渡るには、脛当（すねあて）※9、佩楯（はいだて）※10等を脱ぐことがある。
○接戦の場ではなくても、草鞋に中結びをせよ。
○松明は楢（なら）の木が最も良い。又、乾いた細竹三〜四十本を束ね結んで用いるのも良い。麻柄三〜四十本を束ね結ぶのも良い。
○物見についても大略を心得ていなければならない。物見については別の所に記してあるので、考え合わせてみよ。

戦場へ出る者の所持すべき品々

○桐服(トウフク)と云うものがある。厚綿の広袖羽織で、裏表ともに桐油布を用いよ。又、紙でもよい。これを鎧の上から着用すれば、寒さを防ぎ、雨をもしのぎ、又夜具の代わりにもすれば、重宝な物となるであろう。しかしながら、戦に臨んで急には製作し難い。平素の心掛けとして作っておくべきである。

○雨具は蓑笠とせよ。しかしながらこれは定められた方法であり、戦場ではどんな物でも手当り次第、引っ被って雨を防ぐのである。ただし、雨を防ぐというのも行軍時のことである。接戦に至っては、大将士卒ともにずぶ濡れが常だと思え。

○弦巻は指添えの鞘に貫いて帯に結わえ付けよ。

○打替袋に糒(ほしいい)五～六合、乾味噌を少し入れて、常に腰間に帯びよ。これらは非常用糧食であり肝要の時でなければ食べてはならない。

○二重廻りの手拭を腰に纏(まと)うこと。

○細引き一筋を腰に帯びよ。

○紙類はどこへ行くにせよ少々用意せよ。

○燧袋(ひうちぶくろ)、この中に気付け、血止め、よもぎ、虫薬、並びに馬薬等を用意しておくこと。この袋は刀、脇差の栗形の所に結び付けるのである。さて又、甲冑を着けて大いに動くときは、蒸気が逆上して目眩(めまい)するものである。このような時は、辰砂益元散が甚だ良い。その製法は、滑石(なめし)六匁(もんめ)（二二・五g）、甘草、辰砂を各一匁である。これらをよく摺って細かい粉末にしたものを、水で飲む。この他、昔の武士の様子を見ると、負傷した時は、あるいは塩を摺り込み、又は直に灸をした事もあったそうだ。これ又、戦場での意気による一つの治療法なのである。

○軍中では時々大蒜(にんにく)を食べ、あるいは腰間に帯びておけ。よく寒さ、暑さや癘気(れいき)（熱病などを起こす悪気）を取り去る効果がある。

○扇子も必要と思えば用意せよ。

○麻紐にて長さ一尺二～三寸（約三六・四～約三九・三cm）の網をこしらえ、前後に緒を付けて腰間に帯びる。これを飯入れとして用いよ。

○銭百文ばかりを緒で貫き、腰間に帯びよ。

　右が用具の大略である。さらに所持したい物品があれば、鞍の四方手(しおで)※11、あるいは鐙(あぶみ)※12の下などに取付けて携行せよ。

○全ての士卒等が心得るべきことがある。万一味方の大将が討死した時は、素早く死骸を背負って味方に引取らせて、その首を敵に渡さないようにせよ。もしも事が急であり、背負って味方に引取らせるのが難しい時は、ために忍ばざることなれども、素早くその首を討って、面の皮を剥ぎ、又は頭を微塵に切り砕くなどして、敵に得られて梟首(ごくもん)にされないように心掛けよ。昔から大将が討死した時、付き従う郎党共はことごとく討死するだけであり、首を隠すことをしなかったので、首を敵に得られて梟首されたのであった。義貞が討死した時も、その首を深田の中に隠したけれども、その隠した者もまた立ち帰って義貞の死骸の側で切腹したことから、その足跡を辿って終に首を得られて梟首されてしまった。たとい討死しても、梟首さえされなければ、討死の上の大慶と云うものである。よくよくこのことを思わねばならない。また、士卒郎党等の心得がある。義貞が討死した時の軍のように、無理な戦いや無謀な戦いになりそうであれば、強いて馬を牽き返して、詮無き討死を免れさせること、これも士卒郎党等のたしなむべき心得とせよ。

(頭註)万一大将が討死したならば、近習の者がただ十人で死骸を取納めにかかって、じ余の人々は大将の復讐を報じようと愈々励んで斬りこめ。決してうろたえて敗軍することがないようにせよ。この趣意を全軍にしっかりと示しておくこと。ただし、取納め役の十人は兼ねてから役を定めて申合わせておけ。

第六巻終

※1　柱に膠　規則などにとらわれて融通が利かないことの例え。「琴柱に膠」とも書く。

※2　平忠度　平安時代後期の武将。伊勢平氏の棟梁・平忠盛の六男（平清盛の異母弟）で、小さいときから藤原俊成に師事して和歌を学び、優れた歌人であった。源頼朝討伐では富士川合戦（一一八〇年）や墨俣川合戦（一一八一年）に出陣し、木曾義仲討伐の北陸遠征では礪波山合戦や倶利伽羅峠合戦（一一八三年）で副将軍として出陣した。寿永三（一一八四）年二月、一ノ谷合戦で逃走中に源氏方の岡部忠澄と組討になり、戦死（享年四十一）。このように武道よりも歌道を好んだ忠度が、組討に優れていたという話は聞いたことがない。おそらく、一ノ谷合戦で平敦盛を組み伏せて討ち取った熊谷直実とすべきところを間違って平忠度としたのであろう。

※3　山中鹿之助　戦国時代から安土桃山時代にかけての出雲の武将。幼少の頃より尼子氏に仕えて尼子十勇士の筆頭、尼子三傑の一人として〝山陰の麒麟児〟と呼ばれた。八歳の初陣で敵を討ち、十歳の頃から弓馬や軍法に執心し、十三歳で敵の首を取って手柄を立て、十六歳のときには主君・尼子義久の伯耆国（現在の鳥取県）尾高城攻めに随行して、因幡・伯耆に鳴り響く豪傑・菊池音八を組討で討ち取った。成人後も尼子氏の家臣として毛利氏と戦い、数多くの敵を討ち取った。尼子氏が毛利氏に降伏した後は織田信長や豊臣秀吉に仕え、秀吉の中国征伐では尼子勝久らと播磨上月城を守ったが、毛利氏に城を落とされ、捕らえられて討たれた。

※4　空穂（うつぼ）（靫（うつぼ））　矢を入れて背負う武具。筒形で中は空洞になっており、矢が雨に濡れて傷むのを防ぐため、外側に毛皮がついているものが多い。

※5　錣（しころ）　兜の鉢の左右と後ろに垂らして首の部分を覆うもの

※6　蛤刃　切れ刃が蛤の貝殻のようなふくらみを持たせて磨いである刀

※7　面繋（おもがい）　轡（くつわ）を固定するために、馬の頭にかける緒

※8　障泥（あおり）　馬の両側に垂らして、馬が蹴り上げる泥で汚れるのを防ぐもの。

※9　脛当（すねあて）　脛を守る装具

※10　佩楯（はいだて）　太ももを守る装具

※11　四方手（しおで）　胸繋（むながい）と尻繋（しりがい）を留めるために鞍の前輪と後輪（しずわ）の左右の四箇所につけた金物の輪に繋がった紐

※12　鐙（あぶみ）　馬の両側に垂らして、人の足を乗せる馬具

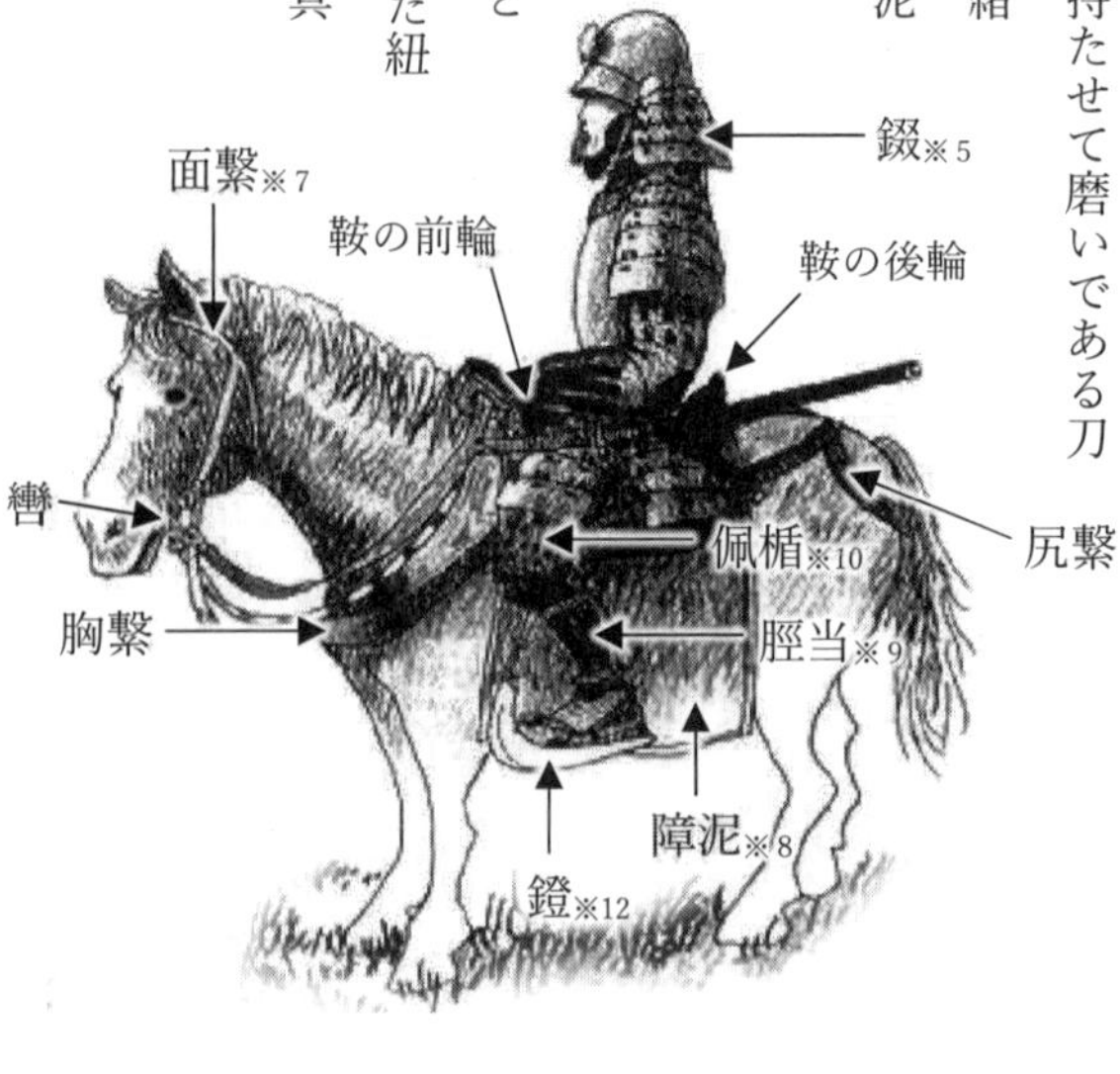

海國兵談　第七巻

人数組 附人数扱（部隊の編制・編成、部隊を動かす手段・方法について付記）

人数組※1は兵の肝要なものである。人数組が細密であれば、等しく進み、等しく退いて、一つの伍を構成する五名が一身のように相離れずして助け合うので、接戦すれば甚だ強い。かつ又、組合せが正しいので、心の赴くままに逃げ落ちることにもならず、敵から紛れ者が入り込む余地も無い。総じて人数組は軍の根本である。日本の軍立てはこの法がないので、すぐに多勢になったり、小勢に散らばったり、混沌としていて不斉一である。このため、戦に勝っていながらすぐに思いがけなく敗れてしまう例が多い。新田義貞と足利尊氏が京都で戦った時、足利の軍勢八十万がひかえているところに、義貞の軍勢二千余人が敵勢に紛れて入り、尊氏卿の前後左右に中黒の旗※2を指上げて、足利軍を追い崩したことなども、編伍の法※3がなかったからである。又、和田勢と楠木勢が敵陣に夜討して引き上げた時、立スグリ、居スグリによって敵の紛れ者を見つけ出して誅したのであった。立スグリ、居スグリをやれたのは和田、楠木だけであるが、編伍が正しくあれば、一人の紛れ者があっても組毎の仲間同士により明白に分かってしまうので、立スグリ、居スグリの必要さえないのである。編伍の方法を左に記す。

○人数組は伍から始まる。伍は五人組である。基本的な編成法は屋敷の並びから組み立てることである。先ず城下の居住区で相並ぶ五家を一伍と定め、相互に親戚のように朝暮懇ろにするので、遠くから姿を見ても誰か分かり、暗夜に声を聞いても某と分かる。これが五人組の大趣意である。もしも又、諸方からの寄せ集り勢であれば、なおさら組合せを厳密に定めなければならない。

○人数を組上げる要領は五人を一伍とし、うち一人が首立である。ただし、人数の多少により、三〜四人を一伍とすることもある。又、九人までを一伍とすることもある。小組頭、百人頭の要領もこれに準ぜよ。もっとも全ての士をことごとく騎馬にすることもあり、又首立だけが騎馬で、四人の卒を徒歩にすることもある。皆、大将の考えによるものである。

五つの伍の二十五人を小組とする。頭が一人あり、小組頭と云う。この小組を四つ合わせて、百人組と云う。頭が一人あり、百人頭と云う。この百人組を十も二十も統べ預かるのを番頭とも侍大将とも云う。この番頭、侍大将を統率するのが大将である。さて右のようにして人数を組上げておき、接戦のとき一伍の兵卒は首立から離れてはならない。小組二十五人の人数は小組頭からは離れてはならない。百人組の人数は百人頭から離れてはならない。百人頭は番頭、侍大将の旗や馬印を見失わず、縦に横に、進み退きながら付きまとうのである。そこで各頭分の者の危機を見捨てた者は厳罰に処する。このことは軍法の巻に出ていた。さて、敵国を手に入れて逐次に進むときは、敵国の人数（敵部隊）をも我が軍兵に用いることがある。その時は我が人数を敵国の人数と半ばずつ組合せよ。その方法は、敵国の人数を百人ずつ分けて百人頭に渡すようにせよ。百人頭はこれを受取って、その人数を四つに分けて二十五人ずつ、手下の小組頭に渡すのである。小組頭は受取って、自分の手下の五伍を十伍に増やしたり、または一伍五人を十人に変えたりすれば、人数を組合せる手間がかからずに済む。いずれにせよ、人数組は軍の大本であると心得よ。かつ又、近来の風習として、全ての軍士がそれぞれに思い思いの指小旗(さしもの)を用いている事がある。なるほど総員が指物をすれば、その行列は見事であり、壮観を示すようではあるが、その実は好ましくないことである。その理由は、一には大風に難儀し、二には雨に重くなり、三には草木が茂り覆っている地で動き難い。このような問題があるので、指小旗を用いずに全ての軍士は冑印、笠印、袖印等により総相符(あいじるし)※4を定めるべきである。ただし陪臣(またもの)※5はその総印を直参(じきさん)※6と同じものにして、別にどこかに陪臣であることが判るような総印を付けよ。これも又、大将の思うように定めてよい。さて又、一伍の首立は、肩印を付けよ。印は各人の好みに任せよ。四人の人数は右の肩印を目当てに首立を助けて行動せよ。小組頭は総印の他に、何か好むところの別印を付けよ。(小組の)二十五人の人数は、この別印を目当てに小組頭を助けて行動せよ。百人頭は鎧の毛色により印を定め、その上に本大将の隊の旗二本を立てよ。番頭、侍大将は母衣(ほろ)を着て、本大将の隊の旗五本を立並べ、その外に各々の家紋を付けた小幟二本を馬印に用いよ。番頭以上は自分の家紋を付した幟を用いるにせよ、幟の上のほうには本国を記せ。本国を記すとは、仙台ならば「仙」の字を書き、薩摩ならば「薩」の字を書くといったことである。本大将は家々に伝えている由緒の旗をも用い、又隊の旗十本をも用い、又家紋が付してある旗十本をも用いるのである。右のように人数組を定めておけば、急に人数を分けることがあっても、番頭一人に命じれば、預かりの百人組が幾組あろうとも、その番頭に付き従うのであるから、三百人、五百人を分けるのも番頭一人に命じるだけで済むのである。又、百人二百人を分けるには、百人頭一～二人に命じれば済むのである。小組を分けることもまた同じである。

○右のように人数を定めておいて、敵と接戦するに至っては、一伍の首立（とうとり）は四人の真先を駆けて敵に当たれ。小組頭は二十五人の前を攻め懸け、百人頭は百人の前を攻め懸けよ。番頭、侍大将もまた同じである。

○右のように番頭は、百人頭、小組頭等の前を攻め駆けるのが定められた軍法であるが、足場が悪い所、又は全く勝ち目がないことを見切った時は、妄りに野猪（いのしし）流の先駆けをしてはならない。懸かるも引くも時宜によるのである。

○陪臣がいる場合は、それぞれの主人である直参が引きまとめて召し連ねよ。もちろん陪臣も自分の主人と相並んで働くのである。ただし上述したように、総印や甲冑などは直参と同様にするが、別に陪臣の印を着けなければならない。

○家中に四〜五十人以上の家来を所持している者をあらかじめ選んでおき、これを寄合組と名付け、五人も七人も寄せ集めて一備を立てさせ、陪臣として働かせよ。ただし人数組は上述したところの方法に準じること。もっとも主人毎の好みに応じて騎馬に仕立てようと飛道具にしようとも、思いのままにさせよ。もちろん寄合組を総括して司る頭を一人添えよ。これを寄合頭と云う。

ただし陪臣の功績を大将に上申するのは、主人自らが上申してはならない。彼の家中の功績であればこちらから上申し、こちらの家中の功績であれば彼から上申するようにせよ。

右のように人数組を正しくすれば、人数を分けたり合わせたりするのに手間を取らせず、又敵の紛れ者が入ることもできず、人員が脱落したり逃げ散ったりすることも難しい。総じて軍の大本は人数組にあるのだから、絶対に忽せにしてはならない。さて、人数組のことを理解したならば、人数を扱う方法を知らなければならない。その法を左に記す。

○人数を扱う方法とは何か。先ず軍(いくさ)は大勢の人を自由自在に使わなければ実現できないものである。日本では人数を使うのに采配か、あるいは掛声で動かすだけである。采配では五〜六百人の少人数は使うことができるが、それ以上の人数を使うのは難しい。ましてや万以上の大軍に至っては、一本の采配をどのように振り回しても行き届かないのであるから、采配により兵を動かすのが良い方法とは云い難い。又、掛声により言い含めようとすれば、〝武者どよみ〟となってしまう。武者どよみとは、大勢が声を上げれば、動揺して何となく騒がしく、備も乱れがちになることである。このように武者どよみとは、大いに忌むべきことである。先ず大人数を使うには、旌旗、金鼓並びに音の異なる鳴物、吹物を製作し、平素の操練で予め慣れさせておく。この旌旗を見ればこの様な動きをせよ、この鳴物を聞けばどの様に動け、ということをよく理解させておき、戦場においてその約束動作を間違うことがないように厳しく教え込むのである。これが人数を使う要法である。大略を知っておく必要があるので、そのやり方の一二を左に記す。兵に将たる者であれば、それぞれを創意工夫し、考えてどのように定めてもよい。ただ肝要なのは、約束動作に違わないことである。

○人数が攻め懸けるか引くかは、金鼓及び鳴物で伝えよ。分かれるか合するか、並びに敵の有無を伝えるには、旌旗を用いよ。先ず旗本に五色の旗を用意しておいて、物見から東に敵ありとの報告があれば、鐘を鳴らして人数を止め、青色に東の字を描いた旗を指し上げるのである。その時、諸手（各部隊）は鉄砲を一声ずつ発して、承知の旨を大将に知らせよ。赤、白、黒の旗も又、同じ要領で用いる。青は東、赤は南、白は西、黒は北、諸手はこの旗を見て敵がいる方向を知るのである。また、懸かれという合図には、青旗を東に向けて振りながら、太鼓を鳴らすようにせよ。その時には、東組の人数が討って懸かるのである。四方も皆、同じ方法である。

○青旗と赤幡の二本が立てば、東南に敵ありと知れ。三方四方も又、同じ方法である。
右は旌旗、金鼓、鳴物、吹物等により人数を扱う方法の大略である。なお工夫を加えてどのようにでも定めよ。いずれにせよ人数を扱う要領は、軍法と操練とにあるものにして、軍法は又、操練よりも重要であると理解せよ。

第七巻終

※1　人数組　人員を集めて部隊を編成すること

※2　中黒の旗　新田氏の家紋である大中黒が描かれている旗

大中黒

※3　編伍の法　五名からなる「伍」を最小の構成単位として、段階的に部隊を編成する方法

※4　総相符（あいじるし）　敵兵と識別するための全部隊で共通の目印、「総印」とも書く。

※5　陪臣（またもの）　直参に仕えて、直参と行動を共にする家来や子分

※6　直参（じきさん）　主君に直接仕える武士、陪臣がいる場合はその親分

海國兵談 第八巻

押前、陣取、備立及び宿陣、野陣（行進、集結、戦闘展開と宿営、野営）

押前とは、人数（以下「部隊」と記す）を引き連れて前進する道中（行軍）である。右の押前、陣取、備立（そなえだて）の三つは大きな違いがない。前進する部隊を停止させれば備となり、備を押し広げれば陣となる。元来、陣と備とは二つのものではない。異国において〝陣営同法〟と云うのもこの趣意である。日本では陣取と備立とを区別しているので、事が多くて煩雑なのである。ただ陣営同法を旨とせよ。さて又、陣場の普請（ふしん）（陣地構築）は遊軍の兼役として定めておき、普請の時は部隊から人を分けて働かせ、この外にその地の百姓、荒子※1等を用いよ。できるだけ手軽に手間をかけず素早くやるのが良い。

○押前する時は、百里千里（六町（＝六五四・一m）が一里である。※2）の道であっても、具足を装着して進め。そうすれば、別に具足櫃（ぐそくはこ）持ちを召し連れる必要が無い。ただし、炎天下では脱いで担うこともあるだろう。

付言すれば、具足櫃は渋紙を張り抜きにして製作するのが良い。投げても損傷せず、水汲みの道具として用いることもできる。

○部隊を出発させるには、十分に四方の伏兵を捜し出せ。手抜きをしてはならない。
○押前は二列か三列で進むのであるが、街道が狭ければ一列で進むこともある。ただし一備（ひとそなえ）ごとの間隔（備と備の距離）を開けよ。今日、日本の街道の多くは左右が田畑に切落とされているので、日光街道以外は東海道でさえ、十分な街道とは言い難い。ましてやその他の街道は皆論外である。とりわけ西国九州の街道は甚だ狭いものである。街道本来の意義をほとんど失っているものと思われる。
○行進間に大小便、又は草鞋を履き替えるには、平士は首立（とうとり）に断り、首立以上は身近にいる平士に申し断って自己の行列を外れ、用を済ませて元の列を追い駆けねばならない。ただし三町（約三二七・三m）まで追いつくことができなければ有罪となる。
○行進道程は一日に四十～五十里（大道（一里＝三六町）であれば七～九里となる）（約二六・二～三二・七km）とせよ。これ又、小道（一里＝六町）の場合である しかしながら、必勝の見込みがある時には、百里（約六五・四km）も百五十里（九八・一km）も進んで行くものである。こうした先例は多い。調べてみよ。※3
○例えば七備ある人数であれば、前備、左右備、旗本、小荷駄、後備の順で前進する。遊軍は前後二隊あらねばならないが、人数が不足している場合は前遊軍を旗本が兼ねよ。さて又、前、左、右、後の備はそれぞれの持前を事前に定めておけ。持前とは左備は左の敵にあたり、右備は右の敵にあたるといった類である。このように定めておけば、急に敵に遭遇した時でもうろたえることがない。
○陣を取敷くには、旗本の陣所を基準にして、前備は前に、左備は左に取るようにすれば、戸惑うことも、（敵の襲撃を）恐れることもない。
○小荷駄のことは、次の巻の小荷駄の条で述べているとおりである。いずれにせよ単独で後方に置いてはならない。全軍の中央に置くようにせよ。
○細道や難所等ではよく敵の伏兵を捜索した後、迅速に通過せよ。のろのろしてはならない。
○大河に進出した時に橋が無ければ、在家を壊し、又は竹木を切り取って筏を組んで渡せ。筏を組むには水中にて上流から組み始め、川下に組み下るようにせよ。
○水の流れが緩い河では、直に橋になるように組め。組むにあたり先ずその河の水幅を見積れ。見積り方は町見家の平町法を用いよ。そのあらましの見積り方は、水際に樹木があれば、その樹木を目当て（基準となる物）とし、樹木がなければ別に柱を立てる。それを見ながら向こうの岸にも目当てを定め、岸に沿って川下に下り行き、向こう岸の目当てとこちら岸の目当ての木とが同じ位の大きさに見える所で踏止まって、こちら岸の目当ての木までの町間（距離）を計れば、大概は川幅に似たような値になるだろう。その長さに筏（いかだ）を組め。又、水泳の上手な者四人～六人に細い綱を付けて、向こう岸に渡らせ、渡り終わるや細綱の後ろに大綱を付けて向こうに引渡させ、端をしっかり結い止めてから、泳げない人々を大綱につかまらせて渡すようにせよ。
○又、綱も引っ張るのが難しいほど大きな江や河であれば、大小を選ばず桶の類を多く取り集め、それに大木や大板等を結い付けて、大勢をつかまらせて渡らせることがある。これを桶船と云う。図のように製作せよ。
○桶を順序よく向こう岸まで浮かべてその上に大木を渡し、その上を通って水を渡ることがある。これを桶橋と云う。これ又、図のように製作せよ。ただし急流であれば、上流から桶を繋ぐことがある。これも又、図を見て理解せよ。
○馬は筏、船、桶橋等に引き付けて泳がすようにせよ。いずれも意識してできるだけ早く渡り終えよ。絶対にのろのろしてはならない。渡りかけたところに敵が来れば、狼狽して大敗軍するものである。

桶船と桶橋の図は左に紹介するとおりである。

桶船の図

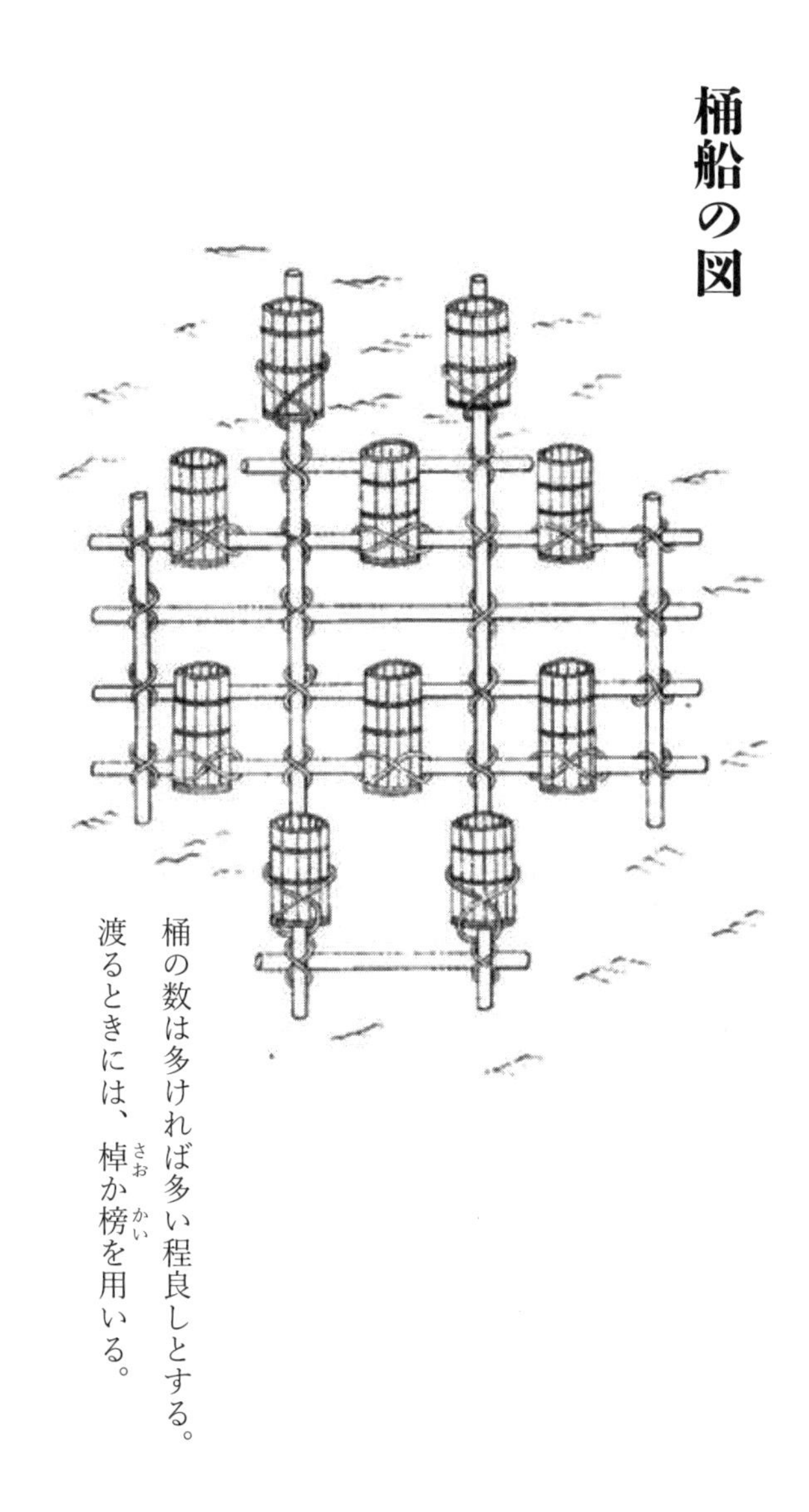

桶の数は多ければ多い程良しとする。
渡るときには、棹（さお）か榜（かい）を用いる。

桶橋の図

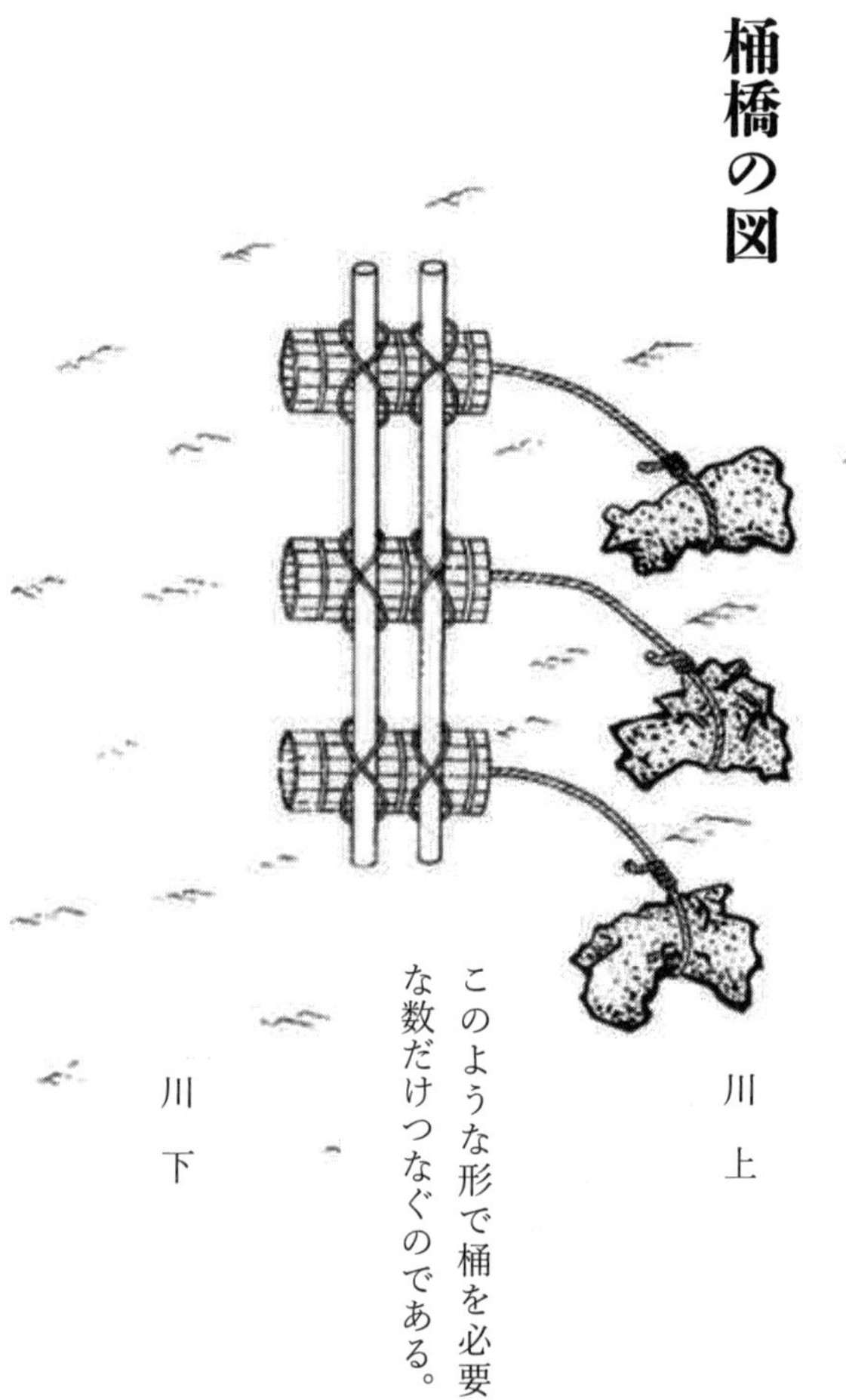

このような形で桶を必要な数だけつなぐのである。

以上で押前の大略を終える。これ以下は陣取の方法について概略を記す。

○陣を取るには「陣の間に陣を容れる」と云って、備と備との間は一備分開けておくものである。もちろん「隊の間に隊を容れる」「人の間に人を容れる」と云うのも、右から推して理解せよ。このように間隔を空けておかなければ、接戦になっても行き詰まって、行動し難いことになるだろう。絶対に密接して相並ぶことを避けよ。

○昔から陣にも色々な形があって、利害得失を論じてきたが、妄りに拘泥してはならない。ただ小荷駄は中央に置いて、むざむざと敵から襲われないように心掛けよ。

○陣には〝攻め〟を主とするものと、〝守り〟を主とするものがある。時宜に因り選択せよ。

○陣毎に〝奇・正〟の心持を忘れず、互いに仕手（シテ）・脇（ワキ）となって働くことを旨とせよ。何れにおいても相手と組んで接戦するのを〝正〟となし、横から攻め入るのを〝奇〟とする。奇正の本質について言えば、〝四方正面、鐶（たまき）の端（はし）なきがごとき〟心持ちである。詳しいことは第四巻「戦略」で述べたとおりである。

○部隊の単位数が多ければ、一～三の先手、一～二の左右備、前後の遊軍、左右の後備等で構成することになるが、これらは自由に決めるべきものである。

○大人数の備であれば、一備毎に奇と正に任ずる部隊を設けることもできる。

右は陣取、備立の大略である。これ以下は宿陣、野陣の方法について概略を記す。

○先ず宿陣とは、(押前の途中で) 駅場に布陣することである。その方法は、先ず宿営しようとする駅の小口から二町(約二一八・二m) 程先に「出張り備」を設けて固めよ。次に宿営地の両裏を見届け、その上に四方に多く物見を置け。また、総軍の後尾にも一備を立てて固めるのである。このように固め終わった後、順序を乱さずに一備ずつ宿に入る。総軍が宿に入り終えてから、旗本からの下知(命令)により、後方と先方を固めていた備も宿に入るのであるが、これらの出張り備は、遊軍の役目である。さて又、出張り備が宿入りした後も、四方の物見、夜番等は怠ってはならない。このような時にこそ(物見、夜番等は) 特に重要な役目なので、慎重であれ。もしも怠る者があれば、即座に誅する。

○宿地から部隊を出発させるにも、後方を固めてから出発せよ。

○長期にわたる宿陣ならば、前後左右に出張り備を設けておけ。もっとも物見、夜番等も怠ってはならない。慎重であれ。

○野陣は宿陣の作法と少し異なるが、順序や行列を乱さないという点では同じである。ただし、一夜の陣であろうとも、総構え(全体の外周) には柵、虎落(もかり)がなければならない。長陣であれば馬防の堀をつくり、その土で土居を設けよ。

○陣門の数は、部隊が多いか少ないかによって決めよ。たとい大将の用事だと言っても、印がない者は出入を禁じよ。もちろん夜中の出入は、なおのこと禁じるものである。あるいは人が来て入りたいと願い、又は敵方からの内通、心変わりの者等が来て、「言上いたしたき旨あり」などと言っても入れてはならない。門外に控えて居らせて、主将に伺いその下知を待て。

○宿陣、野陣ともに小組は一組ずつ同宿せよ。又、陪卒がある人数組であれば、一伍五人で同宿させよ。陪卒は数に拘わらず、それぞれの主人に付従うものである。

○陣中の各小路は、幅七~八間（約十二・七~十四・五m）より狭くしてはならない。勿論折目毎に番所を置いて、誰何せよ。もっとも印がない者は夜中の通行を禁じる。

○厠は長陣ならば小屋の陰か、又は平らな地であれば低く蔀※4をなしてその陰に浅くて長い溝を掘っておき、大小便をさせよ。又、一日二日の野陣であり溝厠も造らないときは、人々は大便の度毎に自ら小穴を掘って大便をなし、その上に土を覆って置け。これを厳格に守らせるため、妄りに糞をする者は鞭打の刑に処せ。

○陣中において樵、水汲み、野菜取り等は、相互に調整して出せ。例えば陪卒無しで二十五人同宿ならば、一伍から一人ずつ、五伍から五人出すことになる。一人は水汲み、一人は野菜取り、三人は薪取りとなろう。陪卒がいる人数組であれば、一伍五人の主人は陪卒一人ずつを出せ。方法は先に同じである。ただし主人自身が出ても陪卒を出しても、番頭の印鑑により通行しなければならない。右に示した通行判は、在陣中一伍に一枚ずつ渡しておくものであり、これを失う者は鞭打て。かつ又、樵、水汲み等は一時間に限るものとし、遅れて帰る者はこれも鞭打て。

○小屋は九尺（約二・七ｍ）棟(はり)に造れ。小屋割りは一人前で二尺（六〇・六cm）×四尺（一二一・二cm）と見積る。平和な時の感覚では狭いようだが、陣中には寝具という物も無いのであれば、人が多いほど二尺で割って事足りるものである。五伍二十五人ならば、七間（約十二・七ｍ）に渡るようにせよ。この内において飯を炊く事もできるものである。馬は一匹につき三尺（九〇・九cm）と見積って、十四につき五間（約九・一ｍ）で割ることになる。ただし、起こした姿勢でのことである。

○急の野陣は、渋紙あるいは苫(とま)又は菰(こも)むしろの類を張って雨露をしのぐ。その仕方は竹や木により、このような鳥居形を立てて右の品（渋紙・苫・菰むしろ等）を打ち掛け、両端を左右に引き分けて土際に留めておけば、このようになる。この方法が便利である。ただし、渋紙は戦時になって急に製作しようとしても出来ないものである。平和な日々に少しずつ製作して用意しておけ。今も古風を失わず、国士には年々渋紙を製作する者もあるのだ。善いことである。

○野陣を取り敷くのに習わしがある。左に記すので、さらに創意工夫せよ。

○野陣を取り敷くには、山か水かに依り定めよ。とりわけ、水と草が得られるか否かを見積もることが第一の要件である。

○小高い丘で四方から攻め寄せ易い場所には陣を敷いてはならない。四面に敵を受けるおそれがある。

○敵が流水に依って陣を敷いているならば、我はその下流に陣を敷いてはならない。たとい陣を敷くことがあっても、その水を飲まないものである。敵の汚水を受けるのみならず、毒を流される心配さえある。

○葦や萱が多くある近くに陣を敷いてはならない。敵に焼討ちされるおそれがある。

○河原に陣を敷いてはならない。洪水のおそれがある。

○谷中は云うに及ばず、谷の入口にも陣を敷いてはならない。塞ぎ討ちや、大水に遭うおそれがある。

○土地が低くてじめじめしている地に陣を敷いてはならない。軍士が湿気を受けて、腫瘍あるいは脚気等の病を生じることになる。

○墳墓の地、あるいは不吉で忌むべき地名の場所に陣を敷いてはならない。悪気に感化され、又は悪名に感化されることがある。

○地形の影響で風が強く吹く所があるので、よく見計って、このような場所に陣を敷かないようにせよ。
○いかなる場合も陣所を立ち去るには、炊事道具、臥具[※5]等は、各人の名札を付けたまま小屋に捨て置いて自ら処分することがあってはならない。小荷駄係りの者が見廻って、全て取り締まること。これを定式とする

右が陣取、撰地等の大略である。先ずこれらの事を十分に習得すれば、実際に陣取で立ち回っても事欠くことはない。これ以上のことは、日本や唐山の軍書に陣法の伝授が数多あるので、自ら学んで極めるようにせよ。

第八巻終

※1　荒子　農家に雇われて雑役・農耕等の荒仕事をする者

※2　六町を一里とするのは律令制による基準（小道）であり、近世では三六町（＝約三九二七m）を一里としている（大道）

※3　天正十（一五八二）年、毛利氏討伐のため備中に在った羽柴秀吉（後の豊臣秀吉）は、織田信長が京都本能寺で明智光秀に討たれたことを知り、直ちに毛利軍と和睦して備中高松を去った。全軍を挙げて安土城に向い進軍した秀吉軍は、備中高松から姫路までの約百キロ、姫路城から尼崎までの約八十キロをそれぞれ二日ほどで走破した。世にいう「中国大返し」である。

※4　蔀（しとみ）　内部を隠すために設けられる格子状の板戸

※5　臥具（がぐ）　野外で用いる簡易で携行可能な寝具

海國兵談　第九巻

器械及び小荷駄　附糧米（兵器・戦闘用資器材と兵站、糧食米について付記）

兵器というものは繁多にして、ことさらに種々の制度、寸尺、秘密伝授等の習わしがあるけれども、あえて拘るまでもない。最初に云ったように、物ごとには本末がある。そこで兵器の本末を云えば、太刀は丈夫で切れ味が良く、鎗は太くて通りが良く、甲冑は札※1が良くて軽く、馬は脚や爪が丈夫で物に驚かず、これらが本である。柄や鞘の造り様、絵柄や模様、柄の削り様、石突の仕附、縅毛※2、小道具の習い、相形、旋毛等の掟は末である。あらゆる事は皆、本をよく会得して、末は大略だけにしておけ。

さて又、昔は存在して、今は存在しない兵器がある。弩、角等である。又、昔は兵器に用いて、今は兵器に用いないものがある。熊手、大鎌、大棒の類である。これらは皆、利用価値が高い兵器なので、志ある将帥が時として採用すれば、必ず有利になるだろう。左に兵器のいくつかを記す。さらに工夫を加えて製作すべきである。

○刀は丈夫なものを用いよ。どこ・誰の作であるかに拘ってはならない。ただし二箇所、目釘か、あるいは堅木柄であること。詳しいことは一騎前で記してある。

○特太刀あるいは野太刀とも云う。これ又、一騎前に記述がある。

付記　片刃を刀と云い、両刃を剣と云うのである。刀剣の類、その構造には国々で差異がある。唐山は剣である。その構造は鎬（しのぎ）※3が厚くて、長さは一尺二〜三寸（約三六・四〜約三九・四cm）から六〜七寸（約四八・五〜約五一・五cm）まである。二尺（六〇・六cm）に及ぶものは少ない。オランダ及びヨーロッパ諸国も剣である。その構造は鎬が薄くへなへなとしなって、長さは概ね二尺余りである。ただ刺すことを主として切ることをしない。その切先の二寸（約六・一cm）程に毒薬を塗っておく。勃泥国（ボルネヲ）（フィリピン）は刀である。その構造は日本刀の形であるが、ただ薄い。鋸（のこぎり）のようにしなる。これらの諸国は皆、右手に刀剣を持ち、左手に楯を持つという片手討ちの戦法なので、その刀剣及び楯の軽さを重視するのである。

○又思うに、オランダの書で五世界諸国の人や物を図入りで紹介する中、某国人の驍勇（ぎょうゆう）と称する風俗は、皆刀剣と小楯とを身から離さずに所持する姿である。これは我が国が両刀を帯びる掟と同じく、勇気のいたす風儀であるには違いないが、その楯を頼みとする心根は甚だ弱い。日本風の「首など敵に渡して、斬り込む」という勇猛さに、どうして対抗できようか。

○又思うに、剣に毒を塗り、鏃（やじり）に毒を塗ることは、皆その技が拙（つたな）いものであり、一討ちに斬殺し、一矢に射貫くことができないため、小さな傷でも毒により意識を失うように計ったものである。日本のように一刀に胴切り、一矢に射貫くのであれば、どうして毒に頼る必要があろうか。にもかかわらず俗人の癖として、毒矢と聞けば甚だ恐れて、拙さゆえに毒を用いると云う道理すら知らないのである。愚かというべきか。さて、私自らが見たところの三つの刀剣を左に紹介する。

唐山（カラ）剣

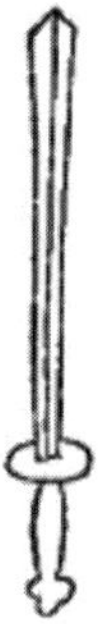

阿蘭陀（オランダ）剣

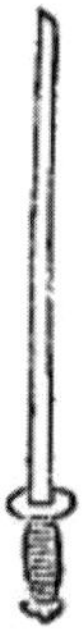

勃泥（ボルネヲ）剣

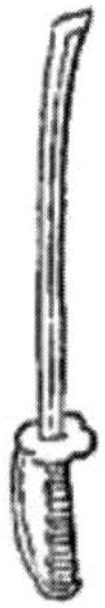

鐔（つば）から柄頭へ延びつづけて拳（こぶし）を防ぐ金具がある

楯もただ面を防ぐための物であり、その構造は甚だ軽くて薄くできている。その形は丸も長方形も四角もあり、好みに応じて用いる。

○弓は半弓（はんきゅう）が良い。もちろん突き通す力も強いものである。角弓は最も巧妙である。ただし製造法を精密にしなければ、弾く力が弱い。その製造法は『武備志』に詳しく書かれている。又、弓の専門家にもまれに知る人がいる。尋ねて問うて造っておけ。又、急を要するときは、ナマエ、ソゾミ、樫等の丸木弓を用いよ。
○平素の稽古に具足を着けて、塗弓根矢を射ることを修練せよ。当世の射術は奉射※4の弓法なので、白い弓と軽矢を用いて、片肌脱ぎにて射るので、大いに射易いのであるが、これは平和な世の礼射であって、武芸の奥の手であるから、まずはその基本となる武用軍中の射術を射覚えてから、その後に奥の手の礼射を習うのが正しい手順である。片肌脱ぎの射法だけを射習って、にわかに具足を着けて射るならば、平素の上手も下手になるものである。これは慣れていないからである。誰もが分かることであろう。

付記　仙台の国中に「カマボコ弓」と云うものが多い。また十万打とも云う。伝承によれば、藤原秀衡が武備のために製造したものであるとされる。カマボコはその形状によって名付けたのである。※5　十万打は地名である。高館の下に十万坂という所がある。この地に弓工を居らせて十万挺を作らせたので、十万弓と云うのだとされる。その構造は、白木の弓にして外竹のみからなる。（普通の弓にあるような）打合わせる内竹がない。それでも雨露は云うに及ばず、水中に入れても離れて損することがないので、甚だ重宝なものである。ただし、その弓材は粘り気が非常に強いので、今では廃れてしまった。できれば再興させたい弓である。
○私が思うに、その膠（にかわ）は普通の膠ではない。漆（うるし）打のように思われる。又思うに、竹木を打ち合わせるのに漆木の下で、漆を抓（か）き取りながら、薬を合わせて物を接着させると、その粘着力は甚だ強い。もしかしたらこの類ではないだろうか。試してみよ。この薬というのは麪粉※6である。

○矢の製造は矢を造る職人だけに任せておいてはならない。戦場に出るほどの者であれば、美しく作ることはできなくても、曲がった矢竹を真直ぐにし、羽を付けることは、皆が仕覚えておくべきであり、これも又、平素の軍政としなければならない。

付記　急に矢を作るには、どんな竹であっても真直ぐにして、矢筈(やはず)※7から六〜七寸（約十八・二〜約二一・二cm）下に穴を穿って、その穴に幅一寸（約三cm）長さ八寸（約二四・二cm）程の紙を引き通し、矢筈の方に引き返して射れば、羽があるように飛ぶものである。

○弩は甚だ強力で、その上に命中精度も高いものである。しかしながら今は絶え果てている。できることならば再興して、鉄砲の代りに用いたいものである。火薬を節約できる良い器材である。古代には筑紫、長門、奥州等の辺境の要地に弩師と云って、弩組(いしゆみぐみ)の武士を置いていたことが、諸史に見られる。考察すべきである。

○矢籠の製作について、これも一騎前（第六巻「撰士　附一騎前」以下同じ）に記してある。

○オランダ流に大矢を弾く柱弓がある。詳しく初巻（第一巻「水戦」以下同じ）に記してある。これも又製造すべきである。

○大砲に各種ある。これも又初巻に詳しくある。

○木筒、煉玉等がある。これも又初巻に出ている。
○棒火矢がある。これも又初巻に詳しくある。
○鎗は長短同じではないものを用いるが、普通の人は短いのが良い。力のある人は長いのを用いれば大いに得である。ただし、どの鎗も三寸（約十cm）を穂先とせよ。
○大太刀と云って三尺（九〇・九cm）内外の刀に三〜四尺（九〇・九〜一二一・二cm）の柄を仕付けて、力持ちの武士に持たせて働かせよ。
○大棒は後部と先に鉄を張れ。これも又、力のある人に得な道具である。
○大鳶嘴（とびくち）、これも又、力のある人に得な道具である。
○長柄の鎌、特に船軍で大いに有利である。
○鞍について、これは馬の条（第十五巻「馬之飼立仕込様」）で後に紹介する。
○障泥（あおり）について、これは一騎前にて紹介した。
○楯に種々の製法がある。厚板で造るものがある。又、薄板で厚さ二寸（約六cm）程の平らな箱をこしらえ、その中に綿や打藁等を込めるものがある。又、魁籐（まるとう）を八〜九筋ごと簀（むしろ）のように編んで、二枚合わせて作るものがある。又、藤蔓（ふじつる）でそのように作るものもある。又、一寸五〜六分（約四・五〜約四・八cm）の角木で枠をこしらえ、両面に生牛皮を張り、その中間に綿を入れるという布団のようなものを下げておくのである。これが楯の極品である。又、仕寄楯、持楯にも大小各種ある。大楯は高さ五尺（一五一・五㎝）余、幅六尺（一八一・八㎝）程で、足に車輪を取付け、大勢で持ちながら寄せるものである。小楯は高さ三尺（九〇・九㎝）弱、幅一尺（三〇・三㎝）余に作り、裏に持つ所を付けて、人毎に自ら持って詰め寄るものもあり、一本足を取付けて、地面に突立てるようにこしらえるものもある。それぞれ用いる場合があるので、よく考えて用いよ。又、唐山、オランダの軍法に藤牌と云うものがあり、陸戦の巻で紹介している。又、足軽に持たせるのに、一枚楯に穴を穿ち、鉄砲を貫いて持つようにこしらえるものもある。楠木正成は、掛金を打ちつけた楯を用い※8、また長楯に横木を打って梯子の代りにする楯を用いたこともある。総じて楯の構造は軽くして、矢石が抜けないように出来ていることが極意であると知れ。

○鳴物は貝、太鼓、鐘等に限らず、音の異なる物は何でも用いよ。吹く物にも貝、角、大音喇叭、長声喇叭等の区別がある。工夫して製作せよ。

右の他にも守攻の具は種々あるが、各条下に記してここには載せない。全て兵器及び攻守の具は、創意工夫して新たに製作すべきであり、それは大将の器量次第である。そうは云えども、無学であっては才覚も良い考えも出てこないので、せめて和漢の通俗軍談物でもよく読んでおかねばならない。助けとなるものである。

小荷駄 附糧米

○小荷駄は唐山では輜重と云い、三種類ある。車に載せるものがあり、牛馬に付けるものがあり、人が担うものがある。全て小荷駄は軍の根本をなすものであるから、唐山の軍法では、輜重を軍の中央に置いて、片端には置かないとされている。

○日本風に小荷駄を一番後に置くのは、こうした本意を失することになる。その理由は、不意に敵に攻められたとき、小荷駄だけが襲われて消滅するからである。深く考慮すべきことである。

○小荷駄は糧米並びに炊事道具、その他の陣用（陣内用具）である。陣用はできるだけ少なくし、多ければ寒気を防ぐための桐油、木綿の桐服一つを用いるようにせよ。いずれその場に臨んでは、寒気が強くても菰、むしろ、藁等の類を引っ被れば事足りるものである。もっとも長陣には虱が雲霞のごとく生じるものであると云われる。これらのことも覚悟しておけ。

○小荷駄が平地を進むには車に勝るものはない。その次は牛馬を用いる。急いで難所を押し行くのであれば、歩荷が便利である。もっとも重量の見積りも予め定めておかねばならない。歩荷は米ならば一斗（約十八ℓ）程度、雑具であれば六貫目（二二・五kg）を限度とせよ。馬は強ければ米六斗（約一〇八・二ℓ）弱ければ四斗（約七二・二ℓ）程度、雑具であれば二十貫目（七五kg）を限度とせよ。牛も馬に準ずるものとする。車は強馬が四頭分の荷を載せて、牛ならば一匹、人ならば四人で押すのである。また、一人の食糧は一日一升（約一・八ℓ）と見積って、一斗の米は十人一日の食糧である。じ余の物はこれを推して知るべし。

○糧米は兵糧奉行の手配により、全兵士の手に割渡すものである。その方法については後述する。

○陣用の荷物は、一組毎に寄せ合って印を付けよ。たとえば陪卒無しの人数組であれば、五伍二十五人が寄せ合って一つの箇（こおり）にまとめておき、番頭、百人頭、小組頭の姓名を書き記し、並びに一組の印を付けておけ。又陪卒がある人数組であれば、一伍五人の寄せ合いで箇にしておき、同じく三頭（かしら）の姓名並びに一組の印を付けておくこと。

○前進中でも、陣地にあっても、小荷駄を守る兵士を別に定めておくこと。この人数の多寡は当時の状況によるものとする。

○自国を遠く離れる程、あらゆる事が不自由になることから、小荷駄を警護することで、襲撃され壊滅しないように考慮せよ。

これまでが小荷駄についての大略である。これ以下は糧食について述べる。

○『孫子』に「糧は敵に因る」とある。敵国に攻め入ったならば、その国の穀物を取り収めて、我が軍兵の糧米に充てることである。そうは云えども、妄りに乱妨※9して民間の物を掠奪するというのではない。国主の穀物や絹織物等の貯蔵場所を取るのである。しかしながら、仕組まれたかのようには、敵の倉庫も首尾よく取られてしまうものではないので、糧食不足の時は、民間の穀物を借りることになる。当時の状況によっては、やむなく乱妨により穀類だけを取り上げることもあるだろう。その時は目付役人等を付添わせて、必ずや他の物を取ることを禁じよ。もしも命令に背く者があれば、その場で切捨てにせよ。もっとも将帥の下知が無いのに強奪をする者は、乱妨の罪とせよ。

○敵国に攻め入って厳しく禁じなければならないのが軍士の乱妨である。このように乱妨を厳しく禁じる趣意は、戦に勝って敵国を手に入れてみれば、敵が乱妨していた所も我が物になるのであるが、初めに発生した乱妨に国人が怨みを抱いて、我にも信服しないものである。それゆえに乱妨を禁ずるのである。そこで穀類を借りるときには、番頭、百人頭等の券書(てがた)があらねばならない。もしも敵国が手に入らなければ、正直に返すにも及ばないこともあるかもしれないが、再び敵国に踏み入るためや、たとい踏み入らなくとも信を敵国に失うことを憂慮する者であれば、返すこともあるだろう。今、一定には言い難い。又、清野の術と云うことがあり、城下の穀物や絹織物も、民間の穀物や絹織物も、ことごとく城内に取り収めて、一粒も敵に渡さないようにすることがある。このような時は、いよいよ自国から糧米を運び続けなければ、手に入りかかった国を取り逃すことにもなる。このゆえに、粟を貯えることは国主、知行持等の第一の心掛けと知れ。

『礼記（らいき）※10』王制篇にも「三年之蓄無くんば、國其の國に非ず（三年の蓄えが無ければ、その国は国家に値するものではない）」とある。よく考察せよ。

○いかなる場合にも陣中において飯を炊くのに、釜は不便なものである。銅鍋が良い。鍋は取手があるので、どんな物にも掛けることができ、又物に触れても鉄のように破損しないので、銅鍋を用いるのである。

○糧米は一人につき一日一升（約一・八ℓ）とする。味噌五勺（しゃく）（約九〇㎖）、塩一つまみと見積れ。味噌を用いるのは上級の軍役であり、多くは飯と塩だけである

○糧米を総軍に渡す方法は、先ず兵糧奉行の居場所を虎落（もかり）で囲んで口を二ヶ所設け、一つを入口、一つを出口と定めて入口、出口と大札を立てる。そこで前述のように、陪卒無しの人数組であれば、五伍二十五人が一同に受取らせる。陪卒がある人数組であれば、一伍五人で陪卒の数を計算して、一同に受取らせる。長陣であれば、三十五日分を一度に渡すこともあるだろう。そうして受取るときは、番頭誰組某、幾人分と札を書いて持参し、米穀と引替えにせよ。

○大軍であれば、兵糧所が一ヶ所では足りない。人数の多少を考慮すれば、三ヶ所も、五ヶ所も、十ヶ所も必要となる。一ヶ所で三千人に渡すものと見積れ。但し旗本の兵糧所、何備の兵糧所ということを定めよ。さもなくば二重取りが生じる。

○米を渡すには、虎落の中に渋紙あるいは蓆（むしろ）等を敷いておき、米を散らし、算勘、帳付が二人ず

つおり、升取りが六人いるようにせよ。この際、一斗升を用いる。
○鍋は鍋だけを別荷物にして車馬につけて、「鍋」と染めた小旗を指し立てよ。着陣した後、陣中の小路々々を持ち廻ってこれらを渡す。陪卒無しの人数組であれば、五伍二十五人に二つ渡し、陪卒がある人数組ならば、一伍五人に二つ渡すのである。
○薪と水は自分たちで支度するものである。その方法は陣取の巻に記したとおり。
○行進時と接戦時は、皆が腰兵糧（携行糧食）とせよ。少なくとも五合飯を携行せよ。
○陣所に到着して飯を炊こうとしている時、急に戦闘が始まって軍士が皆打って出るのであれば、一組につき五人ずつ居残り、急いで飯を炊いて戦場に送れ。もっとも大将自らが十分に配慮して、兵糧の世話をすべきである。
○陣中にあっては、戦が無い日でも一日分の飯を同時に炊いておくのが便利である。冬は二日分も炊いておけ。飯が冷えたならば、沸湯（にえゆ）の中に入れて食べれば、温食となる。焼味噌、乾味噌等を多く食べれば、別に味噌汁を煮る必要も無い。とかく衣食住の艱難については、平和な日にあっても楽しみながら折々試みて、心得ているようにせよ。
○陣中での飯煙（めしけむり）は、多い少ないを不斉一にして立てるようにせよ。上杉と武田の川中島対陣の時、武田軍が夜にまぎれて人数（部隊）を出撃させるための支度に、その日の夕方一同に飯を炊いた。

上杉軍がその煙の常より多いのを見て、武田が人数を廻す支度であることを察して、遮ってこちらから人数を廻すことで、武田を大いに困惑させたのであった。兵を担う者は心に留めておけ。

糧米が尽きた時、糧に用いる品々

○塩を加えて十分にぐつぐつと煮れば、草木の葉で十種のうち九種は食べられる。

○諸木の内皮及び根も又、塩を加えてぐつぐつと煮れば、食べられるものが多い。

○普段食べ慣れている野菜類は云うに及ばず、百草の根及び葉、茎ともに上述したようにして食べることができる。

○鳥獣魚貝の肉も又、十分に煮込んでから食べよ。

○炒めて食べれば、糠（ぬか）や藁の類も皆、飢えを救う。もっとも麦稗などの茎も炒めてから細かい粉末にし、湯にかき混ぜて飲むとよい。

○十分にぐつぐつと煮れば、革道具さえも食べることができると云われている。

○加藤清正の家士は、蔚山（うるさん）籠城の時、食糧が尽きてやむを得ず、壁土を水にかき混ぜて呑んだことがある。その艱難は推して知るべし。これは虫の息でもなお存ずる限りは敵に降伏せず、との義気の一念である。

○飢餓の極限に及ぶときは、人肉を食うことがあるだろう。これは不仁甚だしく、言語に絶するところであるけれども、時勢によっては遁れ去るべき手段もなく、又絶対に降参することもできず、又自害や討死も犬死に準ずる趣意があるならば、人肉を食べてさえも一日でも生き延びようと判断することも、軍をする上では覚悟しなければならないという考えも一理あるのだ。

右の他にも海には昆布、ヒジキ、アラメ、ワカメ等の海藻がある。山には石麪※11、観音粉等がある。これらは皆、食べて飢えを救うものである。捜し求めてみよ。

○飢えた人に食物を与えるには、先ず赤土を水にかき混ぜ、お椀に半分程の量を飲ませた後、食物を与えよ。又、朴※12の皮を煎じてお椀一杯分を飲ませた後、食物を与えよ。この二つの方法を用いず、直に食物を与えれば、たちまち死んでしまうものだと云われる。

第九巻終

※1　札（さね）　甲冑を構成する鉄や革の部品で、紐通し穴のある板状のもの
※2　縅毛（おどしげ）　甲冑の札板を上から下へつなぐ葦・糸や紐。「緒通し毛」が転化したもの
※3　鎬（しのぎ）　刃の背に沿って小高くなっている部分
※4　奉射　神社で奉納する儀式的な弓射
※5　弓全体の形状ではなく、内竹が無く弓芯と外竹のみからなる弓の断面の形状である。
※6　麪粉（べん）　麦粉、小麦粉、うどん粉等
※7　矢筈（やはず）　矢の後端部で弓の弦につがえる切込みのある部分
※8　建武三(一三三六)年一月の京都奪還戦において楠木正成は、掛金により楯と楯を連結させることで応急の〝防壁〟を造り、敵騎馬隊の突進を阻止した。
※9　乱妨　暴力により他人の物などを奪い取ること
※10　礼記（らいき）　漢代までの礼に関する書を元に漢の儒学者・戴聖（たいせい）が編纂した全四十九篇からなる書物。第五篇「王制」では昔の聖王の政治制度（班爵・授禄・祭祀・養老）について論じている。
※11　石麪（せきめん）　加賀国石川郡(現石川県)鶴来で大飢饉の際に土地の者が氏神の祠に祈ると、空から石のような白い食べ物が降り、甘くて乳のような味だったという。観音粉も同じような食べ物。
※12　朴（ほおのき）　モクレン科の落葉高木で、葉には殺菌作用があり、樹皮は生薬にする。

海國兵談 第十巻

地形及び城制（地形の概要と城郭・築城）

地形は戦の助けとなるものであり、詳らかにしなければならない。明確に険易、順逆※1、遠近等を知るのが良将の能力である。ここで「地形が戦の助けである」と云うのは、我が小勢であっても、よく険阻な地形によって戦えば、大敵も攻めたり襲ったりできないということである。又、我が高所にいて敵を低所に受ければ、高所から低所へは身動きし易くて得である。又、太刀や鎗等も高所から低所へは振るい易く、敵の胸以上に当たるので、自然と利点が多い。この他、左下がりは武器を構えたり用いたりする姿勢からも都合がよいので、順とするのである。我はこれらに拠らねばならない。

○向い上がりと左上がりは逆である。我はこれに拠ってはならない。

○八達の地と云うものがある。はるか遠くまで開けて、四方に道路がよく通じている地のことである。このような場所に陣を取るのであれば、その中でも小高い所を見つけて陣を取れ。もしも高い所が二ヶ所あり、一つは後ろに山や水や藪等があり、一つはこうした物が無ければ、我は山、水、藪がある方の丘を取れ。

○険とは山坂、羊腸※2、高嶺、大水、深泥等を云うのである。味方が敵より早くこれらの地に拠るようにせよ。

○敵が出ても不利であり、我が出ても不利な所は、進退両難の地である。敵から我を誘き出しても、出てはならない。このような時、我は陣を撤収して引き去れ。敵勢が追って来れば、敵勢がその地を出たところを反撃するか、伏兵を設けて討ち取れ。

右が地形の大略である。さらに細かく研究せよ。

城制 附居館

○「天の時は地の利に如かず」と云うように、時日、支干※3、旺相※4、風雨等、天の時においては勝つべき理(ことわり)のある時を考えて軍(いくさ)を仕掛けても、地の堅固さには勝つことができないのである。そうであれば、城を築くには〝地形を選ぶ〟ことが第一である。地形が勝れて良好であるのは、天が造った普請(ふしん)(土木工事)であるから、別段に人が作る普請を加えなくても堅固なものである。これが地の険を人数の代りに用いることであり、地形を選ぶことの大趣意である。地形のことは、しっかりと会得しなければならない。

○『易』に「地険は山川丘陵なり。王公険を設け以て其国を守る」とある。そのように地形は国家の宝であることを知れ。これゆえに魏の武候も「美なるや山河の固め、これ魏国の宝なり」と云ったのである。

○城を築くには、山か水に因るようにせよ。山水二つながらに備われば最良である。

○城郭とは、内曲輪（くるわ）を城と云い、外曲輪を郭と云う。孟子に「三里之城、七里之郭」と云うのも、内曲輪と外曲輪のことである。城はそれにより君主を守る所、郭はそれにより民を守る所である。民とは諸家中及び百姓町人までを総じて云う言葉である。

○城制は日本と異国でその構造が異なる。その構造が異なるので、籠城の仕方も異なるのである。先ず異国の構造は前述したように、郭を頑丈に構えてこれにより民を守り、郭外に人家は無い。そうであるから籠城に及んでも、城下の地下人※5、商売人等が流浪して逃げ隠れることなく、上と共に郭を守った。日本流は外曲輪と云うものが無い。たとい郭があったとしても、民を守ることを重視していないので、城下の町屋をおびただしく広大にして、郭外に人家が多くあり、籠城となれば城下の地下人、商売人の類などは棄て置かれることから、難を逃れんとする者がおびただしく出て来て逃げ迷う。その上、天を怨み、君主を怨んで嘆き泣く声が街（ちまた）に満ちる。これらは外曲輪が無いからであると知れ。さて又、異国は大半が民兵であるから、城下には六府※6の武士が交代で詰めているので、官人以外には常住の侍屋敷は多くない。常住の侍が多くないので、おのずから商売も多くない。このゆえに城下も自然と無駄なく取りまとめて、郭外に人家が無いようにしているのである。日本は郭の構えそのものが粗い上に、武士を残さず城下に居住させているので、商売も次第におびただしくなって、町屋を造り広げるので、城下は段々と広くなり、城は城、城下は城下と別物になった。こうしたことから籠城になれば、逃亡人がおびただしく出て来て、目も当てられぬ騒動を生じてきたことは、諸軍記に記されているとおりである。二百年以前、あらゆる物事が不足していた時代でさえ騒動を生じていた。ましてや今の城下であれば、どうなることであろうか。できることならば、繰り返し説いてきたように、衣食住と音信、贈答類の無益な奢侈(おごり)を禁じて質朴を教え、そこから捻出できる経費により、数年間かけて徐々に、日本の咽喉にあたる所の城だけでも全て外曲輪を建設したいものである。総じてこの条は、有事にどうすべきかを工夫するところである。よくよく考察した上で整備すべきである。

○国主の居城は国の根本であり、人民が仰いで畏服する所であるから、地形はもちろん、普請も城門、及び外から見望する所は、大きく立派に造営して、壮観を誇示せよ。これが武徳を輝かして大平をもたらす術である。

○支城並びに居館等は、さほど壮観を示す必要は無い。険に拠って攻撃や襲撃を防ぐことだけを主とせよ。
○大昔から四神相応の地を居城に勝利をもたらす地としている。四神とは青龍、朱雀、白虎、玄武である。青龍は水である。朱雀は田や野が開けた広い平地を云う。白虎は大道である。玄武は山である。「前朱雀、左青龍、右白虎、後玄武」と云うのは、天神地祇の輔けがある地という意味である。思うに山を後、広い平地を前、（河川や湖沼などの）大水を左、運送のための大道を右にしていれば、最高の地理ではないか。よって天神地祇の輔けが無くてもなお、有るようなものだ。
○平城は四方から敵を受けて好ましくない。その普請も縄張（設計）を巧妙にしなければ損害が多い。それでも天下を率いる大城は、広い平地にあって方々から寄り集って賑わい、四方の参勤や運送等の道路も等しく伸びている場所を重視するのである。諸侯以下は山か水かに拠って、片面に築くのが便利である。
○山城もことのほか高い山に築いてはならない。人馬の駆け引きが不自由になるからである。
○城の縄張に様々な習わしや伝授等があると云えども、基本的には「この城は高いか、この池は深いか」と云う言葉を旨として、全ての城制があらねばならない。
○城制は本丸、二の丸、三の丸、外曲輪・外堀などと、ただ入子鉢のように構えるだけではなく、とにかく地形に従って三角にも、入子にも、長くも、最適なように築けばよい。広い平地に城を取るには、先ず少しでも高い所を本丸としてから、二の丸、三の丸、外曲輪・外堀等を構える。
○全て居城は、国の大小に従って遠近に拘わらず、険を設けよ。険を設けるとは、あるいは関を置き、あるいは切通し、あるいは登坂、あるいは船渡し等を造って、事があれば、この難所において一度は敵を止めて、居城を支えられるようにしておくことである。また、それらに応じて屏(へい)を設けよ。屏とは、重要な場所に身分が高くて武功のある者を土着させ、事ある時は本城に押し来る敵をくい止めさせ、又は後詰め等をもさせることである。広く云うならば、諸侯の国々は江戸の屏である。箱根、碓井、房州、浦賀等は江戸の険である。又、我が藩について云うならば、笹谷(ささや)、柵並(作並)、尿前(しとまえ)、相去(あいさり)等は険である。角田、白石、岩手、水澤、宮戸(みやこ)等は屏である。天下の険屏と一国の険屏とで大小異なると云えども、その本質は差異がないものと理解せよ。
○入江や湖、海中等に突出している城は、水際に塀を築くものがあり、また水際から十間(約十八・二m)、二十間(約三六・四m)引き退いて塀、土居等を設けるものがある。これらは各城主の方略によるものである。
○全て城には烽火台(のろし)を設置せよ。危急の時に人数を集めるためである。烽火台を造るには、山城であれば山の高所に設け、平城であれば櫓台のように普請せよ。低いもので三丈(約九・一m)、高いもので四~五丈(約十二・一~約十五・二m)である。台上に約三間(約五・五m)四方、高さ二丈（約六・一m）程に上の方を細かく塗り込んだ室を造り、内側から壁を厚く付けよ。上部は屋根無しの空穴としておけ。その中に藁、あるいは杉の葉を込めて上を蓋っておく。危急の時は火をつけ、煙を上げて人数を集めるのである。ただし、平素にも年に一度は不意に煙を上げて人数を集め、烽火の様子を国人に理解させておけ。また、この平素における訓練の烽火では、駆け付けた二十番目までを称して褒美を与えよ。そうは云えども、紂王（ちゅうおう）※7の所業に倣ってはならない。又、軍記を見ると、急な合戦の時などは、近辺の在家に火をつけて、遠方の味方に合戦がある事を知らせたことも数多あった。このような時には、数箇所も火をつけるのである。

○城を取るのに十の習わしがある。一に地形、二に塀、三に堀、四に土居、五に門、六に馬出、七に石垣、八に横矢の縄張、九に柵・虎落（もかり）、十に水溜である。又、それぞれ一条毎に格言があるので、左にその大略を記す。

○地形についてはすでに述べているので、ここには載せない。

○堀には二種類ある。水堀と乾堀である。水堀は水面において十間（約十八・二m）から二～三十間（約三六・四～約五四・五m）までに掘れ。深さは三～四丈（約九・一～十二・一m）に掘れ。岸の勾配は一丈（約三m）に四尺（約一・二m）の比で見積れ。ただし土の性質が良ければ、これより急に掘ってよい。

○乾堀は片薬研（やげん）※8に掘る。もちろん城の方を深く掘るのである。
○全て堀は泥が深いほうがよい。水が深くかつ泥が深いのが最も良い。
○水だたきと云って、水際だけを石垣にすることがある。
○塀は土台引きは悪しく、掘込み柱にしなければならない。石の根接ぎ柱が最も良く、もしも土台引きにせざるを得ない場合にも石土台にせよ。矢狭間は長く切り、筒狭間は丸く切るのである。また、立狭間、居狭間の高低がある。立狭間は立った人の乳の高さに切り、居狭間は居敷した人の肩の高さに切るのである。何れも内側に〝あがき〟を付ける。あがきとは、内側を広く塗ることである。又、板狭間があり、これは厚板に狭間を切って、壁中に塗り込めるのである。
○控柱（ひかえはしら）の打ち方に二つある。筋違いに打つものがあり、又塀から四尺（約一・二m）程内側に退いて、別に柱を立て、上下二ヶ所に塀柱から貫（ぬき）を通して固定するものがある。こちらがより良い。籠城の時は、上の貫に板を渡して、塀の外に矢や鉄砲を放ち、投石等をする足場として用いる。
○塀の下には一面に石を敷け。又急いで塀を立てるときは、壁の下地の立竹を土中に七〜八寸（約二一・二〜約二四・二cm）ずつ差し込め。
○築地と云うのは、良質の土を一片四〜五寸（約十二・一〜十四・二cm）、長さ一尺（三〇・三cm）程に打ち固め、これを段々に積上げ、隙間々々には煉土を込めながら、高さ八〜九尺（約二・四

〜約二・七ｍ）の壁に造るものである。
○石が多い国では、大石を重ね上げながら、その隙間を煉土により打ち固めて塀にしている。これも又、堅固なものであるが、掘り崩し易いという弱点がある。それでも大石だけを重ねるのは堅固である。
○異国では磚（かわら）と云う物を製造して、城の塀、石垣等に用いている。その造り方は、良質の土を煉って磁器（せともの）のように火に焼いて堅くするのである。甚だ堅固なものである。『武備志』にもその製法を見ることができる。又『台湾府志』を見ると、安平城の条文中に「大磚（やきものいし）、桐油灰、共に搗（つ）いて城を成す。高さ三丈五尺（約一〇・六ｍ）、広さ二百二十七丈（約六八七・八ｍ）」とある。又、唐山の山西省の人が語ったことを聞いたのであるが、秦始皇帝が築いたところの万里長城は、西は流沙に起こり、東は遼東に至って、その長さは九千里、（即ち日本道で九百里（約三五三四㎞）である）高さ十丈（三〇・三ｍ）、広さ二十丈（六〇・六ｍ）であり、土手のような石垣にして、その一つの磚の大きさは、あるいは二〜三丈（約六・一〜九・一ｍ）、又は四〜五丈（約十二・一〜十五・二ｍ）にも及ぶと云う。妄りに聞けば、山西人のほら話のようであるが、深く大磚の製造を考えれば、良質の土を長城用の寸法に煉って造形し、直に火をかけて焼いた物に違いない。これこそが蒙沾（もうてん）※9による造工の妙から出たものである。

○石垣に三種類ある。野面、打欠、切合である。野面とは自然なままの石で築き上げるものである。打欠とは石の角々を打ち欠いて築くものを云う。切合とは空間が無いように切り合せたものを云う。野面、打欠は粗いものであり、切合は精密なものである。それぞれその場所に従って、精粗の石垣を用いよ。最も重要な箇所は切合にして、その上に石を繋ぐことがあると云えども、皆工人の伝となって、武士でそのことを知っている者はいない。石垣は築城で第一の工事であるから、志ある将士には伝授されるべきである。加藤清正が〝石垣の名人〟と世に言い伝えられていたことを思え。

○又、石垣の勾配に三種類ある。下縄、緩、桿出である。下縄は垂直であり、 このような断面である。緩は このような断面であり、垂直ではない。桿出は このように石垣の上際に椽のように石をはね出したものを云うのである。この石垣は登り難いものであると云う。朝鮮国の城にこの石垣が多いと聞いている。

○土居は堀の土を上げて築け。かつ土居の高さは、根張の半分であると知っておけ。たとえば根張十間（約十八・二m）であれば、高さは五間（約九・一m）と理解せよ。

○土居へは香附、麦門冬、荒芝、小笹の類を植えるのがよい。これは土止のためである。根方には（鉄条網のようにトゲだらけの植物である）枳殻を植えるのも良い。

○土居に鉢巻と云って、上の方にだけ石垣を築くことがある。土居の大小にもよるが、大体六〜七尺（約一・八〜約二・一m）内外に築くようにせよ。

○門に楼門があり、単門がある。楼門とは櫓門である。全て城門は升形を付けて二重門に造るのが好ましい。

○総ての城門に、ほんの少しでも坂を付けよ。全くの平坦地であれば、仕寄道具を取り付け易いものである。

○二重門は、内側が楼門、外側が単門となるようにせよ。

○楼門の二階を扉より六〜七尺（約一・八〜約二・一m）も突出させて造り、かつ敷板に格子を設けておいて、扉近くの敵に石を落とし、炒った砂をかけ、沸湯（にえゆ）、糞尿等を撒き散らせ。又、門を焼くための草を摘んで火をかける様子があるときには、素早く水をそそぎ掛けよ。楼門の階上に、水と石をおびただしく用意しておけ。もちろん（水の入った）竈も多く造っておくこと。

○門の地伏（しよせ）※10の下には、大石を敷いておけ。

○馬出に丸馬出、角馬出、垜馬出（あづて）、馬出無しの小口、升形向小口等種々の口伝（くでん）があるけれども、さほど秘訣の沙汰とするまでもない。馬出の目的は、ただ人数の出撃するところを早く敵に見られないためである。早くに見られてしまえば、射すくめられて城から出るのが難しくなるので、物陰からひょっと飛び出せるようにする。これが馬出であるから、あまり念入りに普請(ふしん)することでもない。
○馬出は塀にするのもあり、又土居にも蔀(しどみ)にも、当時の状況に応じて造ればよい。
○横矢の縄張と云うものがある。全て城の縄張は直線に長く取ってはならない。二十間(約三六・四m)、三十間(約五四・五m)で折り曲げて相互に横矢が届くように構えるのである。又、地形により百間(約一八二m)も百五十間(約二七三m)も直線に長く構えることがあれば、二～三十間の間隔で幾所も張出を構えておき、横矢を射ることができるようにせよ。これらが全て縄張の趣意である。これについてあれこれと難しいことを談じる者も多いが、さほど奇妙なことでもない。ただ横矢の効果が絶大であることを奇妙とするのである。
○『ゲレイキスブック』には、オランダを始めとするヨーロッパ諸国の城郭の図が多い。その縄張も横矢を第一にして構えている。その図の大略を左に写す。よく考えながら見よ。

オランダ流城郭の図は左のとおり。

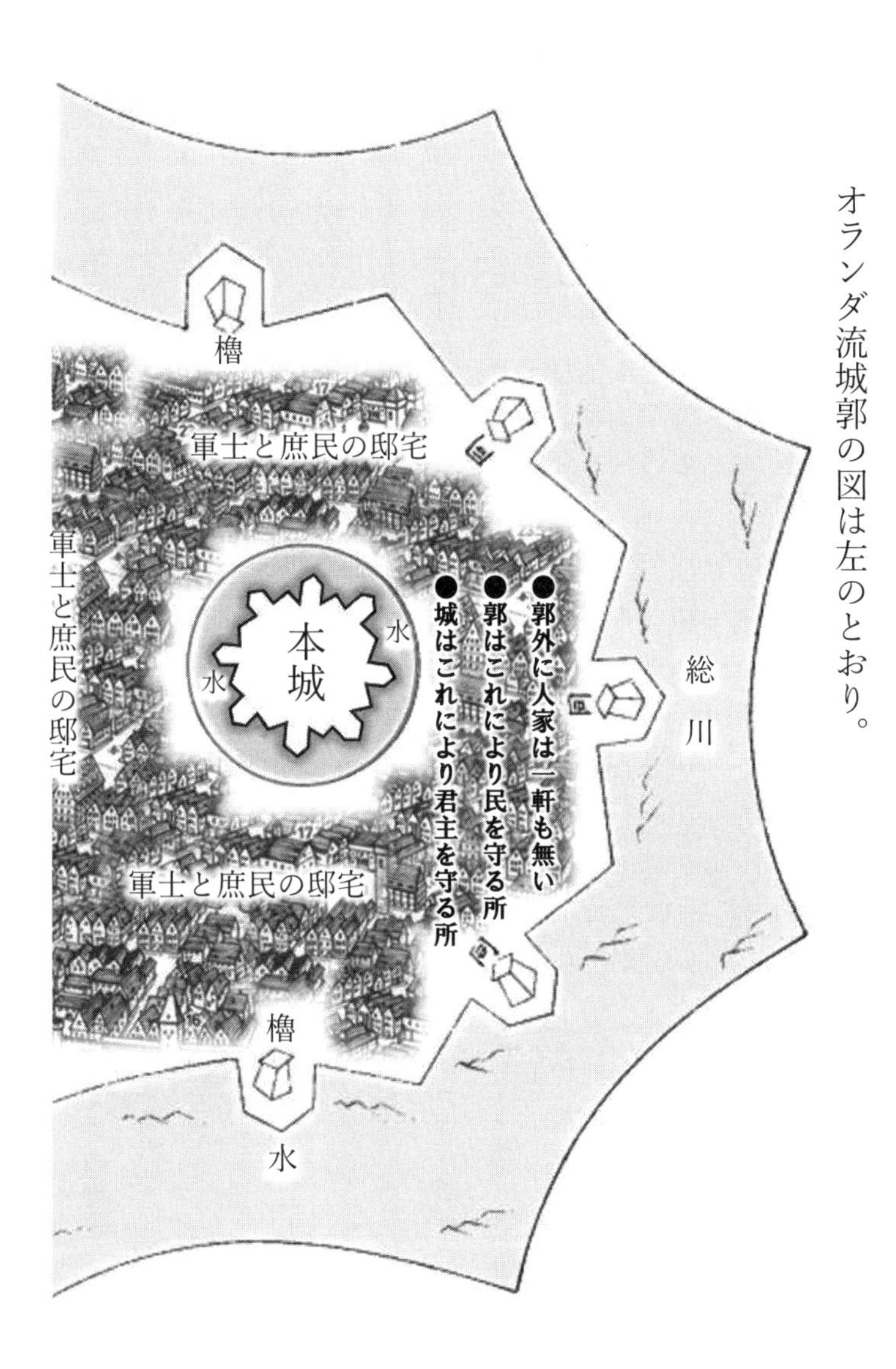

右に図示するところの縄張は、大小城は云うまでもなく、僅かな塁(とりで)であっても、これを心掛けて取れば得るものが多い。又、極めて巨大な城と云えども、例外なくこの縄張を用いよ。エジプト国のハヒランと云う城下は、世界最大の都城であり、その広さは四方が三日路もあり、その総川の周囲は十日路であると云われている。それでもその普請は横矢の構え、あるいは石火矢台、高楼等が連綿として隙間なく設けられている。その普請は全部で百九十年をかけて成就したと云う。

○城制は右のように、総川を広大に設けて、総川の外には民屋が一つもない無いようにするのが極上である※11。私見を申せば、日本の都城も総川を広大に設けて、さてその守り場については、郭中の四民及び坊主、山伏等に守らせるのである。その方法は、これより東に幾百幾十間は何々町の守り場、これより西に幾百幾十間は何々町の守り場とあらかじめ定めておくのである。その守具は弩弓、石弾(はじき)、クルリの三つを用いる。弩弓は非力の者及び婦女、幼弱の者等に強い弓を射させることができるものである。その取扱い方は、蹶張(けつはり)と云って両足を弓に踏み掛けて、両手で弦を引けば、強い弓も婦女子の類でさえ射られるのである。石弾は仕掛物であるから、弩よりも容易である。クルリは又一段と扱い易いものだ。稽古はその町々で稽古日を定めておいて、毎月一度ずつ教える。さてこれら三つの兵器の用意はその町々の役割であり、常日頃から継続的に調べておき、その町々の名主や検断※12の所に預けておく。これが総川を守る方法である。本城は武士が守る場所である。百年を期せば、こうした普請も成就するであろう。
○柵とは木を一面に並べて埋立て、貫を通しておくものである。虎落は竹を筋違いに組合せて埋立て、幾重にも縄により結び固めておくものである。蔀とは葉の付いた木枝によって垣を造るものである。柵、虎落の二つは、地形が堅固で堀や塀の必要がない場所、又は山の尾崎、あるいは陣営、又は普請場などに用いる。蔀はどの方向からも見透けてはまずい場所に用いるものである。
○水溜めは山城等において水が不自由であれば、湧清水等を溜めておくため、あるいは池を構え又は水槽を設けて貯えよ。又清水も出てこない所であれば、水槽を数多こしらえておき、雨が降る時に簷庇あるいは地面を流れる雨水を、一滴も漏らさずに受けて溜めよ。楠木正成が赤坂で設けたようにやるのである。
○汚水又は糞尿までことごとく溜めておいて、城に取り付く敵兵に沸かして打ち掛けよ。日本の城制は不浄を流すと云って、汚水を全て流し捨てるが、これはよろしくない。溜池を設けて溜めておき、その余るところを流すようにせよ。
　右が城制の心得であるとは云えども、この条々だけでことが済むと云うのではない。異国や日本の城制は、諸書に詳しくある。それらをよく読み合わせて工夫せよ。ここに言うところは至極の大略であり、その一端を見せようとしたに過ぎないのである。
○陣屋、塁(かきあげ)、居館は皆城の類であり、堀をも掘り、杭違をも設け、馬出等をも付けたとしても、力不足して普請が粗いものであれば、城とは云い難い。さて陣屋、塁、居館の三つは身分の高い土着の武士が居る場所である。土着の武士で禄高が百貫(百貫＝千石である)(三七五kg)以上の者は、家中も多く、百姓も数多であるから、居館の構え、縄張等に心配りをして普請をしておき、事変になれば家中百姓等の妻子や家財まで収容して乱妨の被害から避けさせ、又は武力を発揮して敵の通過をもくい止めねばならない。大いに国の屏となることである。近来一国一城と云うことになって、国持大名も僅か一〜二城に過ぎない。昔は和漢ともに大国の諸侯は、城を三十も五十も構えていたことが諸史に載っている。このゆえに事変に際しては相互に援助し合うことで、持ちこらえ難い小さな国々でも久しく生存できたという事例が数多あるので、読んでおくこと。元来は溝を掘り、柵を作っただけでも、城と云うものである。ただ国の大小、禄の多少によって、普請の精粗や、大溝と小溝の差異が生じるまでのことである。さて遠国のことは知らないが、仙台藩の封中では大昔から天正(西暦一五七三〜一五九二年)の頃までの城や館と云われる所の跡が五百三十余ヶ所もある。今その城跡を見ると、ただ地形に頼って少しばかり溝や堀等を構え、又は柵を作り、あるいは植木等をして門に少しばかり杭違等を設けただけのように思われる。これらは皆、古代土着の武士たち面々が住む所に心を傾けて普請をしておき、事ある時には家中も百姓も一致団結して武力を発揮したという事に他ならない。今もこの心持で国法を整備すれば、武を逞しくすることは掌に運らす[※13]かのようになるだろう。この「武を逞しくする」ということは、聖人の道であって、和漢の差異があるわけでもない。つまり武を逞しくすることは、人を多くするにある。人を多くすることは、武士を土着させるにある。武士が土着して人が多くなれば、塁も居館も保ち易くなり、少なからず国家の防衛にもなる。この心持を孔子も「食足りて、兵足る」と言い、又「庶、富、教[※14]」とも説いている。将たる人はよく思いをいたせ。

付記　全ての城中には篦竹を数多く植えておくこと。矢の材料に用いるためである。もっとも弓工、銃工、矢工、鍛冶等を足軽が兼務できるように習わせて、用を足すことは、これまで繰り返し言ってきたとおりである。よく心配りせよ。

第十巻終

※1　順逆　好ましい（順）か、好ましくない（逆）か

※2　羊腸　細長く曲がりくねった地

※3　支干　子丑寅卯辰巳午未申酉戌亥の「十二支」と甲乙丙丁戊己庚辛壬癸の「十干」を組み合わせ、占星術や五行（木火土金水）説と結びつけて、暦日や方角にその吉凶を含めて表すこと。

※4　旺相　地球が有する自然の法則がもたらす五行の盛衰に応じた時間的・空間的な強弱の区分。最も強い時期・場所を旺地、最も弱い時期・場所を死地と云う。さらに旺地と死地の間を強さの順に相地、休地、囚地と云う。例えば、太陽光（火）であれば、旺地は夏、死地は冬である。

※5　地下人　官位を持たない名主、庶民

※6　六府　宮中や行幸啓の警護の任などに当たる左右の近衛府・衛門府・兵衛府の総称

※7　紂王（ちゅうおう）　紀元前千百年頃の殷第三十代王。酒池肉林の放蕩生活や火あぶりの刑を好んだ暴君であるたが、烽火（のろし）にまつわる話はない。一方、周の第十二代王・幽王（ゆうおう）は、後宮の褒姒（ほうじ）を寵愛し、彼女の笑顔を見たさにしばしば無意味な烽火を上げて諸将を集めたので、本当の兵乱が起きても誰も集まらず、国を滅亡させた。この箇所では「紂王」ではなく「幽王」とすべきであろう。

※8　薬研（やげん）　薬剤などを挽いて粉末化したり、磨り潰して汁を作ったりするための器具(左図参照)

※9　蒙沾（もうてん）　前二五〇～前二一〇年、秦朝の名將、斉国出身

※10　地伏（しよせ）　門の最下部に、地面に接して取り付ける横木

※11　日本でこのような構造の〝城郭〟は、小田原城と大坂城だけである。

※12　検断　警察・治安維持・刑事裁判に関わる職務等

※13　掌（たなごころ）に運（めぐ）らす　自由にあやつる、思いのままにする。

※14　庶、富、教　人民が繁殖し、国が富んでも、教育というものがなければならない。

薬研

海國兵談　第十一巻

城攻め及び攻具（攻城戦と城を攻めるための資器材）

城を攻めることは、やむを得ずして攻めるのである。その理由は、元来城というものは、地形に依拠して堀や塀を設け、遠い敵であれば弓・鉄砲等の飛道具で撃ち払い、近くの敵であれば鎗・長刀等の短兵により切り伏せようとして堅固に構えているものであり、そこへ外から仕掛けてその城を乗っ取ろうとするのであるから、人数も多く損傷し、又国内の人民も苦しむことになる。こうしたことから城攻めだけはしないと覚悟していても、敵が要害を固め、根拠地を堅く守り、積極的に略奪しているのを放置することもできなくなれば、やむを得ずして攻めるのである。なお、攻めるに至っては、その戦術が巧妙か、稚拙かで違いがある。十分に理解していなければ、人的損害を被るだけではなく、さらに大きな害を引き出すこともある。将たる人は、詳らかに会得しなければならない。

○城を攻めることは、敵より五～六倍の人数でなければ、できないことである。そうは云えども当時の状況によっては、小勢で不意に攻めかかり、あるいは鷹狩りなどに事よせて徒膚（すはだ）攻め※1等を仕掛け、又は夜討等をして、城を抜くこともあるが、これらは皆〝臨機応変の術策〟であり、定まった方法ではない。

〇攻めると攻められるとの差異を云えば、攻められる者は小勢であっても、自分の国であるから地理もよく承知しており、兵糧や水、薪も容易に入手でき、後詰も期待できるものである。攻める方は大勢であるけれども、他国のことであるから、万事が不案内であり、何をするにしても不便である。もっとも兵糧が続かないこともあり、又長い間には流言やデマも出てきて、仲間割れすることにもなり、騒動が発生することさえあろう。こうしてうまくいかないことが多いのである。かつ又、籠城する者は必死の覚悟でいるので、人の心気も斉一である。攻める方は大勢であるため、いつも城兵を侮り、驕って油断もできるものである。いずれにせよ、城を攻めるには籠城する者の心理を理解し、籠城するには攻め手の心理を理解していれば、守攻共に拙いことにはならないだろう。

〇上述したように、城を囲むことは、敵より十倍も多い人数で取り掛かることであるから、隙間なく囲むことができるが、わざと一方だけを開けておくことも城を囲む習わしである。四方を隙間なく囲めば死地に陥るので、城中一致して必死の覚悟で守ることになり、落とせる城も落とせなくなることがある。このため、一方を囲まないことで城中の気を緩ませれば、人の心が分散して城が落ち易くなる。

これは敵将を目に懸けず、ただ城を奪い土地を占領するのを目的とするときの攻め方である。又、敵将を討たなければ決定的な勝利とならない合戦であれば、この城中に敵将が居ることを確かに知り得た時には、全周を一寸の隙間もなく取り囲んで城ごと丸呑みにし、城中を皆殺しにして根を断ち、葉を枯らすこともあるだろう。匈奴の君主である冒頓単于（ぼくとつぜんう）が漢の高祖を白登城に取り囲んだのも、このように意図してのことであった。しかし、単于が無智であったことから、陣平に欺かれて※2高祖を取り逃がしたのである。よくよく考察せよ。

○城を攻めるのに数多（あまた）の心得がある。敵が弱くて兵糧も不足しており、後詰も期待できない城であれば、打ち囲んで兵の威厳を示し、絶えず小競合いして城兵を疲れさせ、自軍を常に万全にして、夜討等に遭わないよう警戒を厳にし、長期にわたり囲むならば、戦力を費やすことなく城が落ちると云う。

○敵が強く、糧米も多く、後詰もやって来る城であれば、短兵急に攻めかかれ。遅くなれば内外から挟み討ちにされて、大いに難を受けることがある。それゆえ短期間で城を落とせる見込みがなければ、速やかに囲みを解いて退くこともある。当時の状況に応じた権謀によるものである。

○山城によっては前面のみ普請を丈夫に構えて、後ろは山を恃（たの）んで普請を加えていないものもある。そのようであれば、前面から激しく攻めかかり、別に人数を後ろの山に廻し、笠落しにして破ることがある。

右の他にも城により、時により、敵により、軍勢の多少にもより、種々の攻め方があるだろう。筆紙に尽し難いところである。多くの軍記を読んで、自ら究めるようにせよ。

○城中の計策により、寄手(よせて)(攻城側)に無為に日数を送らせようとして、種々の方略を仕掛けてくることがあるだろう。察して明らかにし、それらに対処せよ。

○敵地に踏み込めば、村里の人民が軍兵の乱妨を避けるため、家財妻子を引きまとい、逃れ隠れて、恐れかつ怨むものである。そうであるから、敵地に踏み込んだならば軍兵の乱妨を厳に禁じ、その国の民に指を指されぬようにするのである。そして、人民等が逃げ隠れたならば、所々に高札を立て、厳しく軍兵の乱妨不作法を禁じているので、早々に住居に帰って生活せよという旨を書き付けよ。もし違背して乱妨する者があれば、たちどころに斬ってそこに曝(さら)し首にし、その地の人民が安堵するようにせよ。このようにすれば、敵国の住民も心服して従うのである。加藤清正はこれらを理解していたので、朝鮮の土民も親しんで付き従い、軍士と親しく交わったことで、清正の軍士は陣用物資に事欠かなかったのだと聞く。清正の軍法を手本とせよ。

○城を囲もうとするときは、先ず敵の後詰がやって来る経路を考察して、そこに別の備を設け、阻止するための人数を置いて、その後に城を取り巻くようにせよ。
○城攻めのときに向城を二～三ヶ所も取ることがある。その普請は馬防の溝を掘り、虎落(もがり)を設ければ事足りる。たいそう便利に賢く取るようにせよ。
○城の近くまで押し進んできたならば、けっして油断してはならない。〝蟄際(つぼのきわ)の一戦〟と云って、最後に名残の一軍(ひといくさ)を交えてから城に引き籠(こも)る敵もある。この一戦は寄手を散すか、自分が追い込められるかの運命を決定する軍(いくさ)であるから、一段と激しいものになると言えよう。これらをよく心得ておくこと。
○城近くに陣を張るには、城と陣との間に森林などがあれば、その陰に陣を敷け。城から直に見渡される所には、大砲を撃ち込まれるかもしれない。
○城と陣との距離については、定まった方法はないが、近くて五～六町（約五四五・五～約六五四・五m）※3、遠ければ十四～五町（約一・五～一・六㎞）※4となろう。もっとも敵城に近づいて陣を敷くときは、数多くの物見を置いて、敵城の様子等を報告させせよ。
○城攻めの方法については、現在の諸軍家の伝授にも、攻具はことの外不足している。堅固な城であればある程、攻具が拙(まず)くては落とすのが難しいのであるから、伝授されている攻具以外にもなお書籍を熟読玩味して理解した上で、城地の高低又は普請の巧拙等によって新たな物を製造してこそ、良将の器と云えるのである。
○城攻めは門を破壊するか、塀を倒すか、石垣を掘り崩すかしなければ、突破口が形成されないものである。このゆえに、先ずはこの三つを破る工夫をせよ。しかしながら、門や塀を破壊し、石垣を崩すにも、とにかく寄付かなければ実行できない。そこで（城攻めよりも）先に仕寄道具を製作するのが第一の事であると知れ。
○仕寄道具には、厚板で箱を作り、車輪を取付けてこの箱の中に人を乗せて近寄るものがある。又、より高度なものに、箱の外面を牛や野猪（いのしし）の生皮で張り固めて用いるのがある。又、大楯に車輪を取付けて、十四～六人で一斉に押して近寄るものがある。持楯にて近寄ることがある。竹束にて近寄ることがある。さらにオランダ流に被楯がある。生牛皮で持楯のようにこしらえ、近寄る時には腰をかがめてこれを背上に被り、首から尻までを覆って、数百人が連なって手に手を取組んで、城に詰め寄ることがある。これらの器械をさらに工夫した上で製作すべきである。
○城門を破壊するには、周囲三～四尺（九〇・九～一二一・二cm）、長さ三丈（約九・一m）程の大きな木材の頭を鉄で張り固め、この大材に車輪を二ヶ所取り付け、大材の左右数ヶ所に綱を付け、五十人でこの木を牽引し、城門に押向けて一斉に力を合わせて突き当て、打ち破るのである。もちろんこの木を牽く武夫は、各人が持楯を手にして、矢石を防ぎながら詰め寄らねばならない。

そうして門を打破ることができたならば、器材も楯も打ち棄て、無二無三に城内に斬り込め。これを大きな功績として、重き褒美を与える。

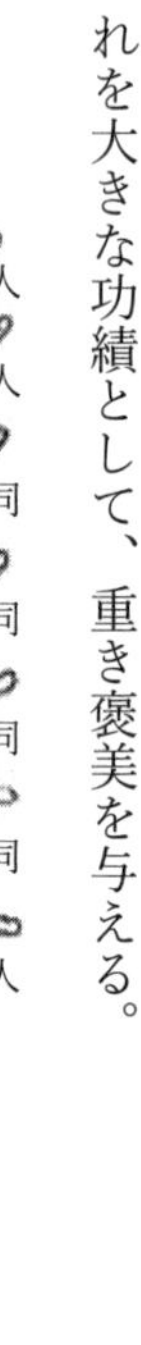
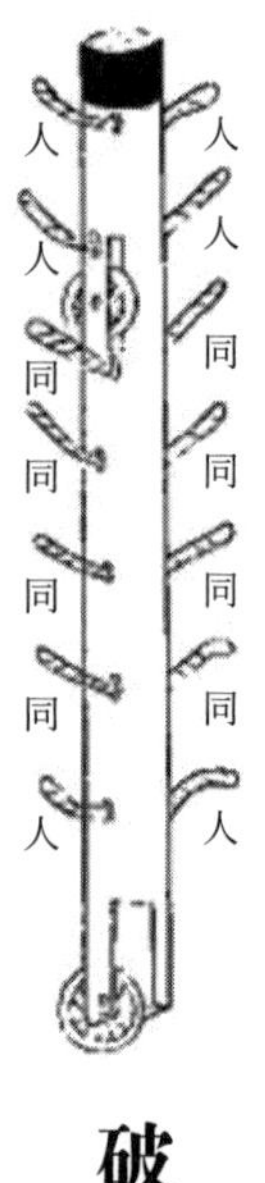

破門材の図

○又、オランダ流に城門の傍ら、あるいは石垣の角付近に鳥居のような形の器材を仕立て、この鳥居に大材を釣り、その後端の地面を引きずる部分に車輪を取付けて走りを良くし、鐘を撞く仕組みのようにして、扉を打ち砕き、又は石垣の角石を突き抜くことがある。総じてこうした類の器材を製作するには、なお一層の工夫を要する。

○柴や薪を門の際に積み重ねて火を着け、城門を焼き破ることがある。又棒火矢、数火矢、乱火等により焼き破ることもある。その方法は第一巻「水戦」の焼討の箇所で詳しく述べている。

鳥居撞きの図

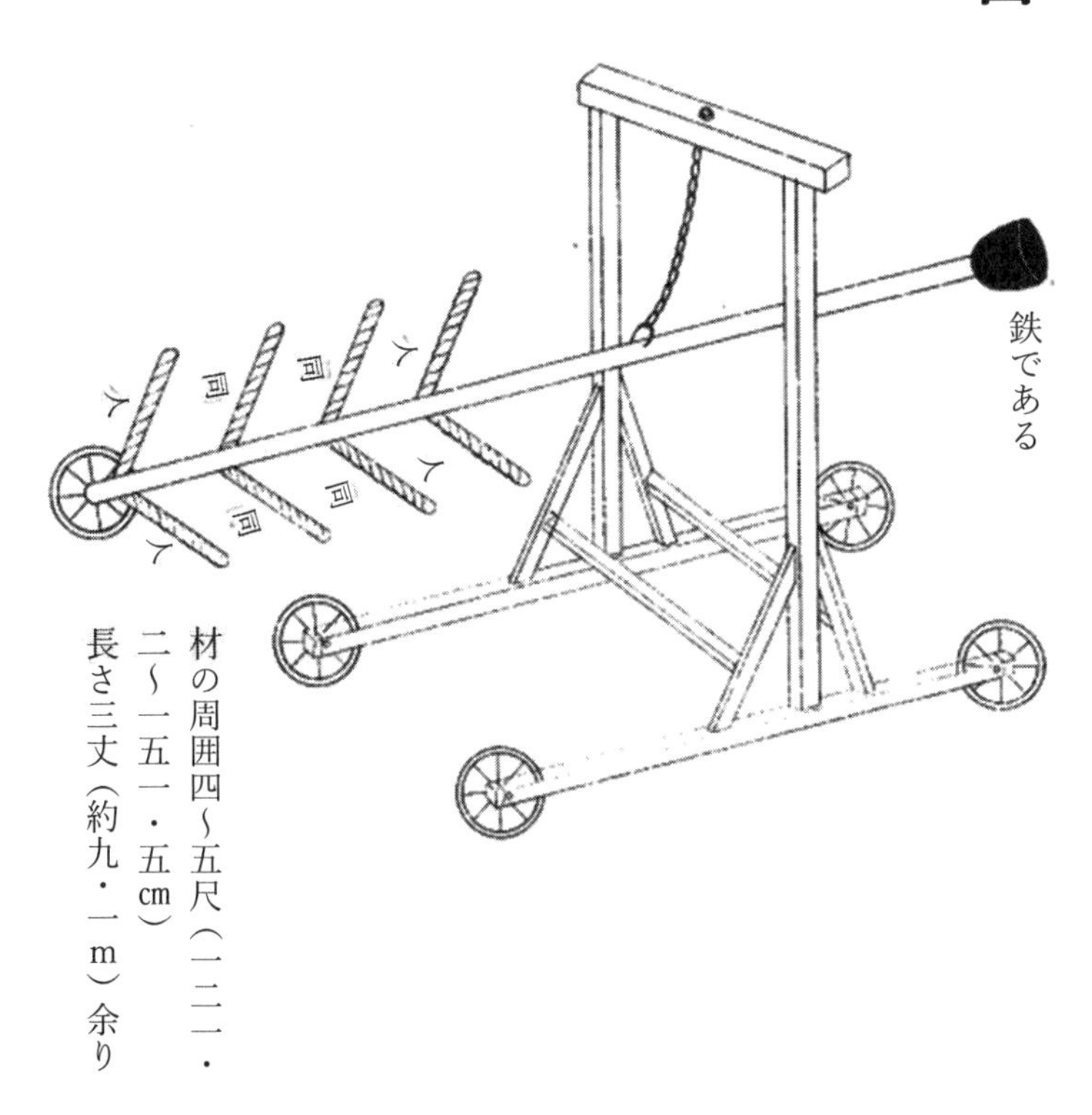
鉄である
材の周囲四～五尺（一二一・二～一五一・五cm）
長さ三丈（約九・一m）余り

○城を攻めるには先ず堀を埋めよ。埋める材としては、在家を壊し、又は柴、萱（かや）、畳、蓆（むしろ）の類を用いる。又土俵（土嚢）をおびただしく作り、数千人、数万人に一俵ずつ持たせて、大急ぎで投げ込んで埋めることもある。全て埋材を投げ込むには、乱雑に分散させてはならない。一所にまとめて投げ込み、道を形づくるようにせよ。

○塀を破壊するには、切り壊すことがあり、熊手、鎌等を引っ掛けて引き倒すことがあり、大槌で打ち壊すことがある。戦闘が緩やかであれば、柱の三～四本を土際からノコで挽（ひ）き切って、引いたり押したりすれば倒れる。又、細引きの先に三叉か四叉の木の枝を結び付けて、百本も二百本も投げて引っ掛け、一斉に引けば倒せると云う。

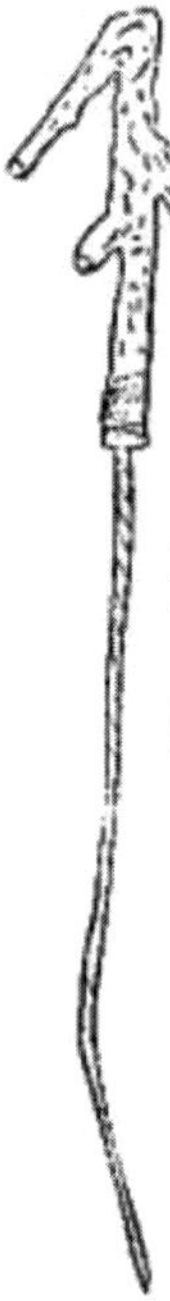

叉木の図

○塀を乗り越えるには、梯子で乗り越えることがあり、手を掛けて乗り越えることがあり、行天橋と云う物により乗り越えることがある。この他にも楯に横木を取付けて、梯子の代りに用いることもあり、又一本の材木に足を掛ける刻みを付けて、塀に倒し掛けて乗り越えることもあり、各々様々である。大仏定直（おさらぎさだなお）が千早城を攻めた時、二十余丈（六〇・六m以上）の梯（かけはし）を造って、切岸に打ち掛けたこともあるので、これを研究せよ。『ゲレイキスブック』にも守攻の器具が甚だ詳しく載っているので、それらを熟読して製作するのがよいだろう。
○石垣を崩すには、仕寄道具によって寄付き、鉄手子(かなてこ)又は鶴嘴(つるはし)によって崩せ。隅石を一つか二つ掘り抜けば、余りは崩れ易いものである。加藤清正はこの仕方が得意であったという。又、上述した鳥居撞きにより崩すようにもせよ。

行天橋の図

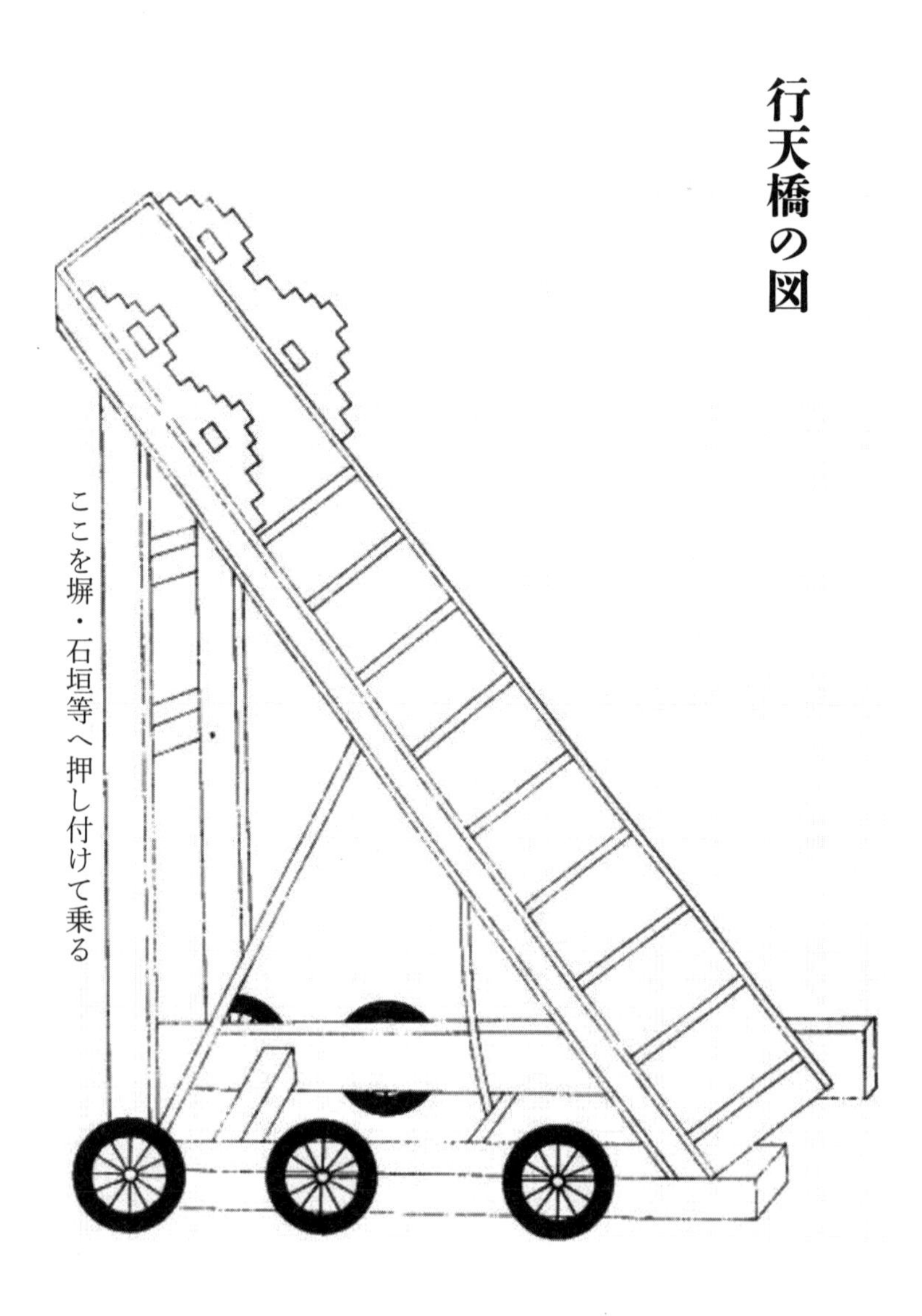

○櫓あるいは塀等を崩すには、「化粧棚」と云う物を込めながら掘り入ることがある。その形は

このようである。この木材を数多こしらえ、掘り入るのに従って逐次に込めながら、計画した所まで掘り込んでから、その穴の中に薪や萱の類を重ねて火を着ければ、化粧棚が燃え折れて穴が崩れるので、櫓も塀も打ち倒れるのだと云う。

○火攻めは強風の時、風上から在家それぞれに火を着けて、その火炎により城を焼くのである。もし又、在家が無ければ、竹木を山ほど積上げて火を放てばよい。

○水攻めと云うのに二つある。一つは水のない山城等では、城外から水を引いて用いることがある。その水源を遮断し、城中に一滴の水も無いようにして攻めるならば、枯渇に苦しんで落城に及ぶことがある。もう一つは水はけの悪い城地であれば、低い方に長堤を築いて、高い方から水を流し込めば、城地が水に浸って落城することがある。太閤秀吉がこの術を実際に行なっている。ただし、堤と城との高低は技術的によく計らねばならない。もしも堤が低くて、水を注いでも城を浸さなければ、労多くして功績がないばかりでなく、後々まで笑われることになるだろう。

右の他にも攻具や攻め方はいくらでもあるだろう。時に臨んで創造せよ。攻具を製作するにも新たな物を何一つ生み出せないような拙さでは、勇猛果敢な戦になることはない。さて、右に述べた以外にも、城攻めめで心得ておくべき事はまだある。それらを左に記す。

○城攻めは鉄砲を連発して放ち、貝や太鼓等を鳴らし、一斉に攻めかかるように見せ、又諸方の攻め口に人数を向かわせて不断に取り合いをさせ、又は忍を入れて城中を騒々しくさせ、又は火矢、大砲等を撃ち込んで肝を冷やさせなどして、新手を次々と入替え、昼夜三日も敵を悩ませば、城中は大いに疲れるものである。その頃合をよく見定めて、総掛りで激しく攻めるならば、我に利があると知れ。ただし、このように攻める時は人数を数百手に分けて、それぞれに任務を与えてから行動させよ。

○城中から和睦、降参等を望むときは、よく真偽を察し、事情を明らかにして思考を廻らし、それから対応せよ。後詰が来るまでの日数を稼がなければならず、そのためにこうして計ることもある。又油断させて不意を討とうとしてこのように計ることもあるので、十分に考察せよ。

○敵将が城を出て、おめおめと降参することもあるだろう。真に降伏してきたのを殺すのは才智がない。偽って降伏してきたのを助命するのも又、才智がない。初めにも言及したように、降伏する人の甲冑、又は時勢等を十分に考察してから取扱え。これを明察と云う。

○城中の大将分が腹を切って残る人数を助けたいと望むこともあるだろう。城を明け渡して立ち去りたいと望むこともあるだろう。これらも又、十分に察して、落度がないように取り計らえ。

○兎にも角にも、この城を枕として討死と覚悟を窮める敵もあるだろう。又、強いて突然に出撃する敵もあるだろう。後詰を待つ敵もあるだろう。よく敵の特質と事情とを察して対処せよ。
○城を落としたならば、城中の人を憐れんで、軍兵の乱妨、不作法等を厳しく禁じて安堵させるようにせよ。又は状況が許せば、城中の人らを全員城外に出して味方の列に加え、城には別に武功のある者に人数を添えて入れておくこともあるだろう。
○降伏を請う者には、あるいは領地を取上げて命だけを助けることもある。又は半地、又は本領安堵を約束する等もあり、これらは当時の状況により定めよ。
○大いに猛威を振るい、近国を震動させれば、大禄の者は所領を失うことを恐れ、小禄の者は皆殺しにされることを恐れて、必死に思い詰め、降参もしなくなるものである。このような場合に城々館々をことごとく屠(ほふ)り落とそうとすれば、日数もかかり、人数も損害を受けるものである。これゆえに、軍略者はその張本人さえ降伏させたならば、じ余の者はその命は言うに及ばず、その所領でさえも今までのとおりにする。安堵して早々に罷り出て、大将に拝謁せよ、と所々に高札を立て、寛大で仁愛に富んだ腹中を示すのである。太閤の九州攻めなどがこの心持であった。

右が城攻めの大略である。さらに昔の人が行ってきたことを考察しながら学べ。

第十一巻終

※1　徒膚(すはだぜ)攻め　鎧冑を着けず、城攻めの意思がないことを示して城兵を慢心させ、敵を城外に攻め込ませてから反撃し、一挙に城を奪取する戦法
戦例として、天正八年(一五八〇年)の武田勝頼による膳城素肌攻めがある。
陣平は、冒頓単于の夫人に賄賂を贈ることで信用させたという。

※2

※3　近くて五～六町　敵城から発射される鉄砲の最大射程を考慮したもの(下図参照)

※4　遠ければ十四～五町　敵城から発射される大筒(大砲)の射距離に応じる射弾散布、すなわち遠くなるほど弾が散らばって当たり難くなることを考慮したもの(下図参照)

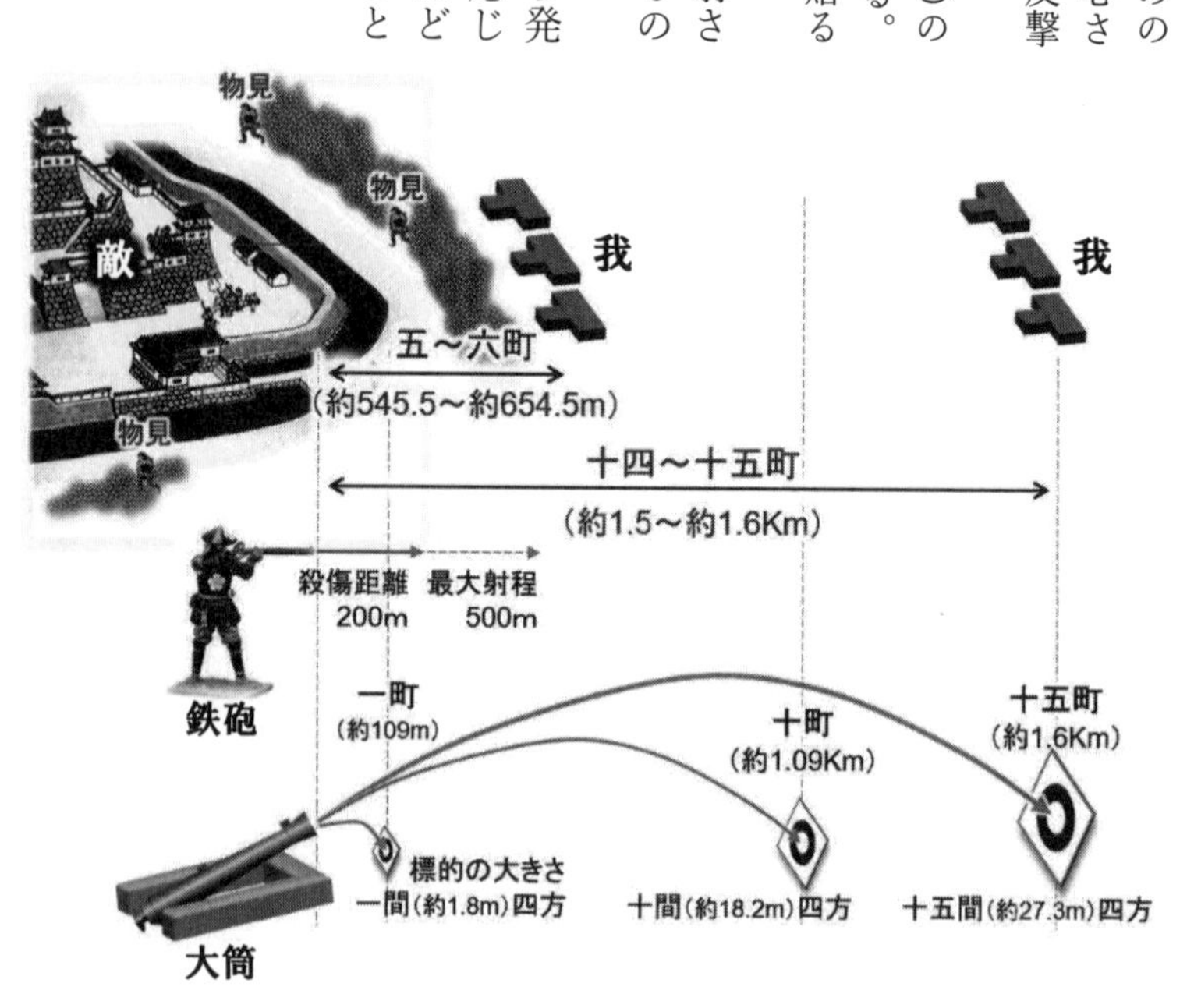

海國兵談　第十二巻

籠城及び守具（籠城戦と城を守るための資器材）

籠城は先ず、大将たる者が覚悟を極めなければならない。元来籠城の趣意は、大敵が我が国に押寄せてきても、味方が小勢であり対応できないので、地形を人数の代わりに用い、引き籠って居ながら敵を謀ることである。又、大敵ではなくても、度々の戦を仕損じて籠城に及ぶこともある。さて籠城はよく守って、城を破られないのを主とすることではあるが、守りだけに拘泥すれば、いつも受動に陥ってあえなく攻め落とされるものである。こうしたことから兵法を知る者の籠城は、あるいは城中から夜討を仕掛け、又は敵の油断を見抜いて不意に突っ掛かり、あるいは流言飛語により寄手（よせて）（城を攻める側）に猜疑心を起こさせなどして、城中が主動となり、敵を受動に陥らせるような術である。これが良将の籠城である。

○籠城における大将の覚悟と云うのは、必死の覚悟を極めることである。始めに云ったように、大敵に囲まれるか、又は度々戦を仕損じ、精力尽きて籠城に及ぶのであるから、運を開くことは覚束（おぼつか）ないことではあれども、必死の覚悟を極め、守攻の術を熟知して守りだけに陥ることなく、臨機応変して敵を謀ることができれば、寄手を追い崩して、運を開くこともあり得る。もっとも大将に必死の覚悟が極まっていなければ、籠城も無益なことになる。面を掻き撫でて降伏を乞え。

○籠城の時、番頭以上の高位にある諸士で、必死の覚悟を極めることができない者については、実議評定と云って、上級者が寄合って思うところを包み隠さず評議して、いよいよ必死の覚悟を極められない者には、誠心により落ち延びさせるようにせよ。しかしながら、それだけの徳も無いのに妄りに仁愛があるかのようなことをすれば、その虚に乗じて勇敢の士も臆病心を生じ、皆が落ち延びたくなることもあるだろう。そうであるから必死の覚悟ができない者を斬捨てにして、上級者たちの心気を引き締めることも時には必要である。こうしたことは、大将が徳か不徳か、賢明か暗愚かによるのである。さて普通の軍士、または陪卒等で必死を決心できない者については、五人組からその理由を報告させて落ち延びさせせよ。ただし、罵り(ののし)辱(はずかし)めて恨みを抱かせてはならない。これまでの働きへの感謝の言葉を与え、あるいは運が開けたならば帰参せよ等と云い含めておけ。このようにすれば、その人は城を出ても恥の心があるので、城中に対して裏切ることとはないものだと云われる。

○籠城は人の和が第一である。地の利も人の和に如かずと云って、どれほど要害にある優れた城に籠ろうとも、上下が不和であれば内から破れを生じるので、持ち堪えることは決してできないのである。さて不和とは、疑ってはならない人を疑い、罰してはならない者を罰し、与えてはならないのに与え、与えるべきなのに与えず、賞すべきなのに賞せず、賞してはならないのに賞するといった類である。これらのことがあれば、下級者は上級者を怨むことになる。下級者が上級者を怨めば、諸士にふて心が根付いて、何事にも精魂込めるということがなくなる。精魂込めることがないので、守備の戦闘もおろそかになって、敵にも破られ、又内乱をも生じるのである。このゆえに鉄箱のような堅城に籠っても、人の和を失った大将はたちまち踏み落とされるものと知れ。そうであるから、籠城で第一に準備すべきものは人の和であると、古の名将たちも言っていたのである。さて、人の和と云うものに世人の心得違いがある。まず和と云えば上級者の人柄がわけもなく柔和にして罵り叱る声も無く、この部下に小さな恩恵を与え、あの部下に小さな憐れみを加え、又下級者も何のいわれも無く上級者を親しみ悦び、その上に朋輩・同僚までも異口同音に睦まじさだけを和と心得るのである。和であると云えば和であるが、爺(じじ)、婆(ばば)の和であって、城主の和とは別種である。そこで城主の和と云うのは、軍士がことごとく智仁勇の意味するものを十分に理解し、法を守り果敢を旨とし、人々皆勇にして和す。これこそが武将の和である。爺婆の和とは天と地ほどの違いがある。

○籠城するには蟄際(つぼみぎわ)の一戦をしなければならない。その趣意は攻城の巻で云ったように、当面の戦が不利になり、徐々に押し詰められて、籠城に及ぶことが避けられなくなり、無念この上ないが対応することもできず、又面を掻き撫でて降参するのも難しい状況であれば、とにかく引籠ることになるが、未だ城を敵に囲まれていない時点で反撃により蹴散らして、敵を追払うこともあろう。たとい追払えなくても武運が傾いて引籠るのであるから、是非とも名残の一戦と思い詰めて、激しい一撃を与えることである。このように蟄際で戦う要領としては、敵が到着すべき場所を発見して、未だ後勢が到着していないところを討て。次には城近くに押寄せても、未だ陣の隊列を成していないところを討て。次に夜討をせよ。夜討には四つの要領がある。これらは夜討の条に詳述している。この一戦に参加させる人数は、城中でも特に勇敢な者を選んで、短兵急に攻めかかれ。騎兵か歩兵かは、時に臨んでの状況次第である。

○主将の留守には人数も不足するものであるから、不測の事変が起きたならば、十中八九は防戦になると心掛けよ。そうは云えども状況により、早々と人数を出撃させて撃ち払うこともある。これらは留守城代の戦略いかんによる。

○日本諸流の籠城では多くの場合、城下の商家、又は近村の住民から穀物、絹、塩、味噌並びに薪の材料、あるいは鍬・鍬の類まで、ことごとく城中に取り入れて、やがて運が開けて城を守ることができれば、必ず倍にして返すとの約束を定めると云う。このようなことは自ら民心を離反させるやり方であり、不出来なことではあれども褒められたことではない。そうは云えども現在も日本式により蓄積の政策に疎いので、このようなことをして兵糧や布・絹、塩、味噌等を用意するのでなければ、他に穀物、絹、塩、味噌等を蓄えるすべもない。これゆえに政道の沙汰はしばらく差置いて、日本式の籠城では、このようなことを手際よくすることが、籠城で最も優先すべき準備である。楠木正成が近江国の穀物を取り立て、比叡山に預けて置いたこともこの心持である。さて右のような理由から、急に臨んで七転八倒して運び入れるより、積年の心掛けにより継続的に貯えて置くことで、籠城に臨んで騒動することもなく、蟄際の一戦も堂々としたものになる。これ又、城主にとって肝要な心掛けである。

○上述したように、城下や近郷から穀物や絹を調達することになっているが、火急の籠城や飢饉があった年の籠城には運び入れるだけの米や穀物も無いであろう。そうであれば、非常時の備えとして事前に蓄積しておくことである。なお米穀を貯えるには、籾のまま俵に入れずに直に箱倉に入れて貯えよ。数十年を経ても虫に喰われないものである。六尺（一八一・八㎝）四方の箱倉に三十石（約五・四kℓ）を入れる。勿論、禄に応じて籠ることができる人数を前もって計算しておいて、兵糧米を貯えておけ。例えば千人が籠れる見込みがあれば、千人が一年間で食べる量は玄米五千俵、籾にして一万俵である。右の見積りによって最も望ましくは三年分、標準で二年分、少なくとも一年分は貯えよ。斉の田単は二年間城を持ち堪え、出雲の尼子は六年間籠城したのである。これらは人の和と糧食との二つを得ることができたからである。この上なく貴ぶべきことである。

○兵糧については日本でも唐山でもその説くところが多いので、新たに説くまでもないが、初学者のために大略を述べる。先ず籾のことは始めに述べたとおりである。その他に粟、稗（ひえ）、麦及び黍（きび）、稷（もろこし）、大豆、小豆（あずき）を全て貯えよ。又、糒（ほしいい）は良好な兵糧であり、百年を経ても朽ち損じることがない。私は安永年間（一七七二〜一七八一）に万治（一六五八〜一六六一）年製の糒を食べて試したことがある。単にその重量が軽くなるだけであり、味は全く変わっていない。これら以外にも乾肉（ほししし）、乾魚（ほしうお）、乾菜、木の実等まで貯えておけ。

○塩は大きな瓶（びん）に入れて貯えれば、一塊（ひとかたまり）になって百年でも保存できるものである。これも又、万治年製の塩を見たことがある。

○味噌は塩を強くして三年味噌に仕込み、四年目ごとに順繰りに取替えよ。

○城中に栗と渋柿を多く植えよ。栗で勝栗（かちぐり）を造り、渋柿で釣乾（つりほし）を造れ。これらも又、飢えを救うことになる。

○籾と糒とは収穫の二百分の一を年々貯えよ。二百分の一は一万石から五十石を貯えることであるから、実に容易なことである。ただしこの程度の貯蓄さえままならぬ程に経済が悪化しているのであれば、所詮、戦などやっても意味がないことである。城など敵人に贈呈して、早々と匹夫に身を転じるのもよかろう。

○籠城中に外の味方から兵糧が送られて来たからといって、むやみに人夫ともに城中に入れてはならない。味方の割符、合印等を照合し、俵の中を点検した後、城中に入らせよ。油断してはならない。楠木正成は甲冑、兵器等を俵にして、敵方の者の真似をして、湯浅定仏の城中に運び入れ、それを済まして後に俵の中から兵具を取出して物の具を固め、城中を斬りまわって、その城を落としたという事例※1もあるので、十分に注意しておかねばならない。さて又、兵糧を搬入するとき、付入ろうと心掛ける敵がある。その兆候があれば、素早く門外に人を出して、俵の中をよく点検し、真の兵糧であれば速やかに引き入れよ。そうであっても、その人に油断することがあってはならない。短刀により刺して来たならば、その短刀を奪い取れ。その他にも注意すべきことは多々ある。怠ってはならない。

○上述したように兵糧米も多く、人も和し、守りの戦術・戦法も巧みであって数年間も城を落とされないのは、善であると云えば善であるが、ただ持ち堪えるだけでは、善の善とは云い難い。持ち堪える上に、よく謀って寄手を追払ってこそ善の善と云える。しかし、これは至極の妙所である。たとい敵を追払わずとも、二～三年も城を持ち堪えることは、中々凡将にできることではない。籠城する将帥は、よくよく考察せよ。
○城門を開いて討って出ようと思うときは、先ず弓矢や鉄砲を発射し、又は石などを落とし掛けて、敵が狼狽するのを見届けてから、脱兎のごとく突いて出よ。ただし、騎兵を出すか、歩兵を出すかは地形と時宜により定めよ。
○籠城は一曲輪（ひとくるわ）単位で討死するものと思い定めよ。三の丸から二の丸へ、二の丸から本丸へと次第に敵を引入れるものではない。これが籠城で最も重要な覚悟である。
○境目※2にある城を敵により囲まれた時は、本城から時日を移さず後詰を遣わすことになるが、それまでは必ず持ち堪えることが、境目にある城番の覚悟すべきことである。
○籠城して敵を悩ますには、度々夜討をするのが最も良い。ただし引返して入るべき小口には、迎備（むかえぞなえ）を出しておくこと。
○塀裏の人数配分は、先ず塀裏に役所を並べて設け、頭々（かしらかしら）の旗、馬印等はそれぞれの役所の前に立てておく。人数組は上述したように、できる限り厳密に定めておき、笠冑等の合印も省いてはならない。さて人数は塀一間（約一・八m）に三人ずつ配分せよ。陪卒がいない人数組であれば、五伍二十五人に塀裏八間（約十四・五m）、百人組一組に三十二間（約五八・二m）を守らせよ。又、陪卒のいる人数組であれば、一伍五人を一組として、陪卒の数から計算して塀一間（約一・

八ｍ）に三人の割りで、塀裏を渡せ。もちろん人数に余裕があれば、一間に四人か五人を配分してもよい。ただし、塀裏に板を立て掛けて、誰々組某々の守り場と書きつけておくこと。陪卒があれば、陪卒の数も面々の名前の下に書き付けておけ。

右のように塀裏の人数配分を定めておいて、いかなる騒ぎがあろうとも、自己の持場を立ち去ってはならない。下知なくして立ち去る者は処罰する。

○士卒十人に一人の頭を加えて合計十一人、これを一組の遊軍として、一隊に二〜三組乃至十組を設けておき、不断に塀裏を見回り、寄手が激しく攻めつつある所に、元からの人数に加わって防ぐのである。この方法は甚だ便利な人数定めである。

○平時で敵が攻め寄せて来ない時には、陪卒がいない組では二十五人から三人ずつ立番し、陪卒がいる組は一伍の総人数から三人ずつ立番する。ただし陪卒だけを立番に用いることがあってはならない。五人の主人のうち一人が加わって勤務せよ。夜間もこれと同じである。ただし夜中は遊軍の中から補助の夜番を出せ。総じてこの物見立番は甚だ大切な役である。怠ってはならない。

○敵が攻めかかって来ない時でも、塀裏の人数で申合わせて半分は甲冑を装着せよ。これを怠ってはならない。怠る者は処罰する。

○遊軍も四組あれば、二組ずつ替り番で甲冑を装着せよ。これも怠ってはならない。

○昼夜ともに立番・夜回り（立哨・巡察）の者が敵の攻撃があると知って、合図の鳴物を鳴らしたならば、本隊の人数、遊軍ともに甲冑を脱いで休んでいる者たちも、急いで物の具で身を固めて、各人の持場にそれぞれ詰めるようにせよ。怠る者は処罰する。

○夜回りには足軽を用いるべきであるが、全ての人数（総員）が疲れており、又は軍士が不足しているときは、百姓や町人等から物に動じない老年の者を用いよ。これには三人を一組として、十組も二十組も設けて、東五組、西五組などと定めておき、昼夜連続不断に塀裏を巡回させよ。これらは一曲輪を単位として設けよ。また、この夜回りの人数（巡察隊）は、塀裏に立つ本隊の軍士と相互に監視しあって、怠（なま）けないようにさせよ。

○百姓・町人の中から壮健な者を選んで、二十人を一組とし、頭一人を加えてこれを火消役に用いて、一の丸、二の丸等の丸ごとに二～三組も設けよ。そうして城中に失火があり、又は敵から火矢等を射ち込まれても、塀裏の本軍士は云うに及ばず、遊軍であっても少しも火の方に拘（こだわ）ることがあってはならない。自分の持場をさらに念を入れて守れ。さて城中は云うまでもなく、城外であっても火災が発生したならば、それが夜中でも、全ての人数が起きて甲冑を着けよ。

籠城の趣意、又人数配りの要領等は、右に記したことで大概事足りるであろう。これより以下、守城の戦法・守城の道具について記す。いずれもさらに工夫を加えよ。

○塀裏の扣柱（ひかえばしら）の上の貫（ぬき）に板を渡して、弓矢・鉄砲を発射し、石を落とすための足場にせよ。石討ちの役は百姓、町人又は陪卒でこうしたことに慣れている者を用いよ。

○城中の小路という小路に虎落（もかり）を結んでおき、許可印を持たない者は通行することを禁じる。これは忍びを防ぐ用心である。

○塀裏は一間（約一・八m）に三人で見積れば、飛道具も不足して思うままに発射するのが難しくなる。そこで、激しく寄手を射すくめてやろうと思うときは、塀裏一間に鉄砲三挺、弓二張、矢五十本、玉三十ずつ配っておき、大敵が攻め寄せる時、塀裏の足場又は狭間（はざま）から、隙間なく発射してかかれ。敵は甚だひるむことであろう。※3

○塀裏には武者の守る所もあり、足軽の守る所もあり、又百姓や町人等の守る所もある。人数の多寡は、城の大小と大将の方略とにあるのだ。

籠城に用意すべき品々

○塀裏に六〜七百匁（約二・三〜二・六kg）から、四〜五貫目（十五〜約十八・八kg）までの石をおびただしく積んで置け。大石は落とし掛けて近寄る者をひしぎ、小石は石弾（いしはじき）により投擲して敵を悩ませろ。

○砂石を多く積んで置いて、近寄る者に炒って熱くしたものを投げつけろ。
○汚水や糞尿を溜めておき、沸かして敵に注ぎかけろ。
○乾土と灰とをかき混ぜて貯えておけ。近寄る者に振るいかければ、目鼻に入って難儀することになる。
○塀裏に五貫目（一八・九kg）、十貫目（三七・五kg、いずれも弾丸重量）の大きな大砲を設置し、敵の大将を狙い撃ちにせよ。その砲の長さは八～九尺（約二・四～二・七m）になるだろう。
○門、櫓、その他の諸役所及び倉庫の近辺には水槽、水桶等、又は溜池等を設けて、水を貯えておけ。火矢、失火等への用心である。
○藁を竿の先に結び付けて、火を消す道具に用いよ。
○龍吐水※4、水弾の類を用意しておけ。又古い椀をできるだけ多く貯えておけ。水をすくって物に投掛けるのに、他の器物より一段と役立つものである。
○塀裏には、折目々々毎に大材木三十本、小材木百本、大板三～四十枚、小板二～三百枚、竹千本、土俵二百俵、縄千尋※5（一五一五m又は一八一六m）、大釘一万本、錐五十本、鉄鎚五十、鋤鍬五十挺ずつ、鑿、鋸、斧、大槌等、ことごとく用意しておくこと。塀や石垣等を打破られた時、急普請（応急の補修工事）に用いるためである。

○厚綿の蒲団(ふとん)のような物、又は藁籍(ねこた)の類を、横六~七尺(約一・八~二・一m)、長さ五尺(約一・五m)余にこしらえ、塀の上から四~五尺(約一・二~一・五m)向こうに桔槹木(はねき)に吊るして指し出して矢や鉄砲弾から防ぎ、その身は塀の上から乗出して、塀、石垣等の際に寄付く敵を討て。

桔槹木の図は左のとおりである。

桔槹木(はねき)の図

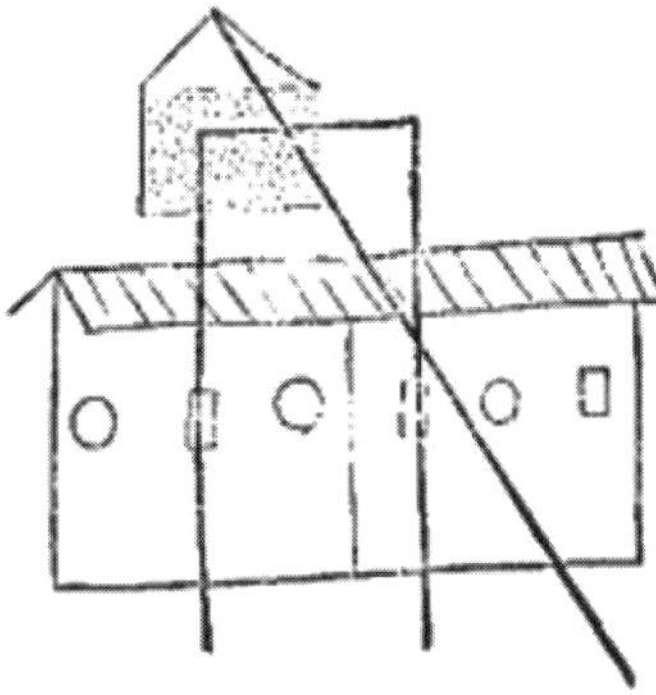

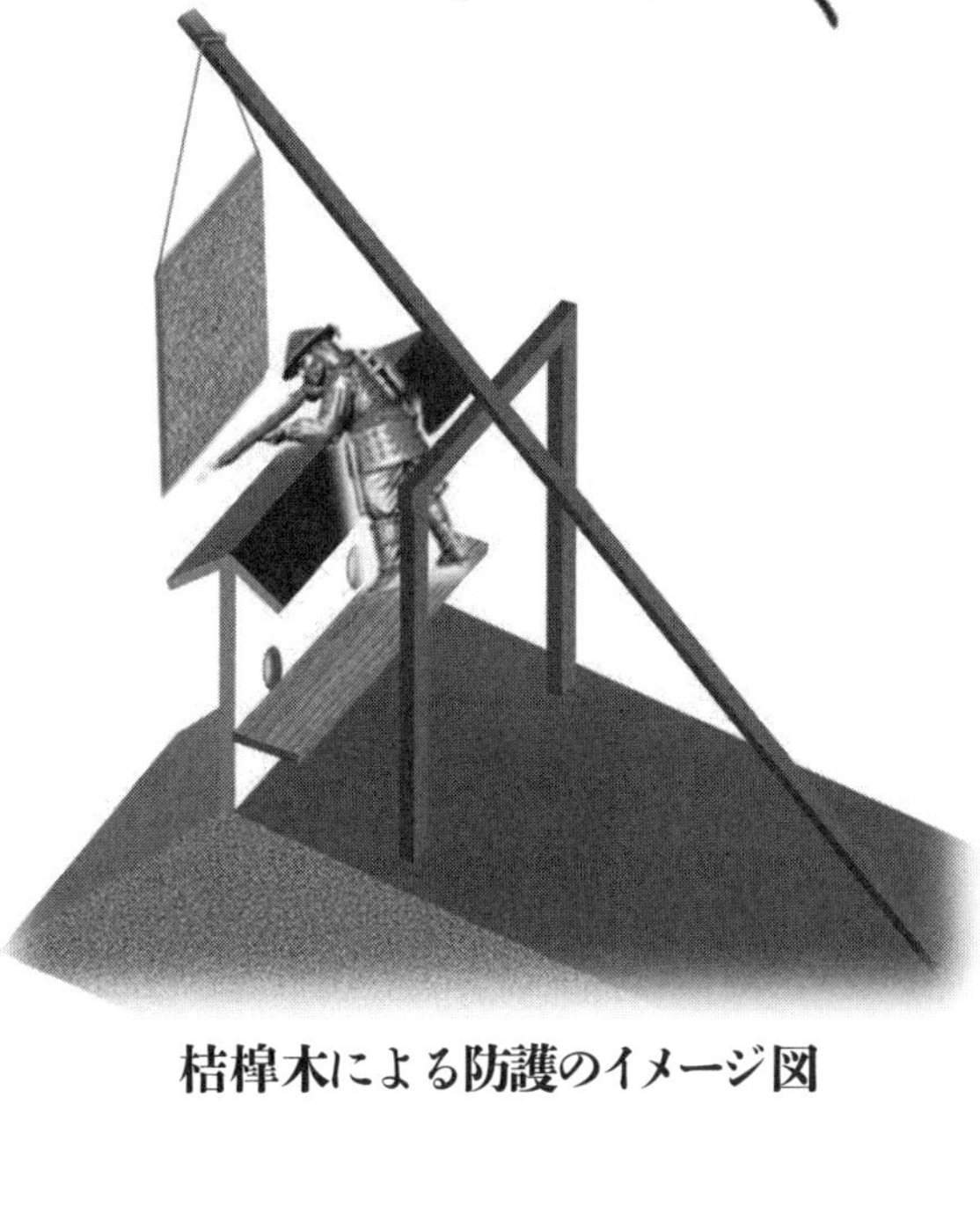

桔槹木による防護のイメージ図

○石を弾く道具がある。第一巻「水戦」の条にその図を出している。山城では大石を転がすことがある。又、オランダ流のやり方で自らの手で石を擲つことがある。さらに「クルリ」を用いて塀や石垣に張り付いた人を打ち殴ることがある。両方の図を左に紹介する。

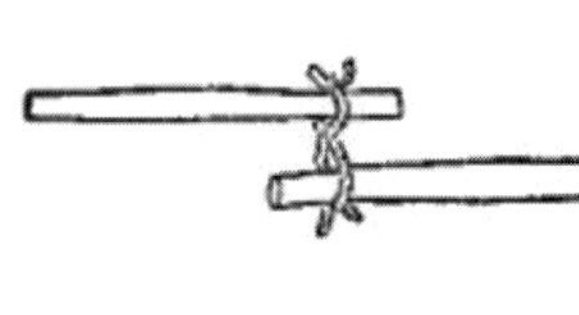

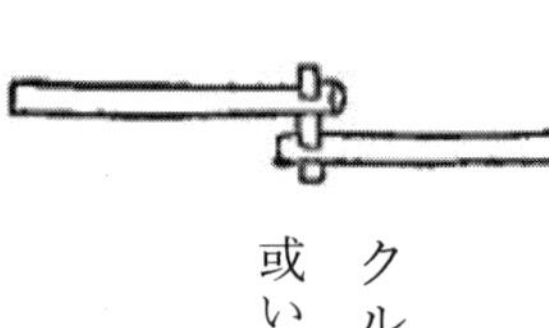

クルリの図
或いは「ふり打ち」とも言う。

オランダ人の石を投擲する稽古の図

右は守具の概略である。なお『武備志』『兵衡』『鈐録』『ゲレイキスブック』等を読み合わせて、新たな物を製作せよ。

○籠城の時、城下近郷の民屋をことごとく焼払い、また攻具として使える材木や鋤・鍬の類であれば、ことごとく城中に取入れ、さらに井戸の中に汚物・毒物等を投入れて、寄手に事欠かせることもあるのだ。異国では、これを清野と云う。

○異国に堡と云って、城外六〜七里(約二三・六〜二七・五㎞)これは日本の道の里程に換算した場合であるの所に陣屋溝を設けておき、籠城の時、城外の人民の隠れ場所とすることがある。面白い方法であるが、(雨が多い)日本の気象では実行困難と思われるので、詳しいことは記さない。そうは云えども志があるならば、似たようなものを逐次に築くことも失政と云うわけではない。考察すべし。

○国中に国主の倉庫(こめぐら)、又は大社、大寺等があるものだ。平素から意識して普請を加えておくことで、戦が起きたならば出張りの要害とせよ。

右に述べてきたことで籠城の準備は概ね事足りるだろう。なお和漢名将の籠城の方略について見聞を広め、創意工夫せよ。さて又、これにも増して重要な心得がある。全て籠城に及ぶか、又は度々戦を仕損じれば、将士ともに心気が鬱屈して晴れないものである。心気が晴れ晴れとしなければ、戦は云うに及ばず、普請、防術等まで果敢々々(はかばか)しくなり難いものであるから、将たる者はこの所を十分に理解して、自身は言うに及ばず、士卒諸軍に至るまで、力を落とさぬよう配慮して扱うことが、兵士を率いる人の機転・器量なのである。漢の高祖は、項羽と七十三回も戦をし、その内七十二回負けて、七十三度目に項羽を滅ぼしたのである。そうでありながら、七十二回の負けに対して、八ヶ年の間、少しも落胆したことが無く、終には飛龍の業を成就したのであった。又、義経が没落して奥州に下る道すがら、主従ともに鬱々として体力・気力とも消耗しきっていたのであるが、ただ弁慶だけが時々狂言を発して人を笑わせ、又は若輩者のように口論を仕出して皆の気持ちを引立てる等して、危うき道中を難なく奥州まで到着したのであった。これこそが弁慶の〝智慧(ちえ)〟なのであり、大切なところをよく理解していたので、このように狂言狂行を為したのである。通り一遍の勇僧に過ぎないなどと思ってはならない。貴ぶべし。

第十二巻終

※1　元弘二（一三三二）年十二月に楠木正成が下赤坂城を奪回した時の戦法。この頃、下赤坂城は幕府側についた紀州の湯浅定仏が占領していたが、楠木の軍勢は紀見峠で敵の荷駄隊を襲ってこれを奪い取り、楠木勢に追われる荷駄隊に扮した部隊を城内に潜入させることで、下赤坂城を奪回した。このあまりに見事な作戦に、湯浅定仏は無抵抗で降伏し、正成の臣下になった。

※2　境目　隣国や敵国との境界線

※3　この条では、我の貴重な戦力である飛道具（鉄砲・弓矢）を城の全周に分散して配置することを戒め、敵の主攻撃正面に集中して配備することの重要性を説いている。

※4　龍吐水（りゅうどすい）　火消しに用いる手動式のポンプ（下図参照）

※5　尋（ひろ）　長さの単位、一尋は五尺又は六尺であり、一〇〇〇尋は一五一五m又は一八一六mとなる。

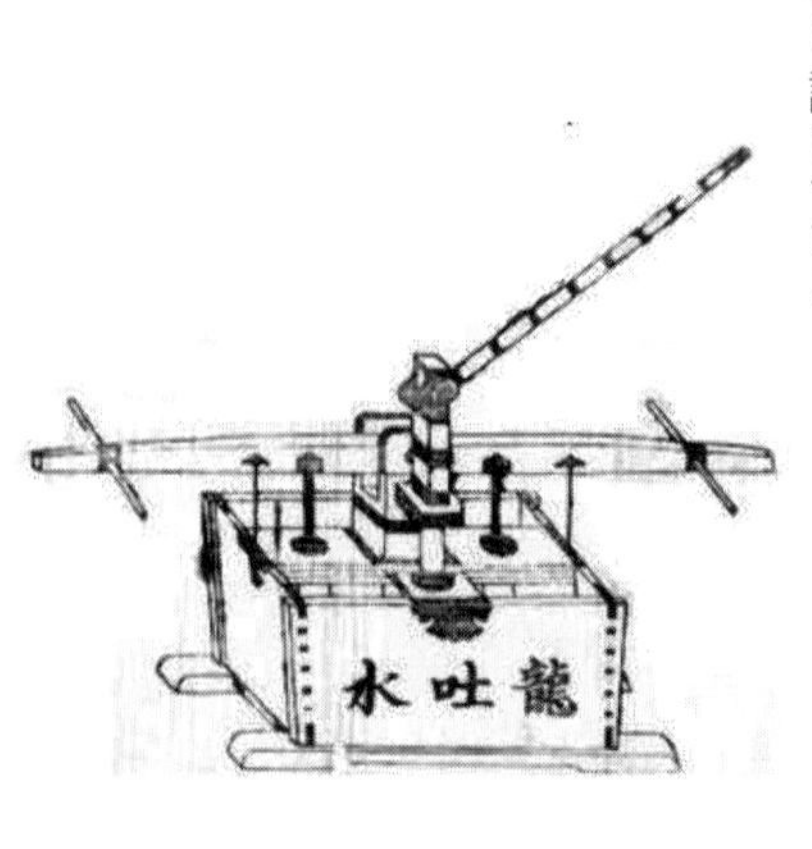

海國兵談 第十三巻

操練（部隊訓練）

操練とは、軍を出動させる時は言うに及ばず、平時にあっても人馬に戦(いくさ)のやり方を教えておくことである。異国においても周ではこれを治兵と云い、唐では教旗と云い、明では操練と云ったが、皆同じことである。古代の日本では都に鼓吹司(くすいし)を置き、国々には軍団を置いて軍事教練を行なっていたことが史書に見られる。その他にも犬追物、牛追物、又は戯道(けどう)などと云った事も操練・教旗と同じ趣旨である。孔子も「教えざる民を以て戦う、これ之を棄てると謂う」と述べていた。しかしながら近年、日本ではこうした操練が全く行なわれず、危うい状態であると云えよう。その理由は、弓馬、鎗刀の小武芸であっても、稽古しなければ、その一芸を発揮できなくなるものである。ましてや天下分け目の大武芸を、稽古もなしに行動させることは見識を欠くことこの上ない。大将たる人は、心中深く思慮せねばならない。異国では末世※1になっても、よく操練を実施しているようである。それと云うのも、太閤豊臣秀吉の朝鮮征伐は明の万暦年間であり、その国では数十年間にわたる平和が続いていた時代であったが、明から朝鮮に加勢しに来た軍勢どもは、その動止駆引が甚だ自在であって、一身を使うかのようであると云って、日本の諸将が大いに驚いたのであった。又近年になって明和(一七六四～一七七二)の頃、唐山の福州に漂流して三年後に日本に帰国した者どもが語ることを聞いたのであるが、南京省に滞在していた間に軍の稽古を度々見ることがあったと云う。今の清も康熙帝以来、百余年の穏やかな世が続いており、その上、南京省は首都・北京を去ること四十日路の辺鄙(へんぴ)な場所であるが、右記のように軍事を疎かにしないのは、手の行き届いた政治であって羨ましい限りである。さて、日本の軍は操練もなく、軍法も粗末なものである。ただ国土自然の英気に任せて、その鋒先が鋭いだけである。唐山の兵と接戦すれば、一旦は勝利を得るであろうが、長期戦になって位詰(くらいづめ)※2に遭えば、軍法が厳重ではないことから、必ず瓦解して敗れるであろう。兵を用いる者は、この所をよく会得して、操練と軍法を忽(ゆるが)せにしてはならない。操練の仕方については、左に大略を記す。さらに広く考察して教えよ。ただし、細かいことに拘泥せずに、大筋をしっかりと教えるようにせよ。

○操練するには、先ず操練を実施するための場所を設けよ。概ね大きくて六～七里(約三・九～約四・六km)四方、小さくて四～五町(約四三六・四～約五四五・五m)から十町(一〇九〇・九m)程である。国の大小、人数の多寡に応じればよい。これを大馬場と云う。ただし、この大馬場は総人数を集めて、大操練をする場所なので、年に二度だけ設ければよい。

六町(六五四・五四m)で一里である

それ以外の小操練は、末巻で図示する大学校の敷地内で教えよ。その教育法も末巻に記してある。
○第一に、第八巻目に言及しているところの押前、陣取の要領、又は野陣の張り方などを教えよ。
○次に全ての軍兵が陣屋に居る時、陣触れ※3の要領を操練せよ。その仕方は、薄板に「何日、何時、何処へ出陣」と書く。ただし、出陣の行く先を省くこともあるだろう。この札を三尺（約九一cm）程の竹に挟んで、幟（のぼり）のようにする。この幟を本大将から一札を三人ずつに持たせて番頭の下に遣わすのである。ただし番頭が七組であれば、この札を七枚こしらえて、一頭に一札ずつ遣わすことになる。勿論、使いの者は直に番頭に対面して相渡し、控えて居るのである。その時、番頭は自筆にて「（自分の）姓名、承る」と書いて、別に使者を仕立て、手下の百人頭に遣わす。その時、百人頭が自筆にて書き付けるのは、番頭と同じである。ただし、百人頭が何人あろうとも、番頭の使いが持ち回るようにせよ。次々に持ち回って最後の百人頭を終えて持ち帰ったならば、その札を大将の使者に返納せよ。大将の使者はこれを持ち帰って、直に大将軍に納めよ。
そうして、百人頭は各人が右記の札を写し取って、手下の小組頭共を呼び集めてその札の写しを見せて、その札（写し）に受令の署名をさせよ。小組頭は又、その札を写して持ち帰り、手下の首立（とうとり）五人を呼び集めて、右の札を貸し与えよ。五人の首立はその札を借りて帰り、面々の組員である四人の軍士共に見せて、その札に皆の爪判（拇印）を取って、右の札を小組頭に返納せよ。

このようにすれば、百万人の軍士と云えども、一々受領判を取ることで、確実に知らせることができるのである。

○次に貝の吹き方を教えよ。その方法として、一番貝は〝起床〟である。起きて飯の用意をせよ。二番貝は〝支度〟である。装具で身を固めよ。三番貝は〝集合〟である。屋外に出て陣門に整列し、大将のお出ましを待て。さて貝には様々な吹き方があり、その決まりごとがやたらと多いが、戦場の騒がしい中で事細かな合図は聞き分けるのが難しく、却って間違いの元になることもあるだろう。そうであるから、ただ貝は貝とだけ定めよ。ただし、急速に吹くか、冗長に吹くかの二通りに吹き分けることはすべきであろうか。

ただし、出陣に貝、拍子木等の鳴物を一切禁じて、密かに出陣することもある。このような場面も又、操練すべきである。

○次に太鼓の作法を教えよ。その方法は敵との間合いが四〜五町（約四三六・四〜約五四五・五m）から二〜三十間（約三六・四〜約五四・五m）に詰まるまでは、緩く打つ。大概は太鼓一声に一歩足を運ぶように定められている。そうして敵との間合いが二〜三十間（約三六・四〜約五四・五m）に詰まったならば、双方が睨み合ってそれ以上は間合いが詰まり難くなるものである。その時は居敷（おりしけ）をして弓・鉄砲を連ねて発射し、太鼓を三拍子の頭付けを打って早太鼓に直せば、士卒は無二無三に矢煙の下から敵隊に飛び込むのである。軍法の巻でも述べたように、頭付けの太鼓を聞いても進まない者は、その頭、並びに鑑軍がよく見覚えて報告し、戦が済んだ後に斬って棄てよ。こうした場合の太鼓は、馬上太鼓でなければならない。鞍の左の居木先へ太鼓を縦に結び付けて、馬上で打つのである。

○次に押行（以下「行進」と記す）要領を教えよ。しかしながら押前は人数の多寡、土地の険易に因って手順が同じではないので、一概には言い難い。ただ行列を乱さないことや、大小便をし、草鞋等を着替える等のあらましを教えなければならない。この仕方は一騎前の巻に記してある

○次に行進経路上において敵と遭遇した時の行動を教えよ。行進途上においても、常に前後左右の物見を用いるようにせよ。そうして東の方に敵ありと物見から報告があれば、旗本で鐘を鳴らして、押行人数（以下「行進縦隊」と記す）を停止させる。その時、総員居敷して旗本の下知を待て。敵の有無を諸軍に通知するには、前述したように旗を用いる。その仕方は第七巻目（人数組附人数扱）で述べたところの内容を教えよ。さて居敷にて旗本の下知を待って、敵に攻めかかるのが基本ではあるが、敵の軍勢が無二無三に突入して来るならば、旗本の下知を待つことなく、敵と接触した備が直に取合って合戦せよ。もっとも遊軍はその後方に詰めるか、敵の側面を打撃するかせよ。その他の備は妄りに動揺せず、各方角に向いて居敷しながら、旗本の下知を待て。

下知があるまでは少しでも動いてはならない。
○次に行進経路上において、両方向に敵を発見した場合について教えよ。三方向、四方向についても皆、同じように教えるのである。
○次に行進縦隊に鐘を鳴らして停止させることを教えよ。その方法として、先ず旗本が足を止めて鐘を鳴らしたならば、先陣は行き過ぎ、後陣は押し詰まって難儀することになる。そこで人数を停止させるには、行進しながら鐘を五声打て。その時には諸手も鐘を鳴らして応ずるのである。鐘を打つ方法は一呼吸に一声打つようにせよ。そして六声目に旗本の足を止め、それ以外の梯隊も聞きつけ次第、足を止めるならば、先陣が行き過ぎることもなく、後陣が押し詰まることもなくして、行列が整うのである。
○次に敵と我が備を押出して、大競合い(おおぜりあい)※4となる場面を教えよ。その手順、突破口をつくるのに六つある。全ては陸戦の巻に出ているので、その記述内容に基づいて操練せよ。これは特に重要な操練である。
○次に敵を踏み破って追撃する時のことを操練せよ。これ又陸戦の巻にある。
○次に味方が敵に追撃されている時に、二の見から敵の側面を打撃する場面を操練せよ。これ又陸戦の巻にある。

○次に馬入れ※5の場面を操練せよ。馬入れには三つの方法がある。これ又陸戦の巻にある。
○次に敵が馬入れするのを阻止する場面を操練せよ。これ又陸戦の巻にある。
○次に長柄(鑓)備の立て方を教えよ。これ又陸戦の巻にある。
○次に長柄備を破る要領を教えよ。これ又陸戦の巻にある。
○次に大砲の撃ち方、又大砲で砲撃する場面を教えよ。二つとも陸戦の巻にある。
○次に城攻めの方法を教えよ。中でも特に仕寄(しよせ)の技※6は、その実行が難しいものである。しっかり教えよ。詳しいことは城攻めの巻にある。とりわけ居敷しながら低い姿勢で仕寄る技を十分に習得させせよ。
○次に守城の各種方法を教えよ。その方法は籠城の巻にある。総じて城攻め、籠城の二条には書かれていることが多いので、よく意識してその本質を分かり易く教えよ。
○馬を教えることについては、十五巻目、馬の条で詳しく述べている。

右に述べた以外にも、楯の持ち方、虚敗(そらにげ)の仕方等、思いつくものを次々と教えよ。なお、この他にも軍中の礼式がある。時間に余裕があれば教えよ。戦が巧いか拙いかは全てこの操練にあるので、忽せにしてはならない。日本の軍は操練をしないので、無法の戦が多い。太閤・秀吉の猛威と云えども、朝鮮にて明軍の堂々整斉とした姿に仰天したことがある。

この他にも和漢の軍立ての精粗の様子を、諸軍記を読んで学べ。皆、操練するのとしないのとにある。孔子が「民に教えざるを以て戦う、これを棄てると謂う」と言った事をよく吟味せよ。さて、現在の大平の世の人に甲冑を着せて奔走させたならば、肩を引かれ、体の節々が痛んで一里を往来することさえ困難であろう。そうであるから、操練の度毎に甲冑を着せて終日奔走させていれば、度重なって自然と甲冑に慣れるので、肩も引かれず、体の節々も痛まず、足も重くなく、息も切れず、後には二〜三日甲冑を脱がなくても、さほど体も疲れないものである。この所が操練の妙である。よくよく配慮して教えよ。しかるに、現代のように完全に平和ボケした世の中にあって、これらの言を発することは、実に罪多きことである。そうは云えども、始めより繰り返し云っているように、日本は海国であり、しかも隣国が多い地勢なるがゆえ、ただ外国による事変のためにも、このように教えておくべきことが、「備」という字の本来意味するところなのである。今の世で武備という言葉は、人々が絶えず口にするが、皆虚談であって実用性がない。危ういこと甚だしい。武備ということを知らないよりもさらに劣っている。よくよく考えてみよ。

第十三巻終

※1　末世　道徳が衰えて乱れた時代
※2　位詰(くらいづめ)　敵を制圧する備を立て、敵の動きに応じて徐々に追い詰めていくこと
※3　陣触れ　出陣命令を各部隊に伝達すること
※4　大競合い(おおぜりあい)　大規模で激しい戦闘
※5　馬入れ　騎馬隊で敵陣に突入すること
※6　仕寄の技(しよせ)　竹束や楯を用いたり、壕を掘ったりして矢弾による被害を避けながら、敵の陣地や城に近寄る方法

海國兵談　第十四巻

武士の本体及び知行割・人数積　附制度法令の大略

（武士のあるべき姿と土地支給の割当・出動可能人馬の算定基準、制度・法令の概要を付記）

武士の本来の姿は、当世の百姓と異なるものではない。それはなぜかと云えば、昔の武士は皆、土着して田舎住まいであった。その中でも土地を多く持っている者は、譜代の家の子、郎党を多く扶持（ふち）※1し、軍陣に出るには郎党は云うに及ばず、百姓をも軍兵に仕立てて召連れていたので、五千石（五百貫）、一万石（千貫）の領主であっても、五百人も千人も出動させていたという事である。信濃の木曽義仲、上野（こうずけ）の新田義貞、伯耆（ほうき）の名和長年、肥後の木山等、皆土着の大名士であり、急に臨んで軍兵を出動させた所業については人々が知るところである。さて又、小禄の武士は自らの手で農作して収入を得ることで、二〜三十石（二〜三貫）の地を所持しても、馬を持ち、武具や馬具等も常日頃の心掛けにより、事欠かないようにたしなめることができた。農作するので、手足も荒々しくなって丈夫であった。鹿狩や漁獲等を娯楽とするので、筋骨も壮健であった。遠方の親戚や朋友と往来するので、遠路もよく知っていて疲れず、粗末な糧食や短褐※2に口腹身体を慣らしているので、軍陣に出てもこの二つに苦しまなかった。概ね古代の武士の有様は、このようなものである。しかしながら近来天下が統一されてから、武士は城下に居住するようになった。城下に群れをなして居住しているので、自然と衣服、飲食、家の造りを美麗にして、終には武の本体を取り失ってしまい、今の世における武士のたしなみと云えば、専ら衣食住と立振舞い、言葉遣いの立派さだけになった。このように奢侈（しゃし）※3が盛んになったので、各人が軍用のために賜るところの俸禄も皆、衣食住と婦人に費やして、武に用いるべき禄であることを忘れ去った。どうでもよい奢侈が盛んになったことで、ついには困窮して武備を取り失うようになった。武士が困窮して武備を取り失うのは、厳格で即応性ある制度が確立されていないからであると理解せよ。願わくは制度を確立し、奢侈を禁じ、武士を真の土着か、又は土着同様にすることで、武術を再興させるべきである。このことを、一国一郡でも領する人は、心掛けなければならない。今の世にも古くからの諸侯には、家中を土着にしている者がある。近いところでは我が仙台藩を始めとして相馬、大村、肥前、薩摩等である。このようであれば、直参も多く、陪臣も多いものである。よくよく考察せよ。

○兵士を扱うことは、番頭、武頭（ものがしら）（小組頭、百人頭）等の頭役の者を教えるのとは異なる。撰士の巻でも述べたように、武頭以上の輩には、人数を預けて、一方を任せるものであるから、学問があって才智もはたらき、文武の大略を体得して、どの国へ出征するにしても単独の経路を前進させるものとして取立てよ。軍士はそれぞれの頭の下知を承知して行動するものであるから、さほど学問も才智も必要としない。ただ、敵に当たって勇壮であるのを専らとして教えなければならない。そうは云えども、力の強い者があり、弱い者がある。ここに云うところの「勇壮」とは力量を云うのではなく、意気の勇壮であることを云う。意気を勇壮にすることは、ひとえに大将の方針にあるのだが、また一つ二つの術もある。左にその条々の大略を記す。

○第一に武士を土着にすることに留意せよ。土着すれば無骨にして、高い身分を誇示するような風潮もなくなり、古代における質朴の姿に戻ることになろう。

○年に五~六回は鷹狩や猪狩をして、武士の心気を引立て、沈鬱しないように教えておけ。これらが軍士の意気を勇壮にする術である。

○制度を確立して、衣食住の費用を省き、奢侈を求める心が生じないように教えよ。

○頭(かしら)の役職には才智や器量のある人を用いて、組を教え育てよ。

○大将と諸士との心が遠く離れていれば、士の励みも薄いものである。これを親しくする道は、諸士の武芸の能力をそれぞれの頭から報告させて、主君自らこれらと試合して巧(うま)いか拙(まず)いかに従って、それぞれを褒めたり指導したりせよ。もっとも学術のある者には、あるいは諸問題についての対策を書かせ、又は詩歌等を作らせよ。

○城当番の大番衆などに対して、急に呼集して（非常呼集訓練を行って）あるいは弓馬、鎗刀の武芸を試合し、又は角力等をさせて、楽しみながら親しみを厚くせよ。

○鷹野や猪狩に出るにも、外様の士[※4]であっても側近く召し寄せて、時宜に応じて勇気、力量、早業等を見分して、彼らの意気を励ませ。

右の他にも上下の親しみを厚くする道はいくらでもあるだろう。大将たる人は心配りして上下の親しみを厚くし、君臣合体するときは、呉子が言うところの「百姓皆吾が君を是として、隣国を非とする」の風俗になる。そうなれば、戦えば必ず勝ち、守れば必ず堅固であろう。

このように勤めよ。

○知行割[※5]と人数積りについて大略を述べる。異国ではこれを「兵賦（へいふ）」と云う。兵賦とは知行高[※6]を量って人数の総高[※7]を見積っておくことである。人数の総高を知らないのは、軍術の根本を忘却していることに他ならず、これ又一つの失政である。さて兵賦の本来の方法とは、周の時代における井田法（せいでんほう）[※8]であるけれども、現在はそれ程ではなくとも、知行高を考えて、人数の総高を予め計算しておくことは、一国一郡をも領する人であれば、常に意識しておくべきことである。先ず軍士を扶持するのに三つの方法がある。いずれも土着でなければ十分に行うのが難しいものである。もしも本当に土着とすることが難しければ、土着の真似をせよ。本土着は各人の知行所に居住させるので、城下から五里（一里＝六町で約三・三km）、十里（約六・五km）、百里（約六五・五km）、二百里（約一三〇・九km）も隔たる者がある。何事にも不自由であるようだが、各人が家中を多く扶助するのには、これに勝るものはない。我が仙台藩及び薩摩、肥前などがこれである。又この真似をするのであれば、俸禄が知行であっても、蔵米であっても、それらに拘わらず城下に続く近在郷に大きな下屋敷を一つずつ与えて居住させるようにせよ。このようになれば、その屋敷に田畑を作って、五人や十人の家中は養えるものである。この二つは陪卒を多く出させて、軍士に充てるためである。又一つは、役人、家柄等の他はことごとく十石、十五石の小給にして、皆土着とさせ、これを給人とも郷士とも云って、それぞれ作り取りにするのである。これは小身（低い身分）の直参がその多くをなすところの「陪卒無しの人数組」である。相馬、大村等がこの方法である。いずれも軍士を多く扶助するには良い方法であることを理解せよ。ここで陪卒のある人数組と陪卒の無い人数組との優劣を論じるならば、（陪卒のいない）小禄の直参組がより良いものである。その理由として、いかに節制良好な人数組であっても、その面々が陪卒を取集めたならば、何となく整然としないところがある。これに対して陪卒無しの直参組は、斉一であって雑然としたところがないので、掛け引きも仕易いものであると云えよう。これらのことから、小給の直参組が優れているものと理解せよ。

○右のように給人郷士を十石、十四〜五石にして、国中に土着させるのである。そして国の大小に従って、支城又は居館等が何ヶ所もあるようにせよ。その支城、居館等に近い給人であれば、そこの城附に定めて、その支配頭には、その城を預けておけるような人を用いるようにせよ。

○右のように家士を在郷給人とさせるにせよ、大禄のお偉方（身分格式の高い人々）は本城下に居住させて、先ずは第一に学校に出席させて、文武及び国事を習わせよ。もっとも在郷給人の頭としても、別の諸役人としても、この人々を用いることになるので、在郷に遣わすのは難しい。そこで、在郷には百人頭、小組頭を遣わすことにして、組の諸事を世話させるようにせよ。

○在郷給人は、本城下に居る自分たちの支配頭をよく見覚え、特にその纏（まとい）、馬印等をしっかりと心得ていなければならない。これらを覚えさせることは、操練による。

○武士に大禄を与えることは、その禄に応じて譜代の家の子、郎党を扶持できるようにさせ、軍役を勤めさせるためである。しかしながら、当世のように武士が城下に在住して奢侈に夢中になっているようでは、上述したように俸禄は皆、衣食住の雑費となるので、家の子、郎党を扶持することはできない。これらの武士の中には、若党、中間を召抱えて、軍役の頭数をそろえようとする人々も間々いるにはいるが、これらは一季か二季限りの渡り者等であって、先駆けての戦いで役に立つ者は、十人に一人か二人であろう。そうであれば、二〜三百石から五百石、千石の輩であっても、一季や二季の渡り者を召し使う人々は、重要な場面に至ればその渡り者の大半は逃げ去って、終には主人一人となるだろう。このことを考慮すると、武士に大禄を与えるのは最も無益なことであるから、三十石以上の武士の禄は全て減らして、押並べて三十石ずつにすれば、与えるところの俸禄は皆、軍役に役立つことになるだろう。その理由は、三百石取の武士に「欠け落ちることのない家人十人を召し連れよ」と言ったところで、今風の城下詰であっては、絶対に実行不可能なことである。たとい物好きな渡り者の一人二人が付き従ったとしても、主人と併せてもわずか二〜三人である。これに対して一人分の禄を三十石ずつにしたならば、十人で三百石である。これにより三百石の知行を出す代わりに、確実な軍士十人を用いることができるのである。このことを考慮すれば、武士に三十石以上の禄を与えるのは、ただ捨てるも同然である。そうは云えども、数代にわたり与えてきた俸禄を急に減らすのは、何よりも人情に背いており、暴悪の名を蒙ることになろう。たとい減らし終えたところで、人数は今現在の二〜三十倍にもなることから、知行割、住所割、組割等が思いの外、面倒になるだろう。かつ面倒なだけではなく、人々の心情もこれに驚き怨んで、足下から大乱の火の手が上がることは疑いない。さて又、この大乱や騒動を恐れて、そのまま放置しておくならば、あたら俸禄はことごとく諸士の無駄使いに費やされて、一万人を扶持できる知行でも、わずか五〜七百人しか扶持されないのである。これほど惜しむべきことがあろうか。いかにすれば俸禄も費えず、軍士も不足せず、騒動をも生じない術があるだろうか。私が密かに思うには、制度を正しくし、法令を厳正にし、倹約を専らにして贅沢ごとを抑え、世の中の華美を打ち棄て、純朴の風となし、人々が職業に励み、利潤を得ることを教えて、諸士をして富ませるべきである。諸士が富んでいるならば、よく教え諭して、それぞれの禄に応じて家の子、郎党を扶持する術を厳重に命令するのである。その命令が行き届いて、後述する割合を心得て家の子、郎党を扶持するならば、一万人を扶持できる割合の知行によって、間違いなく一万人を扶持できるのである。こうしたことを十分に理解した上で、古今の情勢を考え合わせて利害得失を明らかにし、さらなる工夫を付したならば、現在の華奢にしてかつ無頼なる世の中も、古代の朴訥(ぼくとつ)の風に戻り、その上に現代文明の精華を加えることで、諸士も素直にして賢く、誠実にして武芸と学問を事とするようになるだろう。このように命令が行き届けば、俸禄も費えず、騒動も生じず、軍役も不足することなく武芸が勃興するであろう。ただし事を急げば、変化に応じられずに軋轢が生じることになるので、三十年の期間を設けて改革すべきである。これが大きな政策を施す基本である。よく肝に銘じておけ。さて土着の様子を知らない人は、家の子、郎党を扶持するやり方もよく分からないであろうから、その仕方の大略を左に述べる。参考にされよ。

○近世の武士たちの風習として、妻を持つ者はただ嫡子のみであり、次男、三男等は皆他家の養子となって、父母の家に居住しない。そうして父母の家でも次男、三男等には他家を継がせて、自分たちは別に奴婢を召抱えて、使用人とするのである。そのために骨肉の親しみは日を追って薄くなってゆき、主従の関係も出替り者であるがゆえに、儀礼的なものに過ぎず、親しむことがない。古代の風習は、次男、三男等も皆父母の家に在って、奴婢のように家業を助けて働き、年が長ずれば妻を持って父母や嫡子を助けて家業を営むので、父母の家では別に奴婢を召抱えるようなことをしなくても人が足りるのである。もしくは富豪家であれば奴婢を召使うにしても、多くは夫婦そろって召使うので、その子弟は皆一家の内に在って、上下長幼が肩を並べて成長するので、その親しみも日に日に厚くなる。親しみが厚いので、軍陣に臨んでも互いの危機を見捨てず、一塊（ひとかたまり）になって進み、退くので、その戦いぶりは甚だ強い。これが天の道に則した人情であり、教えられずとも自然にそうなるのである。これこそが、家の子、郎党を扶持する根本の大趣意なのである。さて又、主人の心掛けがよくて、家の子を二〜三十人以上扶持するとしても、一つの台所では賄うことが難しいので、各人に屋敷を与え、又それぞれに知行を取らせて扶持するのである。他藩のことは知らないが、我が仙台藩の諸陪臣（またもの）の知行と云うものは、全て作り取※9であり、足軽は三〜四十文（三〜四斗である）から百文（一石である）位までである。足軽以上も概ね二〜三百文（二〜三石である）から二〜三貫文（二〜三十石である）までである。こうして百〜二百石取の武士も、大方は譜代の家中を十人も、二〜三十人も持つのである。ましてや大禄であればさらに多くなる。これが我が藩の優れた手法である。この割合によって考えれば、一万石の知行を所持している人は、その半分を家中に与えれば、千人内外は容易く扶持することができる。（一万石の半分は五千石である。一人前二石五斗の土地を作り取に与えれば、五千石にて二千人を扶持することができる。）さて、身の周りの武具、兵器等は主人がこれらを準備しなければならない。馬を飼うことも、田舎に住んで野草により飼育するので、飼料を納入する必要もない。こうしたことから、主人それぞれの心掛け次第で、一万石取る者も、騎馬の三十も五十も出すことができるのである。この見積りによって推定すれば、四〜五貫文（四〜五十石）を取る下級の士でも、家の子の一人、二人を扶持することが可能となる。これらは皆、土着でなければ実現困難なことばかりである。現在のように城下に群居して、奢侈（しゃし）を盛んにするようでは、一年毎の収穫による収入も半年で使い果たしてしまうので、家の子等を扶持することなど思いもよらないことだと理解せよ。そこで考えるに、武術を再興しようと思う武将は、家中の高位で俸禄の多い武士を知行替する慣習を止めて、永代その地を領するようにさせ、それぞれの家の子をも土着させて、人数を多くする政策を施し、朴訥の風を興すことこそが、武政の根本である。左に人数積、知行割の大略を記す。さらにそれらの損益をあれこれと考えあわせて最良のものとせよ。

○三貫文 三十石である 以下は全て単騎である。ただし家の子を扶持し、又は戦場に召し連れることは、多少の努力次第で可能である。

○馬は自国においては五貫文 五十石である 以上で私有の馬、他国で行動するには、近隣は十貫文 百石以上で私有の馬、遠国は三十貫文 三百石である 以上で私有の馬を使用できる。それ以外は全て借馬となるであろう。

○四貫文 四十石である は上下二人 ただし草履取は用いない者である。鎗持か若党を召連れるであろう。

○五貫文 五十石である、上下二人、自身は騎馬である。口取、草鞋取は用いない。鎗持か若党であろう。

○六貫文 六十石である、下部(しもべ)二人、自身は騎馬である。右に同じである。ただし鎗持二人は可能である。

○七〜八貫文 七〜八十石である の者は、同三人、自身は騎馬である。右に同じである。ただし鎗持三人は可能である。

○九〜十貫文 九十〜百石である の者は、同四人、自身は騎馬である。右に同じである。

○十五貫文は、同七人、自身は騎馬である。一人前三百文ずつ与えて、七人で二貫百文である。

○二十貫文は、同九人、自身は騎馬である。

○三十貫文は、同十人、馬上は二騎である。一騎は自分の子か、家来が乗るであろう。

○四十貫文は、同十五人、馬上は二騎である。右に同じ

○五十貫文 五百石である は、同二十人、馬上は三騎である。

○六十貫文は、同二十五人、馬上は三騎である。
○七十貫文は、同三十人、馬上は四騎である。一人前五百文ずつ与えて、三十人で十五貫文である。
○八十貫文は、同四十人、馬上は四騎である。
○九十貫文は、同五十人、馬上は五騎である。
○百貫文（千石である）は、同六十人、馬上は七騎である。一人前三百文ずつ与えて、六十人で十八貫文である。
○二百貫文は、同百三十人、馬上は十二騎である。
○三百貫文は、同二百人、馬上は十六騎である。
○四百貫文は、同二百五十人、馬上は二十騎である。
○五百貫文（五千石である）は、同四百人、馬上は二十五騎である。一人前三百文ずつ与えて、四百人で百二十貫文である。
○千貫文（一万石である）は、同八百人、馬上は五十騎である。一人前三百文ずつ与えて、八百人で二百四十貫文である。

自国の軍役には右の割合を基準として、できる限り多くの人頭を出せ。遠国にて行動するには大遠、小遠の算定法がある。概略としては二十里につき一割前後を引くようにせよ。さて、この法を実施するには倹約を教えることが最も重要であることから、先ずは制度を確立し、法令を厳格にして奢（おご）りを抑えなければならない。その方法としては百貫（千石）も領する者の朝夕の営みは、その当時の十貫（百石）程の営みに准ずるようにせよ。とかく出費のほとんどは、衣、食、住と婦人により生起するものであるから、先ずは第一にこの四つのものの制度を確立し、その上に法令を厳格に下し、違反する者は決して許さず、定めたとおりに処罰せよ。これ又、よく分からない者のために制度の大略を以下に記すものとする。しかしながら、設定なしには云い難いので、仮に五〜六十万石の国を設想して書くことにするが、これは制度の極々概略を記して、その趣旨を理解させるだけである。実際に制度を確立するに至っては、十分に考察して一物一事、ことごとく制度化せよ。そもそも制度とは奢りを防ぐ術である。全ての奢りは身分不相応な振舞いから出てくるものである。そうであれば、大名の事物は大名の事物、武士、百姓、町人の事物は、武士、百姓、町人の事物というように一物一事にことごとく制度があるならば、上下尊卑で混乱することもなく、費用もかからない。これが制度の大趣意であると理解せよ。総じて現在の武士の風潮は、緩(ゆる)やか過ぎて逸楽にのみ走るのである。そうであればこそ厳格な制度を確立し、奢りを抑制し、貧者を救い、武を振興する政策を施してよく教え諭し、武芸を奨励し、武器を嗜(たしな)むように仕向け、そうした上で定期的に武器の点検を行って、心掛けが悪ければ罰し、心掛けの良い者を賞すれば、武術は必ず勃興するであろう。怠ってはならない。

○法令は上述したように。制度を確立しておいて、どの制度を破ったならば、どんな罪を問われ、どのような罰がなされるのだという号令を下しておいて、違反する者には容赦なく、法令のとおりに処罰せよ。これが法令の趣意である。

○衣服の事について、これは章服[※10]の法である。天下の章服について、ここでは論じない。国持大名以下、その国限り、その家限りの章服は、大将が気の向くまま好きなように定められるものである。五～六十万石の国を一例として云うならば、その国の諸士の階位を三～四段に分けて、何役より何役までは絹、何より何までは紬(つむぎ)、太織、何より何まで染木綿、染紙子、それ以下は縞(しま)木綿、縞紙子と定める類である。もちろん妻女の服も夫の服に準ずるのである。陪臣は紋章の大小か、染色等によってそれぞれ分けて、直参と区別できるように定めよ。これらは章服の真似であるが、倹約を教え、貧困から救い、尊卑を分かつことは、これらのことによって事足りるものである。制度化せよ。ただし、他国に出張する者には羽二重(はぶたえ)[※11]の着用を許可しても良いだろう。

付記　火消しの装具、野良仕事の作業着の類は、革か、雲斎織(うんさいおり)[※12]、木綿の類となるであろう。これらも章服の意味において、役職の高下によって、紋の大小、あるいは色彩による区別がなければならない。陪臣も又、その識別ができるようにせよ。

○飲食も衣服のように、士禄の大小を三～四段階に分けて、一汁一菜より三菜までに限るようにせよ。酒肴もこれに準ずるようにせよ。古より飲食と男女には人の大欲が存すると云って、病が起こるのも、貧窮するのも、武備が弛むのも、この二つにより起こるものであるから、人々が先ずは第一に慎まねばならないのである。

右の衣服、飲食の規定については、冠婚、葬祭、その他重要な饗応並びに他所から来た藩外の人との面談と云えども、この制度を破ってはならない。破る者は処罰せよ。一つの事が破られるときは、全ての法が弛むものである。慎むべし。

○家の造りも上述の二つの条に準じて、あるいは門、あるいは玄関、式台、あるいは瓦葺(かわらぶき)、色壁、張付け、畳等の制度を定めよ。

○婢女を召抱える代わりに、家の子の妻女等を召し使うようにせよ。別に婢女として召抱えてはならない。ただし、子孫のために妾を召し使うことは、これとは別である。しかしながら、大禄で富がある者であっても、妾は一人に限るものとする。もっとも三年経っても子が無い妾は、召し置いてはならない。勿論、子孫が繁多の者は、妄りに妾を召し置くことを禁ずる。

○大小高下を問わず、刀、脇差のこしらえ、並びに諸器物の飾金具等に金、銀、赤銅類を用いることを禁ぜよ。

○青漆(せいしつ)、鋲打(びょううち)等の女乗物※13、あるいは緞子(どんす)、天鵞絨(びろーど)類の挟箱(はさみばこ)※14、油単※15等は、大禄で富裕の者であっても用いることを禁ず。

○冠婚、葬祭等の一つ一つにも制度があるが、繁多なのでここでは筆記しない。先ずは規則を鑑みてから定めよ。ただし冠婚には親戚や朋友から心を込めた贈物があるだろう。病難と葬祭には多少に拘わらず、金銭や銀銭を贈って病家を訪問し、葬祭を助けよ。旅立ちの贐(はなむけ)も又、同じである。絶対に飲食物を贈ってはならない。これが古の制度である。

右は重要な制度の中から二つ三つを挙げて示したものである。さらに詳細にわたり工夫を加え、利害得失を考慮して定めよ。さて、右に述べたように、土着と制度とを願うことは、武士の奢侈と柔軟とを止めさせたいからである。足利尊氏卿の遺訓にも、数代にわたり京都に在職すれば、公家風に移って、武士の気風を取失うこともあるだろう。このことを忘れてはならない、と誡めておられた。又、応仁の乱以来、乱を避けた公家、上臈(じょうろう)※16が大内家に取入って、その家風を香奢(きゃしゃ)なものに変えてしまい、大内家滅亡に及んだのである。これらのことを思えば寒心する限りであるので、土着制度等のことを述べて、奢侈に染まった人々に再び質朴の姿を知らしめん事を願うものである。

○土着制度等のことは、荻生徂徠や太宰春台等の諸先生がしきりに述べてきたところであるが、説き方が拙いのか、聞き方が悪いのか、又は改革の変化を恐れてのことであろうか、誰一人として土着の風を興した諸侯もなく、制度を立てたり定めたりした人もいない。そうであるのを今また、私がこれを述べるのは余計な事であろう。それをあえて再び述べるのは、人をして土着制度等の意義を知らしめ、漸次にその風を起こせば、上述したように三十年の間には遂に行なわれることになろう。最終的にこれが行われるならば、武門の大慶これに過ぎたるはなし、と思うので、強いて人に示すのである。私の贅言（ぜいげん）※17ではあれども、日本の武を厚くする術はここにあるのだ。

第十四巻終

※1　扶持（ふち）　俸禄を与え、臣下として養うこと
※2　短褐　短い荒布でできた着物
※3　奢侈（しゃし）　必要な程度や身分を超えたぜいたく
※4　外様の士　地元出身の武士ではなく、他所の土地や藩からやって来て臣下となった武士
※5　知行割　武士に支給する土地の割当
※6　知行高　武士に支給する土地の総面積
※7　人数の総高　いざというときに出動が可能な人員の総数
※8　井田法（せいでんほう）　一里四方の土地を井の字型に九等分して、九家族に与え、徴兵された家の田は公田として残りの八家族の労役により耕作するという制度（下図参照）
※9　作り取　武士に土地を支給して耕作させ、得られた収穫量のうち定められた石高を自分のものにできるようにすること
※10　章服　章文を描き、又は刺繡を施した衣服
※11　羽二重（はぶたえ）　平織りと呼ばれる経糸と緯糸を交互に交差させて織

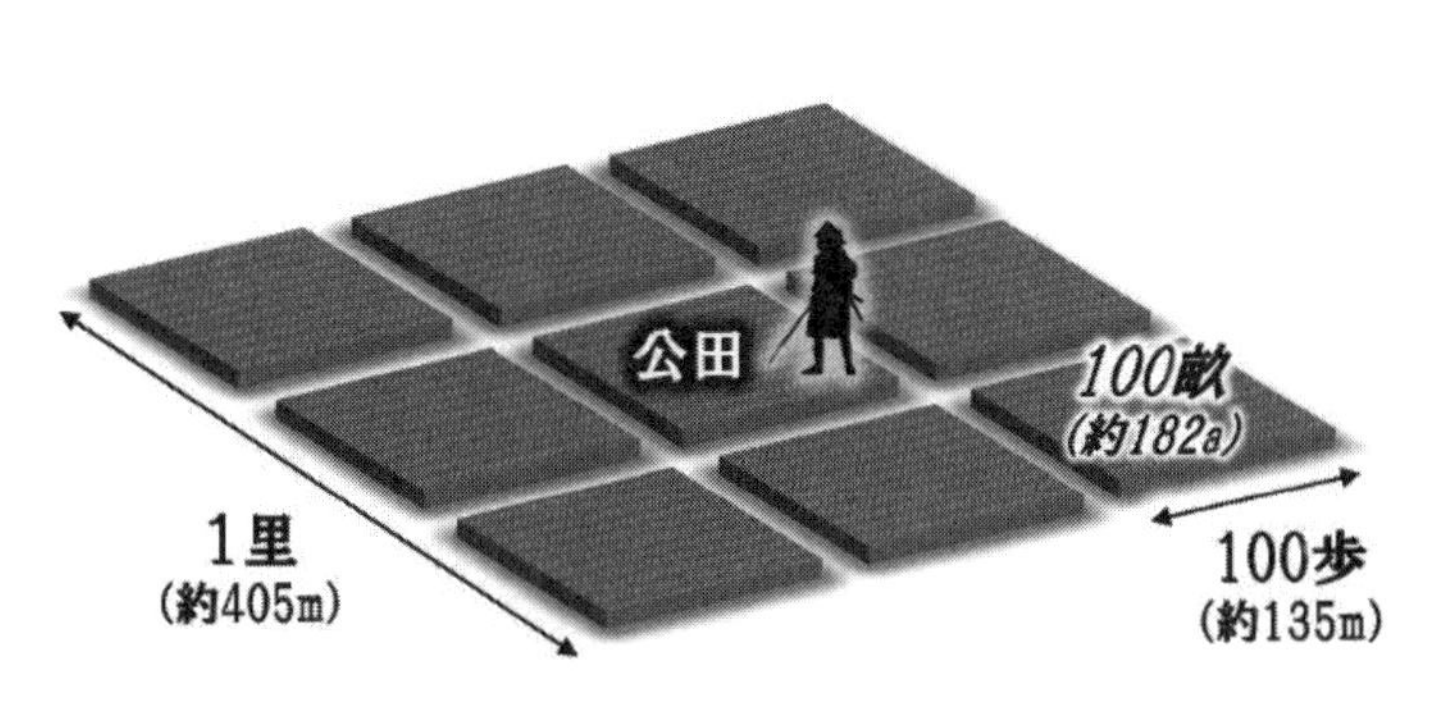

られたやわらかく軽く光沢のある最高級の絹織物。礼装に用いられる。

※12　雲斎織（うんさいおり）　地を粗く、目を斜めに織った厚い綿布。足袋の底等に用いる。

※13　青漆（せいしつ）、鋲打（びょううち）等の女乗物　青漆で染めた紺唐草のビロードで全体を包み、縁に黒漆を塗り、飾り鋲を多く打った女性専用の乗物。江戸時代に姫君、高位の女官、大名・大禄旗本の室、上級家臣の女房などが利用した。鋲打乗物、あるいは鋲乗物ともいう。

※14　挟箱（はさみばこ）　黒塗りで定紋付きの携行用木箱。江戸時代に主として武家が大名行列、登城などの道中や外出をするとき、着替えの衣類や具足などを中に入れ、上部にある鐶（かん）に担い棒を通して従者に担がせた。二枚の板の間に衣服を入れ、これを竹ではさんだ戦国時代の竹挟から発展したもの。

※15　油単　箪笥等に掛けるカバー

※16　上臈（じょうろう）　身分の高い女官

※17　贅言（ぜいげん）　無駄口、たわ言、余計な一言

鋲乗物

挟箱

海國兵談 第十五巻

馬の飼立、仕込様 附騎射の事（馬の飼育、調教法、馬上弓射に関して付記）

平和な世が長く続いたことから、華美の風も益々盛んである。華美が盛んになって、士風は懦弱（だじゃく）である。こうして後、武芸は地に堕ちて古（いにしえ）の儀を忘却してしまった。中でも馬は武士の足である。十分に熟達していなければならない。昨今は世の中の華美に流されて、馬の飼い方も上品になったので、第一に馬が弱い。もっとも乗る人もその真の技術を身に付けている人は少ない。現代も諸大名の家々に軍役の規定があり、人々は馬を保持しているはずなのだが、規定どおりに持つことができないのは、華美なことに出費を割いているからである。よくよく思案せよ。これ以下の条では馬の天性と昔の武士が馬を持ち易かった理由を記す。先ずこれを読んで、昔のことを知れ。

○馬は元来山野の獣である。野草を食らい、水を飲み、風雨を受けて生を遂げるものである。このことを常に意識して、野草で飼育した馬は、姿形は枯れたように痩せていて見苦しいけれども、人を背負って奔走する力は、天然にして馬本来のものである。このところを会得して飼育すれば、現代のようにあれこれと物品を入手することもなくして、人々が馬を持ち易いものであることを理解せよ。

○昔は小禄であっても武士でさえあれば、必ず馬を持っていた。もっとも持てる理由があったのである。その理由と云うのは、繰り返し述べてきたように土着であったからである。土着であるから、秣（まぐさ）に事欠くことがない。時には糠（ぬか）、大豆、麦、稗等を与えるにせよ、自らの手作物なので、他所から仕入れる必要もない。爪、髪、四足等も自分で手入れするので、別当、口取りなどと云って別に人を雇い入れることもない。このようであるから、小禄であっても馬を持てたのである。今の世でも百姓を見よ。わずかに田畑の四〜六反（約四千〜六千㎡）しか持たない者でも、馬を容易に持てるのである。これは土着だからである。また昔の軍役に、六貫一匹と定めたことがある。六貫は今の知行で約六十石である。これ程の小身であっても馬を必ず持っていたのである。今の世では六百石であっても馬を持つことは難しい。その理由は何度も云ったように、全ての武士たちが知行所を離れて、それぞれの主君の城下に居住しているので、人が集まるに従って万事が華美になった。その華美に慣れて馬を飼うことも、古来の意義をほとんど失ってしまった。又、近年になって馬役という云う者ができて、代々の家業として馬の事を司るのが世間一般の風習である。しかしながら、この馬役と云う者は、あくまで凡俗の匹夫なので、古来の意義などは夢にも知らず、ただ当世流の馬場乗りをするだけのことである。そうであるから、ただ単に口向（くちむき）※1、足振（あしふり）を大秘訣と心得るだけであり、全てにおいて武用の真法を失っているのである。又、人の君主たる者、執政者等にも俗人が多いので、このような亜流を改めようとする意志もなく、馬の事はその馬役に一任しているので、自然と馬役等に権威が付いて、何かよく分からないがその言うところを人々が用いている。つまるところ、武術が衰微して武芸を一部の芸達者に任せるので、このようなことに成り果てたのである。さて、馬は武備の根本である。そうであるから異国では千乗の国、万乗の国等と云って、車馬の数によって諸侯の大小を定めている。今の世で幾万石と云うようなものである又、大司馬と云う官位も総大将のことである。それを総大将と云わずに大司馬と云うことも、馬が軍務の根本をなすので、兵馬を司る役と云うことを強調して司馬と云うのである。昔の日本でも左右の馬頭（むまのかみ）があり、左右の馬寮（めりょう）を司っていた。これは大将に次ぐ官位であって、甚だ重い職務である。とうてい現在の馬役のような、凡卑に務まる役職ではなかった。これらは皆、馬というものを重んじていたからである。このように大切である馬を、凡俗で卑しく見識が狭い馬役にのみ任せておいたのでは、ほとんど物の役に立たないだろう。心ある君主や執政者は、方法を大昔のやり方に習ってあらゆる工夫を加え、乗り方を定めて馬を調教しておくべきであり、これを高位高禄の者は云うに及ばず、全ての馬を持つ者が常識とすべきである。そこで先ず、今の世の馬には（昔の馬に比べて）欠けている点が十六あることを知らねばならない。これを知って調教すれば、馬術もその本質をほとんど失わないであろう。一には普段の責馬※2の法があまりにも拙い。責馬は毎日乗るのが最も良い。四つの乗り様がある。馬場乗り、遠乗り、当て物、乗廻しである。二には普段から上等な食糧に慣れているので、たまたま粗末な食糧で飼育すればこれを食べず、すぐに疲れるようになる。三には遠乗りを仕込んでいないので、まれに遠乗りをすれば早く血が下り、あるいは息が尽き、あるいは食わなくなって役に立たない。四には普段は口を取らせ鐙(あぶみ)を押えさせて乗り降りするので、独り乗りをすれば馬が動いて乗り難い。五には普段から風雨寒暑にあてていないので、これを犯して行動させれば、疲れたり病気になったりする。六には普段は山坂で乗っていないので、曲がりくねった山坂の道に苦しみ、すぐ疲労する。七には騎射を教えていないので、たまたま弓・鉄砲・太刀打ち等を馬上で実施すれば、驚いて駆け出す。八には鳴物に慣れていないため、音声に驚き易い。九には目立つ物を見習わせていないので、彩色や異形に驚く。十には水馬(馬の水泳)や船に熟達していない。十一には糠や大豆を多く与えて肥え過ぎているので、すぐに汗をかき、すぐに疲れる。十二には普段靴を履かせて乗るので、たまたま素足のまま乗れば、足裏を痛めて奔走が不自由である。十三には普段から同居、同食等を教えていないので、馬同士が近寄れば、咬みついたり蹴ったりして騒ぐ。十四には牝馬を見慣れていないので、まれに牝を見れば躍り跳ねる。十五には溝、堀切、岸等を飛び越えることを知らない。

十六には馬甲（うまよろい）の類を見習わせていないので、これらの物を装着することができない。馬甲は軍用で最も重要な馬具であるから、決して忘却することがあってはならない。これら十六項目は全て、当世の馬に欠落しているところである。武に任ずる人であれば、大小高下を問わず、常々心掛けておくべきことばかりである。

これより十六の仕込み方を記すので、さらに考察せよ。又、近年馬乗りの家では軍馬の伝と云うものが作られて、これを大秘訣として、起請[※3]に起請を重ねて相伝している。甚だしきは公儀（朝廷・幕府）に達し、広原に幕などを張り廻らせて相伝することもある。いかに世の中に武術が衰え廃れたとて、これ程おかしなことがあってはならない。何とも恥ずかしい限りである。少しでも武術に着目したならば、別段に軍馬の伝などと云うことも、無用のものであることが分かる。ただ古い戦記・軍記物等を多く見聞して、昔の武士が馬を自由自在に取り廻していたのを手本として、利害得失を考えてみればよい。義経が鵯越（ひよどりごえ）を下ろし、又は渡邊において海を泳がせ、かつ又新田義宗が足利家を追って、坂東（関東地方）の道四十六里（大道七里半＝約三十km余り）を半時で追いついた所業などは良き師範である。この心掛けを基本にして、各人が好みに合わせて、物の役に立つように仕込めばよい。巻初から繰り返し述べてきたように、馬とは〝武士の足〟であるから、先ず何よりも考慮すべきことである。これを怠ってはならない。

○馬を仕立てるのに二つの方法がある。一つは牧場を設けて野子を仕立てるのである。もう一つは厩子(うまやご)である。二法ともに世間一般に行なわれていることなので、今さらその説を述べるには及ばない。ただ国の寒暖によって、少々手立てに相違があるまでのことである。さて又、一国一郡をも領する人は、自国において馬を仕立てたいものである。『春秋左氏伝』に(僖公十五年)異産に乗っているのを謗(そし)っていることからも分かるであろう。異産とは、他国の馬のことである。

○今日の馬場乗りは、昔の庭乗りに由来する方法である。前述したように、古の武士は皆達者であることを本分として、やたら乗り※4を第一としていたが、饗応あるいはなぐさみの為などに、貴人、高位の前にて馬に乗るとき、やたら乗りではその様子が見苦しく、その質も野卑であることから、庭乗りの方式で乗ることも武士の嗜(たしなみ)とするようになったのである。本間孫四郎重氏※5が馬場殿の庭上に龍馬を乗りこなしたことなどを考えてみよ。そうは云えども、現在のように一概に馬場乗りのみを馬術と心得ていたのではない。やたら乗りを基本として、余裕があれば儀式の乗り方をも学んでおいたのである。これが武士の馬術の順道である。

○馬場乗りも今の世の仕方は、その一を知ってその二を知らないところがある。その理由は口向、足振のみを重視して、当て物※6の術はきわめて疎かである。そうであるから、馬場乗りにおいては上等な馬であっても、物に恐れるために戦場では乗ることができないこともある。これは平素から当て物を訓練していないからである。これがその一を知ってその二を知らないところである。思慮すべし。

○馬は天性として驚き易いものである。このことから敬（つつしむ）と馬の二文字を合わせて「驚」の字が作られたのである。その意味は推して知るべし。すでに述べたように、口向、足振がどれ程見事であっても、物に驚く馬は、ほとんど物の役に立たない。古今馬の物怖じによって損害を受けた例が多い。注意せよ。これ以下、馬の乗り方について十六項目を記す。熟読して眠気を覚ませ。

○現在では細くて長い地面を馬場と名付けて、馬に乗る所としているが、これ又真の馬場と云うものではない。真の馬場は、狭いものでも六〜七町（約六五四・五〜七六三・六m）四方、大きなものでは百町（約十一km）四方にも構成して、馬のみに限定しない。人馬と器械を備えて練兵する場所とする。これが真の馬場である。

○馬場乗りは上述したように、庭乗りの名残の方法であって、馬に行儀を教えるまでのことであるから、現代流の馬場であっても事足りるのである。先ずその乗り様は口向と足振を重視し、馬に振りをつけて行儀を教えておくことである。ただし多く乗ってはならない。ただ馬の行儀を崩さないためだけに少しずつ乗っておくのが良い。

○二には遠乗りである。これは近くて三〜四十里、大道で五〜六里（約二十〜二十四km）遠ければ百里大道で十六〜七里（約六四〜六八km）

百五十里大道で二十四〜五里(約九六〜百㎞)である も乗れ。このように大乗しても馬が疲れないようになるのがその究極である。これには五段の息、三段の汗、又走足、躍足、千鳥足、鹿子懸け等の足色、また息合薬にもいくつか方法がある。精密なことのようであるけれど、しばしば乗っていればこれらの事も自然に会得することができる。その証拠には古代、文字が読めなかった数万の荒武士でも、如何ほどもなく各々右に掲げた数件をちゃんとわきまえていたではないか。ただ頻繁に馬に乗って、乗りながら覚えていったのである。これ以外に秘訣はない。ただただ乗ればよい。

○三には当て物である。これには例の大馬場において旌旗(はた)、鐘、太鼓、甲冑(よろいかぶと)、弓、銃(てっぽう)の類は云うに及ばず、抜き身の刃物、松明(たいまつ)等、それら以外にも異類、異形の物まで一面に立て並べ、乗る人も甲冑を着用し、馬上において弓や銃を発し、太刀打ち、鎗打ち等をせよ。これこそが馬の調教で最も重要なことである。このように調教しておくことは、合戦の馬だけではなく、平素の乗馬でも右記のように仕込んでおけ。これは馬に乗る者が慎んで行なうべきことである。これを真の騎射騎術と云うのである。『春秋左氏伝』にも僖公二十八年虎の造物を陣前に押出し、敵の馬を威して踏破ったという事例がある。慎むべし。

○四には乗廻しである。これは早足に乗らず、地道に乗って三十里(約一二〇㎞)、四十里(約一六〇㎞)、五十里(約二〇〇㎞)を乗廻し、馬の気力を養っておくことである。

○五には強風、雨、雪等、又は酷寒酷暑の時節に終日乗廻して、このような悪天候に馴らしておけ。普段は箱入りに仕込んでおいた馬を、急にこれらの悪天候に曝せば、たちまち疲れて、病気になるものである。

○六には山坂や幾重にも曲がりくねった山道を乗廻して悪路に馴らしておけ。必ず平地だけで乗ることがないようにせよ。

○七には騎射を十分に仕込んでおくこと。しかしながら当世流の騎射ではない。第三項目で述べたように、馬上での荒技（あらわざ）のことである。当世流の騎射のことは、この先で詳しく論じているとおりである。

○八には貝、太鼓、銅鑼（どら）、鐘、喇叭（らっぱ）等、その他種々の鳴物を馬上で打ち鳴らして馬の耳を鍛えておけ。オランダ流は鐘や太鼓を馬に取り付け、馬上にて打ち鳴らす。日本でも昔、旗持ちは皆馬上において旗を持ったのであり、今も朝鮮では馬上旗である。

○九には甲冑は云うに及ばず、旗、指物、母衣（ほろ）の類、又は抜き身の刃物及び松明（たいまつ）等を馬上に振り立て、馬の眼を馴らしておけ。

○十には川渡し、水馬等を仕込め。もっとも船に載せて水上を往復し、あるいは船から水中に追い下ろして、船で引きながら泳がせること等も教えよ。

○十一には中肉になるように飼育せよ。肥え過ぎた馬はすぐに汗をかき、早く疲れてしまうので、遠乗りするのに不利である。絶対に肉を多くつけさせてはならない。

○十二には平素から徒足にて乗るようにせよ。沓を履かせて乗るのを習慣としてはならない。松前は藁が無い土地なので、馬に沓（くつ）を履かせることがない。その地は酷寒で石地であるが、足裏を痛める馬はない。これは石になれて足裏が堅硬になったからである。平素岩石山で働く人の足裏が土踏まずまで皮が厚いようなものである。強いて足裏を痛めたならば、金履の伝がある。その方法を頭注に記す。〔頭注〕五陪子十匁（三〇・七五g）、鉄屑十五匁（五六・二五g）、胡粉（鉛の焙りかす）六匁（二二・五g）、山薬七匁（二六・二五g）、これら四つを細かい粉末にして、鉄漿により膏薬のように煉り合わせて蹄裏に貼る。明日乗るのであれば、今宵に張って沓を履かせておけばよい。

○十三には平素から同居同食を仕込んでおくこと。昨今の馬はこれに慣らされていないので、馬同士が近寄れば咬みついたり蹴ったりして騒ぎ、大いに不自由なことになる。上記のように仕込んでおけば、軍中等においては五匹も十匹も一つの厩に追い込んでおくことができ、便利である。

○十四には牝馬を見馴（な）れて、牝に近づけても飛び跳ねないように仕込んでおけ。今どきの馬は、ほとんど牝を見馴れていないので、まれに牝を見れば飛び跳ねる。甚（はなは）だ困ったことである。また大昔には日本でも唐山でも牝を乗馬に用いていた事が諸書に見られる。今も相馬家の武士は牝に乗ることが多い。これは古風の名残である。

○十五には溝、堀、切岸等を飛び越えることを教えておけ。これらを平素から教えておかずに、事に臨んで急に飛ぶことなどは、絶対にできないことだと知れ。オランダ流乗馬の形では、堀を飛び、土居を超え、又は馬に立って歩かせることなどを仕込んでおくのである。精緻であると云えよう。これらも又、仕込んでおいて損はない。

○十六には時々馬甲（うまよろい）を着せて遠乗りをせよ。これ又平素から実施して見習わせておかなければ、着せた馬も驚き、傍らの馬も驚くものである。何よりも馬甲は軍用の馬具で最も重要であるから、武備に係わる者は心掛けて製作しておかなければならない。

　右の十六条は馬の調教でも特に重要なことである。断じて私の杜撰な無駄言ではない。武を以て任ずる人は怠ることがあってはならない。これ以下、馬について二つ三つのことを記す。

　さらに工夫を加えて仕込むようにせよ。

○今の世では馬をいたわることを第一として、二日や三日の間隔で少しずつ馬場乗りを行なっているので、馬は気ままであって手なずけるのが難しい。上述したように四つの乗り方を確立し、毎日乗るようにすれば、馬の気質も和らいで乗り易い。古い老人が語ることには、馬は飼い殺せ、乗り殺せ。子弟は教え殺せ、叱り殺せ、と云うことである。卑俗な諺ではあるが、道理に適っているところもある。

○日本と唐山では古今を通じて相馬（めききうま）の説というものがあり、色々難しいことを論じている。先ずは五性十毛、相性、不性の説、又は旋毛、歯牙等の評論に様々あるが、つまるところは過度に学術化したものであって、さほど軍用の馬に関わることではないので、高貴の人は物好きが興味を持てばよい。身分がたいして高くもない武士の馬は、あえて吟味するに及ばないことを知れ。ただ脚や爪の強靭さを貴ぶだけで十分なのである。

○大昔の戦場で、あるいは敵を駆け破り、又は川を渡す時などは、強い馬を前に立てたと云うのも、あるいは不悍の馬※7、又は牝馬等が多かったからであると理解せよ。

○今の世では肥えてふくれ、毛の艶が良い美馬でなければ、武士は乗らないものだと思うのは、もっての外の間違いである。巻初にも云ったように、手飼の荒馬に乗ったところで、少しも用件が欠けることはない。もちろんその外見を恥ずかしく思うような態度もあってはならない。その昔、源頼朝の池月、磨墨、義経の太夫黒、北条高時の白浪などとことごとしく評判であったのも、傍らの毛艶が悪くて痩形の馬と比べて見たので、名馬と称されたこともひときわ強調されたのではないかと思われる。

○優れた馬に三つあるということが、『武備志』に書かれている。よく高峻※8を登り降りするのがある。よく敵陣を踏み破るのがある。遠路で疲れないのがある。これらに優れているかをよく試しておき、それぞれに用いるのである。

○水を泳ぐにも、馬によって上手と下手がある。よく試してから用いるようにせよ。
○世の風潮が奢るにつれて、人々は三〜四歳の若馬を好むようであるが、若馬は軍用には役に立たない。武士の馬は六歳以上とするのが良い。五調※9は筋骨が強く、精神も安定しており、軍用に堪えられる。武を嗜む人は、絶対に若馬に乗ってはならない。
○熊澤了戒が説くところでは、武士の馬は口が強いのが良い。平素は強口を意識せずに乗廻し、川を渡す時などは、得意の強口に引掛けさせて渡るようにすれば、一手際良く渡ることになる。このことからも武士とは馬を上手に乗るのでなければ叶わないことであるという。私が思うに、この説は甚だ良い。そうは云えども、上手は少なく、下手は多いというのが事実であるから、自分の武芸の程度も考慮せずして一筋に強口の馬が良いと思い込むのは間違いである。又ある人が説くには、戦場で乗る馬は、少しばかり不悍であるのが良いという。その理由は勇猛果敢であって、進み過ぎるのを引き止め、引き止めながら乗って行くのは、その様子が見苦しくて、かつ勢いが抜けてしまうものだからである。また不悍で走るのが遅い馬に諸鐙を入れて誘い立て、又は鞭などを加えて進み行くのは見栄えして、かつ勢いがあるものであると、古い老人が語ったのを聞き覚えたのだともいう。そうあるのが理想的ではあるが、上手にして強馬を自由自在に乗りこなせればさらに良い。この二つは人々が自分の武芸の実力に応じて、好きなように用うればよいことではあるが、足の代りにする馬であるからには、丈夫であることを心掛けるべきである。
○古来、乗尻（のりしり）の達者と云うのは、手綱に頼らず、鞍によって押廻して馬を自由自在に乗りこなすことである。これゆえに乗尻と云うのである。今は手綱の釣合（つりあい）を第一にして乗るので、こうした乗手を上手と云うべきであろうか。これはあくまでも私の憶測による意見である。
○昔の武士は馬を取扱うのに、別に口取という者もおらず、自分で取扱って今の世の馬子（まご）等が馬を自由自在にするのと同じようにして、あるいは乗り、あるいは牽（ひ）き、その扱いは甚だ粗略ではあるが、馬をよく使いこなしていた。今どきの武人は馬場にて馬に乗ることは上手であるが、馬を扱うことは馬術も知らない馬子に及ばない。これは華侈（おごり）が身に染み付いて、武士の荒々しい気質を取失ってしまったことによる。乗るには乗るが、扱うことができないというのは、その一を知って、その二を知らないと云うものである。このことをよく考慮せよ。
○厩（うまや）は空気が漏れるようにこしらえよ。馬は熱を持っているので、空気が漏れなければ病気になる。ただし空気を漏らすとは云えども寒くせよと云うのではない。『呉子』にも、冬は厩を暖かくし、夏は軒を涼しくすると書いてある。考察すべし。
○唐山、オランダ等においては馬の鼻を裂き、睾丸を取去ることがある。これは息を長くし、馬を強くするための術である。これを騸法（ぜんほう）という。甚だ良い方法ではあるが、日本では古来このような法が無くても、千軍万馬の功績は異国に劣ることがない。これを以て見れば、今さら騎法を羨む必要もない。ただ珍しい説であるので、ここに記すことにより、初学者が見聞を広める一助とするのみである。

○軍中又は遠乗り等においては、馬の全身に取り付けるべき物がある。これらが動いたり揺れたりしないようにせよ。これらが揺れ動いていると馬は疲れるものである。

○馬の餌は、野草、藁(わら)等は云うに及ばず、葛・萩の類、又は苦味が無い木の葉類であれば何でもよい。手当り次第、餌とせよ。食べてはならない物は、喰(は)み出して食べないものである。又、河川や海の水草を餌とすることもある。菰(まこも)などは特に好まれる。

○夜も現在のように寝藁を厚く敷き、蚊取り等を焚いて横臥させることは、甚だしく無益である。夜も立ったままで眠らせておけ。四〜五日に一度ぐらいで僅(わず)かに横たわらせてもよい。とにかく緩やかに寝させることは好ましくない。かつ又、四足(すそ)も平素は水洗足(みずすそ)に仕付けておけ。ただし爪根、爪裏は心を込めて洗うこと。これも四〜五日に一度は上湯で大肩から洗ってよい。又、川の流れに四足を浸すことは、湯洗足(ゆすそ)に勝ることもある。又、血が下ったからといって休ませておけば、さらに血が下って足が不自由になるものである。血が来たならばむしろ油断せずに乗らねばならない。ただし保養のために乗ることなので、よく注意して乗るべきである。夜眼(よめ)※10については、毎月焼いておくのが良い。怠ってはならない。兎角、世につれて馬の飼い様も華美になってしまったので、それを打破して懦弱に陥らぬように飼育することが肝要である。この心得で飼育すれば、馬は丈夫にしてよく人を助け、人は負担を少なくして馬を持ち易いのだと理解せよ。

○筋切については、とりわけ慎まねばならない。元来馬の外形を取り繕って高額で売りつける馬商人のやる仕事であり、武士たる者は間違ってもやってはならない。足の筋を切ってしまえば、上り下りの坂道に苦しみ、尾筋を切ってしまえば、水を渡らせる時に鞦(しりがい)※11が外れることがあるという。いずれも軍用には害があることなので、武士たる者は絶対にやってはならないのである。

○鞍も今造られている形状は、昔の機能を失っているように思われる。大昔に造られた鞍を見ると、前輪が大きくて高く、乗間(のりあい)が甚だ広い。今造られているものはこれに反している。どうして戎服(じゅうふく)※12の鞍と常服の鞍とで差異を設ける必要があるのか。これについて縉紳(しんしん)※13家に要求せよ。又(武家礼法の流派として)皇都(京都)に石井家があり、東都(江戸)に伊勢、辻の二氏がある。これらの人々に詳細にわたり精しく問い質せ。

○馬を持つ者は、少しでも療養の道を知っておけ。そうは云えども深遠の術を苦しんで学ぶには及ばないことである。ただ血を刺し、夜眼を焼き、あるいは虫気、腹痛、打身、挫き等の薬を知れば事足りるであろう。これ又、馬を持てる者の嗜(たしな)みである。巻末に突然のことに備える薬方二、三を記すので、暇な時にでも学んでおくこと。

○安永四年、私は長崎に滞在中であり、唐山やオランダ等の人たちと面談することが多かった。その中でオランダ人の馬術が上手なアーレント・ウェルン・ヘイトと云う者と対話した。彼が説いた数々のことがらには、取入れるべきことがいくつかあった。一つには馬は前が高くなければ乗るのが難しい。今の日本流の乗り方を見ると、馬を前高にさせるため、鞍から引立て、又は手綱によって口先を引上げて乗っている。しかし、これは上手であれば手鞍も利くので、その人が乗っている時には当然のことながら向高になるけれども、手鞍の引きが弱い下手が乗るときは、持前の向低になって乗り難い。これは馬を向高の体形に育てなかったからである。オランダ流は馬を向高に育てておくので、幼児を乗せたとしても前が下がらないという。さて、そのように育てる方法であるが、二歳の時から廐において、草を喰わせるのに、馬の首よりも高く格子を構え、その格子の中に草を入れ込んでおけば、馬はその草を喰おうとして、伸び上がりながら草を噛むので、成長するに従って、いつの間にか向高になるのである。又云うには、向高にさせようとして、無理に前方を引立てるならば、口先だけがやたらと上を向いてしまう。口先がみだりに上を向けば、馬の気合が失われて物に驚き易くなり、その上足元が見えないので躓くことが多くなる。オランダ流では首だけを高く保持させて、口先は下げて北斗（顎）を引締めておくのである。

北斗を締めることを奥羽では俗に小ひげを付けるという

北斗を締める術は、轡（くつわ）の製法にある。このように仕込めば、気合も留まって物に驚かず、足元が見えて躓かないと云われる。なんと奇抜な術であることか。

オランダ轡の図

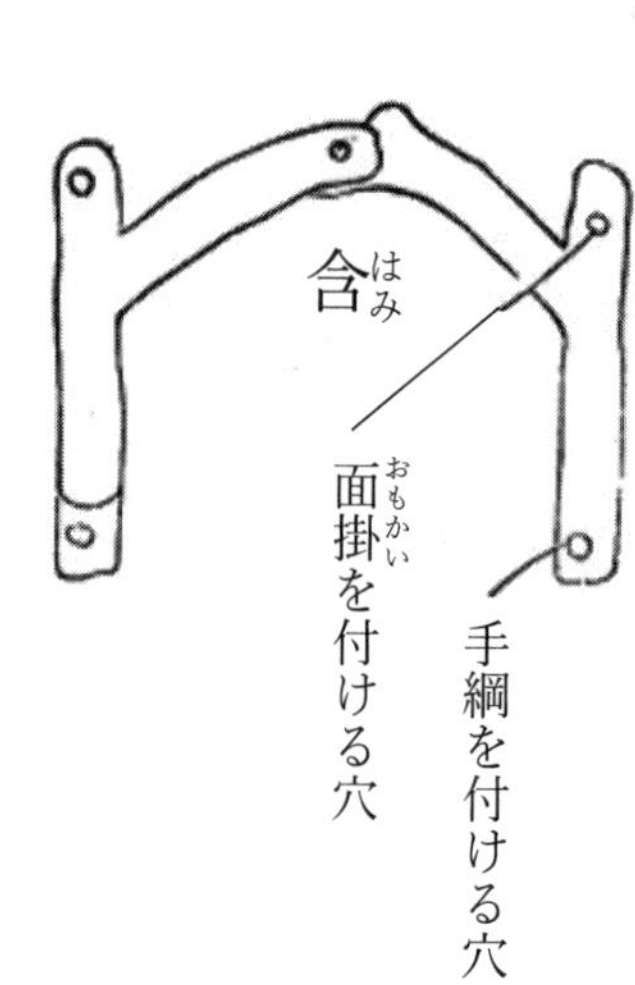

含を山形にして横向きにくわえさせ、下図のように装着して手綱を引けば、含の先が下って舌を押すので、北斗を締めさせ、口をも結ぶのである

右の轡を暇な時に製作して試みよ。よく口を結ぶものである。私はこれを見ている。
○全て馬上の組打、その他達者が行動するには、鐙を踏み張って、立ち上がらなければ難しいものである。しかしながら当世は鞍を張り、馬をせり立てて歩かせることを第一として、馬場乗だけを稽古するので、鐙を短く掛けて乗っている。これは武用としては甚だ避けるべきことである。その理由は短い鐙に乗り、立ち上がって行動すれば、鞍との隙間があって踏み固めにくく、自分の体が弾んで前に倒れたり後ろに反ったりするものである。試してみよ。又昔の戦記物語等に、敵の徒歩武者を鐙の先端部に当てて倒すと書いてある。これは短い鐙では為し難い動作である。今も朝鮮人、オランダ人等の馬術は何れも立ち鞍である。又蜀の玄徳も股に鞍づれがあったと云われる。これらは皆、長鐙の証拠である。今日でも馬術に励む者は、短い鐙に乗ってはならない。
○巻初より繰り返し述べてきたように、当世は走る馬から矢を発射することだけを騎射と心得ている人が多いけれども、大昔の騎射と云うものとは大きく異なっているのである。大昔、騎射の達人と云い、又は馬術の上手と云うのは、馬上で弓を射るだけに限らず、全て馬を自分の足のように心得て、険阻、山坂と云えども馬から下りることがない。溝を越し、堀を飛ばせることも甚だ自由であった。その弓を射る体勢を見てみると、弓手（左手）の敵を射るのはもちろんのこと、馬手（右手）の向筋違をも射て、又後ろを向いて矢を射たのである。そうして矢種が尽きるか、あるいは敵が近づけば、弓を収めて太刀打ちをし、または引組んで自分の鞍壺※14に引きつけなどしたのであった。これを馬術とも騎射とも云ったのである。さて今の騎射は、昔の流鏑馬（やぶさめ）の遺風であり、儀式の騎射である。ただ神事や饗応等に用いるだけであり、敢えて武術とは云い難い。その事の起こりは、古代処々の神事や祭礼に、神勇（かみいさめ）の目的で社人、神主などが射た事である。それゆえに、今も古い神事には皆、流鏑馬があるのだ。これが当世の騎射の始まりであり、騎射と云う名目は同じであるが、儀式を大本にしている射形なので、武術の騎射とはその形態や技術において精粗剛柔の差異があることを承知せよ。

○古代の騎射は右に述べたように、ことごとく達者であったことも、大昔は都には鼓吹司、国々には軍団があって、兵馬の動作を教え、又犬追物、牛追物、あるいは戯道等といった人馬の大規模な機動訓練が度々あったので、その風潮が天下に広まっており、諸国の武士は皆、馬術に達していた。こうした事をこそ真の騎射と云うべきである。当世においても各禄に応じて養っておく人馬であるからには、右の心持で仕込んでおきたいものである。全てこの一巻に述べているように仕込んで育てた馬を、無事太平のために役立たせることは容易である。又当世の馬のように、華美や奢侈に染まりきって騎術その他、荒っぽいことに慣れていない馬を、にわかに荒事や戦場等で用いることは、絶対になし得ないことである。ただ兎にも角にも養っておく人馬であるからには、上述したように仕込んでおくことで、不測事態に備えておきたいものである。この心構えこそが〝武備〟なのである。国の君主や執政者は、このことを絶対に忘れてはならない。

○右の馬術についての数々の説は、二百年来の平和な治世に生まれて、俗習だけを伝授している馬乗りの輩（やから）は、一々不得心から私の論説に対して「馬術を知らない」と云い、あるいは「狂気乱心の所業」などと実際に思う人もあるに違いないが、それはそれで、俗習に凝り固まった凡夫であればもっともなことであろう。しかしながら、もっともだからといって不決断を生じ、これらの凡夫の輩に任せておいては、物の役に立たなくなるので、凡夫は凡夫なりに理解させ、納得させるようにせよ。馬は馬なりに物の役に立つように仕込むべきことは又、この上での決断にして、きわめて肝要なことであるから、君主の明断、改弊の経済、武備の活発を仰ぐところである。

急用馬薬の製法は左記のとおり。

牛馬平安散　不食、腹痛

烏梅　黄栢（きはだ）　甘草　楊梅皮　各三十匁（一一二・五g）

莪朮（がじゅつ）　三稜　各十九匁（七一・二五g）　大黄　十二匁（四五g）

右を細かい粉末にしたものと梅干の肉を水にすり立て、一度に五匁（十八・七五g）用いる。

○又右の薬法を一点五匁程に調合し、梅干三つを入れて水で煎じて用いてもよい。

人虫丸　打身　五淋※15小便閉　糞詰

人虫　二両（約七五・六g）　龍脳※16　一両　活蔞根(よもぎのね)　一両（約三七・八g）

蓽橃　半両（約十八・九g）　甘草　一匁（約三・七五g）　水銀　二朱

右を細かい粉末にしたものと米糊に鹿角菜(ふのり)を混ぜ合わせ、龍眼(ライチ)の大きさに丸め、葛粉を表面にまぶす。これを打ち砕いて飲ませるのである。飲汁には数種類あるので、それぞれの方法で用いよ。

○筋病にドクダミを煎じた汁

○打身に赤地利(しゃくちり)※17を煎じた汁

○尿閉に木通(あけび)を煎じた汁

○大便詰に榧木(かやのき)※18の汁とニワトコを煎じた汁

○息切れに藜芦(れいろ)※19と人参を煎じた汁

○中風※20にドクダミを煎じた汁

右は何れも薬丸を打ち砕き、この汁にかき混ぜて用いるものである。

足痛

活蔞根、カラムシの根、芥子（からし）

右の三種を等分に混ぜ合わせ、食塩を少し加え、痛む所に塗りつけよ。

背摺（ず）れ

松魚（かつを） 黒焼、黄栢、烏賊（いか）の魚甲、

右を等分に混ぜ合わせ、細かい粉末にして塗りつける。

擦り傷

牛皮、犬頭

右を黒くなるまで焼いて細かい粉末にし、胡麻油に混ぜて塗りつける。

血が下った時の塗薬

からし、野からむし、かわらげ、塩、

右を等分に合わせて細かい粉末にし、酢に混ぜて足に摺り付ける。

内服薬

人参　茯苓（ぶくりょう）※21、乾姜（かんきょう）※22、陳皮（ちんぴ）※23

右の細かい粉末を酒に入れて、七～八匁（二六・二五～三〇・g）ずつ、一日に二度飲用す

る。病が治癒するまで服用せよ。

糞詰り

牽牛子（アサガオ）　一匁（三・七五g）　大黄（だいおう）※24　一匁　射干（やかん）※25　二匁（七・五g）

右を細かい粉末にして酢あるいは鉄漿に混ぜて、七〜八匁（二六・二五〜三〇g）を服用する。また水で煎じてもよい。

寒気中、不食、戦慄等に用いる薬

白茯（しろぶく）※26木香（もっこう）※27茴香（ういきょう）※28乾姜　柴胡（さいこ）※29前胡（ぜんこ）※30村立（むらたて）　各三匁（十一・二五g）
獨活（うど）　白朮（びゃくじゅつ）※31蒼朮（そうじゅつ）※32葛粉　羌活（きょうかつ）※33黄栢（きはだ）　楊梅皮　各二匁（七・五g）
川芎（せんきゅう）※34陳皮　白微（ふなばら）　各一匁（三・七五g）

味噌を少し加えて水で煎じて服用する。

刺法大略

刺法大略穴所
百会　針だけを刺せ。血が出ず
万病によし。併せて欝を払う。
八用　針だけを刺せ。
血が出ずに万病に効く。
併せて欝を払う。
コウモン　刺してから
二分以内に乱を静める。
眼前　目赤腫又は目ビルに刺す
ものである
ガンキ　刺してから七～八分で
五臓の熱をさまし、食を進める。
▲テイモン、テイトウ　八穴の内、
血が溜まっている所の四穴を刺せ。
○上の四穴をテイモンと云う。
○下の四穴をテイトウと云う。
○血が下って足が痛いのを刺せ。
○この針を四血(穴)の針と云う。
芝引
捻挫に良い。
血が落ちて足裏が
痛むときに良い。
四血を取っても痛
みが引かないとき
に良い。

右の数条は、応急的な馬の治療についての概要である。それらの病がさらに重くなったならば、伯楽家[35]がいるので任せよ。また場所によっては、馬を捨て去ることもあるだろう。時宜によって判断せよ。

第十五巻終

※1　口向（くちむき）　馬銜（はみ）(含（はみ）)受けの状態にあること。馬の口には前に切歯があり、切歯の後ろに歯槽間縁という歯のない部分があり、その奥に臼歯が並んでいる。この歯槽間縁に引掛けて、馬の口から外れないように噛ませる棒状の金具が馬銜である。騎手は手綱を巧妙に操作し、馬銜を通じて馬に合図を送る。馬は手綱さばきによる騎手の意思表示を馬銜から感じ取る一方で、馬銜を通じて自らの意思を騎手に感知させる。こうして騎手と馬との接点が維持されている状態が口向である。馬術では口向を良くするための調教こそが最も大切なこととされている。

※2　責馬　　馬を乗りならすこと

※3　起請　　物事を企て、上申してその実行を上級官司に対して請うこと

※4　やたら乗り　　戦場における戦闘行動を大前提とした乗馬

※5　本間孫四郎重氏　　鎌倉時代～南北朝時代の武将。元弘三（一三三三）年、新田義貞の鎌倉攻めに参陣、建武三（一三三六）年には湊川の戦いに従軍した。『太平記秘伝理尽鈔』によれば、湊川の戦いで和田御崎の小松原にいた重氏は、細川定善の息子である細川七郎が船上で四国勢の上陸を指揮しているところを発見し、騎乗で矢を射って三町（約三二七ｍ）ほど遠くにいた七郎の胸板に命中させ、物具さえも貫通させたという。

※6　当て物　　騎馬と騎馬の戦闘場面における乗馬

※7　不悍の馬　勇猛ではない馬
※8　高峻　高くて険しい山道
※9　五調　五〜六歳から十五〜六歳までの馬。「すぐれて強靭な馬」という意味もある。
※10　夜眼　馬の脚で肘や膝にあたる部位付近の内側にできる毛が無くて白っぽく角質化した突起。少しずつ大きくなり、蝉状の大きさになるとポロっと取れることから附蝉とも呼ばれる。
※11　鞦　馬の尻から鞍にかける組み緒
※12　戎服　戦うときに着る服や装着する具足
※13　縉紳　官位が高く、身分のある人
※14　鞍壺　鞍の前輪と後輪との間にある人がまたがる部分。居木、鞍笠とも言う。
※15　五淋　排尿時の膀胱・尿路に関する五つのトラブル、石淋、気淋、膏淋、労淋、熱淋
※16　龍脳　龍脳樹からしみ出た樹脂の結晶。呼吸機能を高め、意識をはっきりさせる働きがある。
※17　赤地利　シャクチリソバ、インド北部から唐山が原産地
※18　榧木　碁盤や将棋盤の材料となる木
※19　藜芦　ユリ科の多年草、薬用植物
※20　中風　脳出血などによって起こる半身不随、手足の麻痺など

※21 茯苓（ぶくりょう）　松の根に寄生するマツホド菌（サルノコシカケ科）の菌核を乾燥させ、外皮を除いたもの

※22 乾姜（かんきょう）　乾燥させたはじかみ・しょうが

※23 陳皮（ちんぴ）　ウンシュウミカン又はマンダリンオレンジの果皮を乾したもの

※24 大黄（だいおう）　タデ科ダイオウ属の薬草

※25 射干（やかん）　檜扇という植物の漢名

※26 白茯（しろぶく）　二十年以上の松の根元に寄生するキノコ

※27 木香（もっこう）　キク科の植物

※28 茴香（ういきょう）　セリ科ウイキョウ属の多年生草本

※29 柴胡（さいこ）　セリ科の植物

※30 前胡（ぜんこ）　セリ科の植物

※31 白朮（びゃくじゅつ）　オケラやオオバナオケラの根茎を乾燥したもの

※32 蒼朮（そうじゅつ）　キク科ホソバオケラの根茎を乾燥したもの

※33 羌活（きょうかつ）　セリ科のキョウカツなどの根や根茎を乾燥したもの

※34 川芎（せんきゅう）　セリ科の植物である川芎の根茎

※35 伯楽家　馬を専門に診察する獣医

海國兵談 第十六巻

略書（総括 文武両全の国家統治、優れた将軍の条件、経邦済世の術等の概要）

〝文武〟は天下の大徳であって、その一方に偏り、一方を廃するようなことがあってはならない。礼儀と秩序、刑罰と政治、全て国家を統治することは、文でなければ程よい結果にはならない。その一方で暴虐を討伐して国家の害を除くことは、武でなければ叶えるのが難しい。そもそも国家を統治する者は、刑罰を設けて非道を禁ずる。おそらく兵とは刑罰の最も大規模なものであろう。それゆえに、先王はしばしば兵の事を語っていた。又、湯王（とうおう）は商を興し、文王・武王は周を興したが、皆十分に武を用いたのであった。我が神武帝が初めて国家統一の偉業を達成されて人々を統治なされてから、神功皇后が三韓を臣服せしめ、太閤豊臣秀吉が朝鮮を討伐して、今の世までも、我国に服従させていることなども皆、武徳の輝けるところである。そうではあるが物には本と末がある。文は武の本である。文を知らなければ武の本質を会得するのは難しい。近世、今川了俊※1が「文道を知らず、而して武道遂に勝利を得ず」と云ったのは、文武一致の趣意を理解している言葉であり、俗人の見識からすれば、殊勝ではある。そもそも兵には二つある。国家を安らかにするために兵を用いる者がある。利欲を恣(ほしいまま)にするために兵を用いる者がある。そこで乱暴な者が出てきて民を悩まし、国家を動乱する時には兵を出し、武威を示してその暴客を討伐し、国家の害を取除く。これが政治のために兵を用いるというものである。その他にも一揆の徒が武装して紛争が起きることがある。あるいは恨みに因って不意の軍を起こし、又は外国から来て襲う事もある。これら全てが不慮の動乱であることからも、平素から武を忘れないことが国家の主たる者の務めであり、これこそが兵の正しい一面であり、武備のあるべき姿でもある。そこで司馬法にも「天下安らかといえども、戦(いくさ)を忘れたならば、則(すなわ)ち必ず危(あや)うし」と云っている。こうしたことから思えば、武は天下の大徳であることは間違いない。この趣意を十分に理解して、各人がその禄に応じて、備(そなえ)を弛(ゆる)めないのを真の武将と云うのである。又、利欲を恣にして人の土地を貪り、あるいは私的な恨みから武力を動かし、又は人の富貴を羨(うらや)んで妄(みだ)りに兵を出し、徒(いたずら)に人を殺戮し、国家の患(わずら)いをなす、これを国賊と云うのである。この二つをよく理解することで、国家の主(あるじ)たる者は武の本質を失ってはならず、かつ武の本質を会得するには文に拠らねばならない。文は書を読むのを基本とする。広く書を読めば、和漢古今の事情に達し、利害得失を判断できるので、誰が伝授するともなく、自然と文と武の本体を会得するのである。これらは私が根拠も無く云っているのではなく、日本や唐山における英雄の教訓である。この理に拠って思えば、一国一郡の主である者は、文武の道に暗ければ尸位※2、素餐という者である。慎まねばならない。
○上述したように、人々の主たる人は、臣下に文と武の二つを教えることが本来の職分であるが、その職分を知っている人の主は少ないものである。その上、異国における文武講習についての話、又は我国においても淳和奨学、鼓吹司・軍団を置いて、文武を教えていた話などはしばしば演説しているが、皆昔話として聞くだけで、これを当世に興し、施して、備をなさんと思い立つような人主はこれまで一人もいない。その訳は、幼主に文武の二つを教える父君と家老とがいないので、その成長につれてそれぞれの幼主の物好き次第で、あるいは遊び好きになるもあり、武芸好きになるもあり、詩文好きになるもあり、茶好きになるもあり、狩好きになるもあり、勤め嫌いになるもあり、国政嫌いになるもあって、各面々それぞれである。巻初でも述べたように、物には本と末があり、人主の本末を言うならば、文を学んで国を治め、武を盛んにして国を強くすることが本であり、茶の湯、狩猟等の雑事は末である。そうであれば、この末だけを知って、本を知らないように育てることは、父君と家老との過ちであって、最も悲しむべきことである。末である雑事を行なって楽しむことも、至極の悪行と云うほどではないけれども、始めに云ったところの尸位素餐の類であるから、先ずは本である文武を身につけてから末の雑事を楽しむようでありたいものだ。ここで語ったことは、武政の趣意であり、国の存亡に関わるところであることから、このようにこれを記すのである。人々は本末をよく弁えなければならない。

○右に述べた鼓吹司、軍団等の事を当世に施し行なうとしても、さほど難しいことではない。そうではあるがよく理解していなければ、異国の辟雍、頖宮※3等の図式にとらわれて、その建立が甚だ難しくなり、終には中止されることもあるだろう。これでは「柱に膠す」と云うものである。さて文武の教習さえよく行届けば、大きな目的は達成されるのであるから、その国の禄高に応じて手軽に建立すればよい。文武が成るか成らないかは、その国主の世話が届くか、届かないかによって決まるのだ。このことを十分に理解せよ。今も大名の国々に練兵堂(尾州)、清雲寮(備前)、時習館(肥後)、明倫館(長門)、稽古館(筑前)等の学校があって、それらは文の学問のみに限らず、武芸を講じて、文武を臣下に教えている。ただしその講習の内容は、浅薄にして十分なものではないが、全くその形すら無い国から見れば、勝っていることが甚だ多い。もしもそれなりの人物がいて学校を建立すべきだと思うのであれば、以下に図示するように普請せよ。それでもこれ又この一例だけにとらわれてはならない。国の禄高の大小によって為すようにせよ。

○左に図示する文武の学校は、巻初から繰り返し言及してきたように五〜六十万石の国の場合を一例として図示するものである。そうは云えども、これは定式の無い物なので、損益や広狭については自由に決めればよい。ただその趣意さえ失わなければ、一〜二万石の国と云えども必ず建

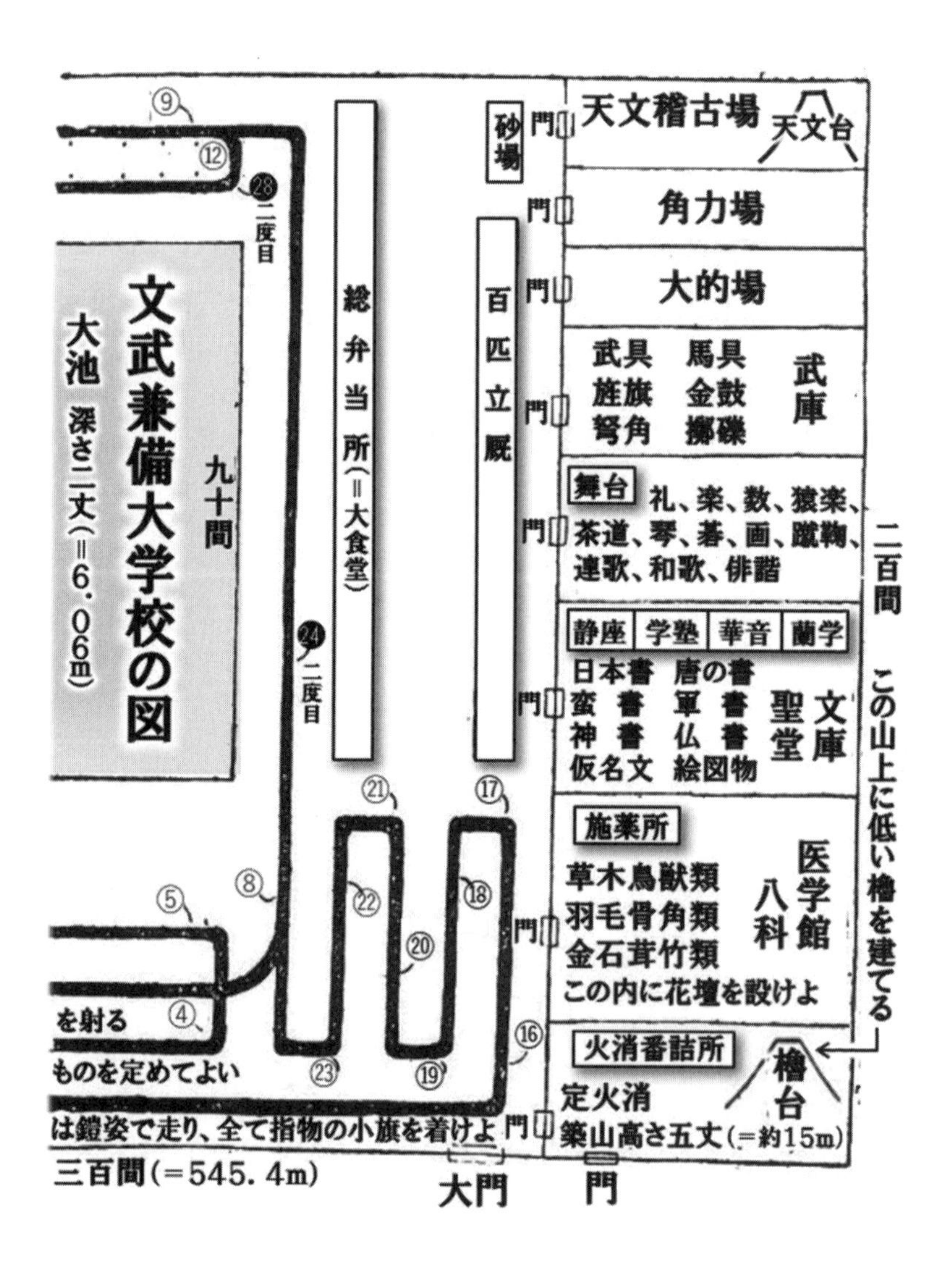

文武兼備大学校の図
大池　深さ二丈（＝6．06m）
九十間
二度目
二度目
総弁当所（＝大食堂）
百匹立厩
砂場
天文稽古場
天文台
角力場
大的場
武具　馬具
旌旗　金鼓
弩角　擲礫
武庫
舞台
礼、楽、数、猿楽、茶道、琴、碁、画、蹴鞠、連歌、和歌、俳諧
静座
学塾
華音
蘭学
日本書　唐の書
蛮書　軍書
神書　仏書
仮名文　絵図物
聖堂
文庫
施薬所
草木鳥獣類
羽毛骨角類
金石茸竹類
医学館
八科
この内に花壇を設けよ
火消番詰所
定火消
櫓台
築山高さ五丈（＝約15m）
この山上に低い櫓を建てる
二百間
門
を射る
ものを定めてよい
は鎧姿で走り、全て指物の小旗を着けよ
三百間（＝545．4m）
大門
門

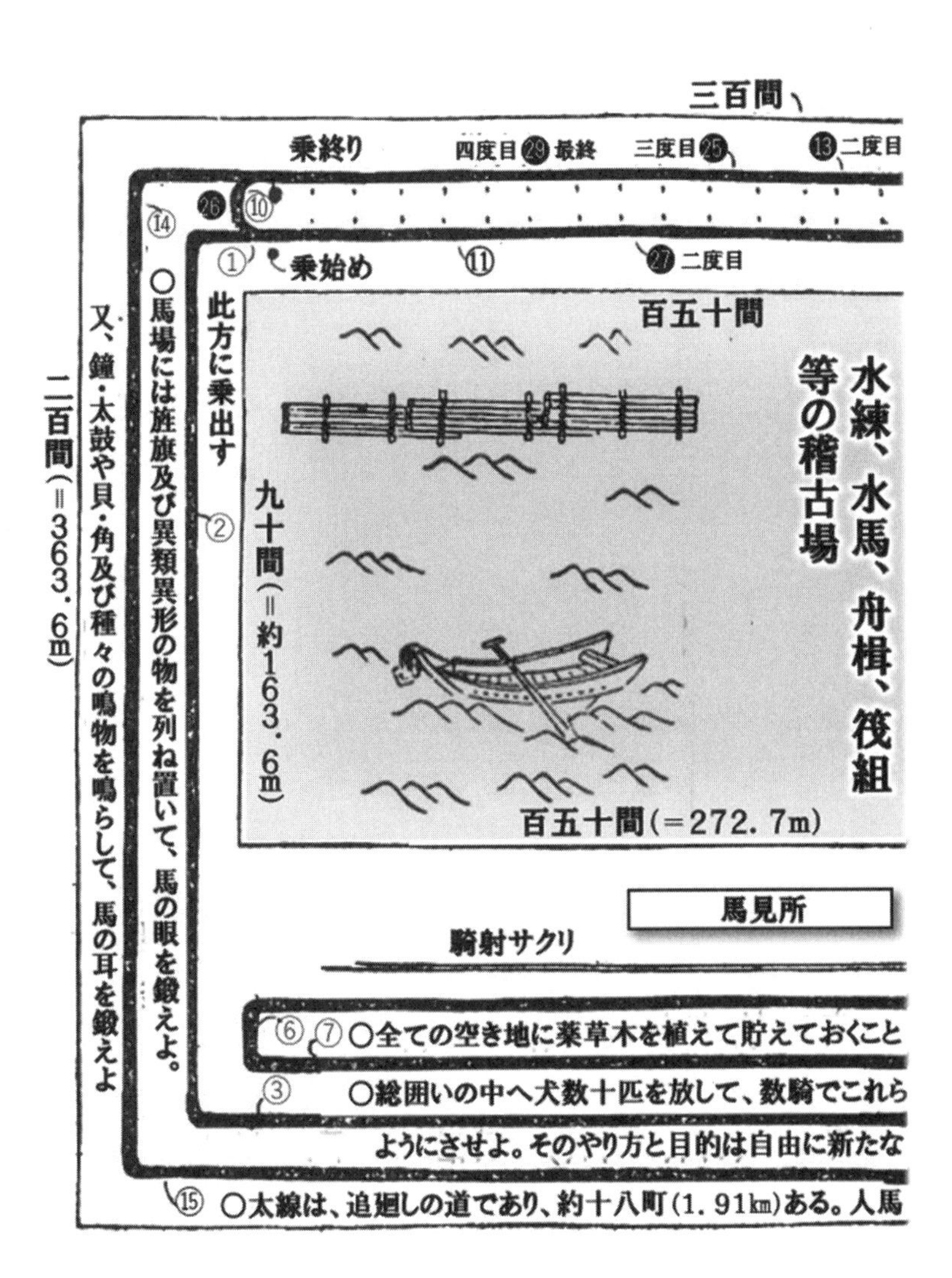
三百間
乗終り
四度目 29 最終
三度目 25
13 二度目
26
10
14
1
乗始め
11
27 二度目
此方に乗出す
百五十間
水練、水馬、舟楫、筏組等の稽古場
○馬場には旗旗及び異類異形の物を列ね置いて、馬の眼を鍛えよ。
又、鐘・太鼓や貝・角及び種々の鳴物を鳴らして、馬の耳を鍛えよ
二百間（＝363．6m）
2
九十間（＝約163．6m）
百五十間（＝272．7m）
馬見所
騎射サクリ
6 7 ○全ての空き地に薬草木を植えて貯えておくこと
3
○総囲いの中へ犬数十匹を放して、数騎でこれら
ようにさせよ。そのやり方と目的は自由に新たな
15 ○太線は、追廻しの道であり、約十八町（1．91km）ある。人馬

立できる。ましてやそれ以上の石高の国であれば、できないはずがない。ただし、返す返すもこの一枚の図にとらわれないようにせよ。

付記　学校の事については右に述べたとおりである。この意を推し広めて一家の内にあっては子弟を教える事も又、この趣意を以てせよ。そのようであれば、上は大将から下は士卒や庶民に至るまで皆が文武兼備の趣をよく理解し、その国柄、その人柄も当世の十倍にもなって目出度いことこの上もないほどになるだろう。これは大将一人の胸中にあることだと知れ。

○右のように文武兼備の学校を建立し、教化がよく行届いて、君臣が相互に和するようになれば、下位の者はよくその君主や上位者に思いを寄せるものである。全て人の主たる者は、俗人が一向上人※4を思うように、下位の諸臣にこの君主のためならば、と堅く思いをいたすようにさせなければ、軍を思うように動かして戦うのは難しいということを知っておけ。いずれにせよ、子弟が悪いのは父兄の愚昧に極まり、臣下や家来たちが悪いのは主君の暗愚に帰するということである。人の主たる者は、眼目を開いてどうすべきかを考えねばならない。このことを絶対にいい加減にしてはならない。

○人の主たる者に智が無く、術が無く、徳が無ければ、父の代には忠臣や義士であった者も新たな主を疎んじ、怨んで、あるいは隠居し、あるいは敵に通じ、あるいはその主を討とうという気持ちまで起こして、その御家に仕える武士たちは瓦が砕けるようになることは、和漢古今でもその事例が多い。中でも近世においては武田信玄父子の様子は多くの人の知るところである。信玄が生きていた時には、三十余人の大禄士たちが心を一つにして信玄に思いをいたし、忠義を全うしていたので、北に上杉、南に北条の両大敵があったけれども、甲州、上州、信州の三国に敵を一人たりとも入れることなく一生を終えたのであるが、信玄が死去してから勝頼の代に至ってわずか二年の間に、信玄時代には鬼神をも欺きその忠義は金鉄のようであった勇士等も、たちまち心気が弛み、勝頼を恨み怒って、急いで討死をし、あるいは身を遁れ、あるいは敵に通じ、あるいは主を討とうとする心が起こるなどしたことから、武田家はたちまち滅亡したのであった。これは他でもない、その主に徳と術さえあれば、その臣は忠義勇敢なのである。その主に徳と術が無ければ、その臣にも忠義が無く懦弱（だじゃく）なのである。人の主たる者は、心ひそかに考慮しなければならない。

○大名で身分が高くかつ奢（おご）れる身の上だけを知って、微賤で身分が低くかつ貧困である身の上を知らない者は、政治について知っている大名とは云い難い。又、国事は一人だけでやり繰りできるものではないので、家老や諸役人を立て置いて事を司らせるのだから、自らが国事に労するにも及ばない、などと云うのは遁れ言葉である。これもまた、国政に心掛けている大名ではない。

この類の大名は、太平の世には、公（おおやけ）の威徳によって幸いに禄位を保有しているが、事変があればたちまち国を失うであろう。慎むべきことである。
○徳のある国主、術のある大名は、領国から死に当たる罪を犯した人が出来て、やむを得ずこれを斬る時には、その斬る日は服装を整え、正座して、己が不徳なるがゆえに、領国から犯罪人が出てしまったことを恥じ、悔やんで、狩猟及び酒宴等の娯楽まで禁じて謹慎するものである。そうであるから、このような大名の領国には犯罪人が少ない。又、このようなことを慎むことがない大名の国中には、犯罪人が日々月々に多くなって人を殺害し、人を放逐することが頻発する。これを天に背くと云うのである。禍が必ず身に及ぶことになろう。慎むべきことである。
○大昔から五月五日には、家々にある全ての幟（のぼり）、小旗、鎧（よろい）、冑（かぶと）、太刀、薙刀（なぎなた）等を前庭に立て列ねて、相互に見物させたのは、すなわち武具改めの政※5である。しかしながら平和な時代が長く続いたことから、いつの間にか男児の祝儀の玩具となって、現在ではただ男児の有る家だけが飾り物をすることになってしまった。そうであるから幟には金太郎、猪、熊、猩々舞（しょうじょうまい）※6を描き、鎧・冑は紙でこしらえ、太刀、長刀は竹や木で製作し、甚だしきは遊女や天狗等の造り物を並べ立て、ただ単に児戯の物に過ぎないと世間一般にはみなされている。本来の意義は全く失われているのである。願わくは、今からでも全国津々浦々に号令して、古代のように男児の有無に拘わらず、家毎に本物の武具、馬具を飾らせて、互いに励ませたいものである。もしも紙の鎧、木の太刀等を飾っている者があれば、辱かしめよ。このようにすれば、五〜七年の間で、天下には武器が満ち溢れることになるだろう。これ一つでも大いに武備を助けることになろう。

付記　百姓や町人には五月の飾りを禁じなければならない。しかしながら百年来飾ってきたことであるから、これこそ金太郎、猪、熊等の幟だけでも許すべきであろうか。

○私が幼少の時、ある先生から「大名の目利※7」と云うことを聞いた。甚だ面白い説話である。紹介するので参考とされたい。これは私が考えついたのではなく、あくまで老先生の口授である。

その数箇条は左記のとおりである。

①巷では上を謗り、
②徳や術に勤めることなく妄りに福を神仏に祈り、
③不信や不義を国中で行い、
④毎年の飢饉で餓死する者があり、
⑤国中の道や橋は破損し、
⑥家老や重要な役人は頻繁に交替し、
⑦鷹狩りをめったに行なわず、
⑧直言する者を遠ざけて諫言を容れず、

⑨媚びる者とは知らずに終には諂諛※8の言説を受容れ、
⑩自らは国政を聞かず、
⑪百姓や町人に度々用金を申し付け、
⑫金を受取って賤しい者を立身させ、
⑬文武の芸を好まず、
⑭小禄の武士や微賤の者を軽くあしらって侮り、
⑮文武に優れた人が用いられずして下位にあり、
⑯賞罰及び是非正邪の裁判が速やかになされず、
⑰自分一人だけ智があると誇り、
⑱婦人の言うことを受容れて用い、
⑲家中の邸宅に度々遊行し、
⑳甚だ短気であり、㉑甚だ悠長であり、㉒甚だ色を好み、㉓甚だ財貨を好み、
㉔国中で賄賂が行われる。

右の二十四箇条の内、五つは容認してやれ。五つまで許した上で、さらに五つあれば、平和な世には国家が疲れて武道が弛む。乱世であれば戦に弱い。十あれば、平和な世には武士や民衆が怨み背いて服従しない。同列の大名からも謗られ笑いものにされる。乱世であれば家中がバラバラになって、一回の戦でその国は敗れる。十以上ある者は、たとい平和な世であっても国家が危う

い。乱世であれば戦を待たずしてその国は滅亡することになる。右の箇条に基づいて敵国の様子を探れば、その国に到着せず、その君主を見なくても、貧富や強弱について悉く知ることができるのである。孫子が「算」と言っていたのも、この類のことであると語っていた。私が思うに、これは実に簡潔にまとめた目利であるとともに、自らの戒めとするにも十分な内容である。先生が言われた教えは何と貴重なことか。

○人の世の中には五難がある。飢饉、戦乱、水害、火事、疫病である。この五つは異変であって定期的に起きるものではない。それ故、何時到来するかを予測することが難しいので、それに備えておくことが、一国一郡を領する人の第一の心がけである。その心がけとて特別なものではない。金と穀物の二つである。この二つを貯える方法は、二〜三千年前から繰り返し説かれている。とりわけ近年、荻生徂徠、太宰春台等の諸先生もしきりに力説しているが、行届かない。その行届かない理由は、世の中が華やかで侈り高ぶるにつれて、君主の執政への心構えが惰弱になったからである。惰弱になったが故に、身を苦しめて倹約をなすことができないのである。身を苦しめて倹約をなし、国家の不経済を取り直すことも出来ないほどに情けない心では、軍など到底出来るものではない。さっさと国を明け渡して浪人となるべきである。

○今の世の中において不経済を立て直し、五難に備えて金や穀物を貯えねばならないと思ったとしても、大昔から云われているように、道理一通りのことでは中々その方策が行き届くものではない。そうであるから身を苦しめて倹約に勤めなければ、金や穀物を貯えるほどの成果は得られないものである。さて身を苦しめるとは、美食を減らし、衣服を粗末なものにし、家の造りを簡素にし、出費がかさむような遊楽をやめ、妾や家政婦を大幅に削減し、贈答の品物を薄くして、唯一省かないのは公務だけである。右に述べたように自ら意識して実践することで、いかなる不経済も立て直し、金や穀物をも貯えて、そこで始めて武を張るようにせよ。これらは主君は云うに及ばず、小給の武士と云えども、この心掛けであらねばならない。これを武政の根本とする。
○世人にはお定まりの返答がある。心ある者が武備あるいは軍陣等の心掛けを談じたならば、これに対して言うには、「私は幸いにも平和な世に産まれたものだ。存命の間だけでも戦乱が無ければ、この上ない幸いなのだ。子孫のことはその時のことよ」と。このように云うのが十人中の九人である。これは悟りきった言葉のようであるが、その実は武備が無いのを恥じての言い訳に過ぎない。このように言う人こそ、凡夫の中の大凡夫と云うものである。恥ずかしいと思え。さて、及ばずながら天下のことや後世のことを憂えてこそ、真の武備と云うべきである。学者も又そのとおりであり、詩文や風雅のみに走って、世の中を苦にしない学者は、真の学者とは云い難い。ただの物知りに過ぎないと云うべきである。

○今の世では上下ともに穀物を賤しみ、金を貴んでいる。その心根は、飢饉の年になって米穀がどれ程高値になっても、金銀さえ多くあれば買い求めることは容易い。こうしたことから金銀を第一として穀物のことは心中に無いのである。これは甚だ危うい心掛けである。その理由は、三〜四ヶ国の飢饉であれば、豊年の国から飢饉の国へ廻して送るだけの米穀もあるに違いないが、もし二〜三十ヶ国も一斉に飢饉になれば、廻して送るだけの米穀などありはしない。その時になって金銀を煎じて飲んだとて、命が助かるわけがないのだ。およそ兵乱の世にあっては、農民も平穏に農作をするのが難しいのであるから、飢饉の年でなくても米穀は不足するものである。これらのことをよく理解して、金銀は命を救う第二番目の物であることを知り、米穀を第一、金銀を第二と心得て、平素から食糧にできるものを貯えることに勤めよ。これが国や郡を領する人にとって、第一の覚悟であるとともに、下は庶民に至るまで、この心掛けを忘れてはならない。こうした食糧の備蓄は、大にしては武備として国が用いるものであり、小にしては各人の命を活かすものである。これらは国主や領主自らがよくよく面倒を見なければならない。

食糧を貯える方法は、日本や唐山で昔も今も様々なことが説かれているが、一概に拘泥してはならない。ただ国土が肥沃か瘠せているか、その年が豊作か凶作か等を考えて、時に臨んで分量を定めて貯えるようにせよ。大概凶年は三十年に一度、大飢饉は六十年に一度程度で起きるものである。その心掛けで貯えよ。

○大将たる人は、道、天、地、将、法の意味を詳しく会得しておかなければならない。これらを知らなければ、一度は勝つことがあっても、大業を仕損じることがある。先人たちの偉業や失敗を考察しながら学び取れ。

○大将たる人は、たとい怜悧であっても、自分一人の才能・能力を恃みとしてこれを誇示してはならない。文武に長けた智謀の人を選び、重役に任じて配置し、国事や軍事について共に相談して計画せよ。これも又、日本や唐山の名将の仕方から学び知るようにせよ。孔子も「備は一人で求めるなかれ」と述べていた。

○今の世でも武術が行われている様であるが、文に基づかないので、武のみに偏ってしまう者が多い。弓術が特に流行しているが、ただ奉射の礼式のみを専らとして、武者が軍に用いる射術には疎い。このやり方は逆法である。武士の射術は先ず軍用法を習って、後に礼射を習うのを順法とする。十五巻目に述べている馬術も又、同じである。この心持を十分理解して武術を教えることが、大将の器と云うべきである。

○兵を出動させるにあたり、先ず敵将の賢愚、政務の善悪、武備の強弱、国郡の大小、土地の寒暖、人数の多少等を予め推し量り、こちらも相当の作戦を立て、相応の人数を遣わすようにせよ。

これを兵の算というのである。算無くして兵を出すときは、不覚を取るものである。そこで算は兵を用いる上で肝要であると云われる。こうしたことから、孫子にも「算多きは勝ち、算少なきは勝たず、況んや算無きに於いておや」と記されている。始めに述べた大名の目利というのも、つまり算のことである。

○大将たる人は、俗事や流行事(はやりごと)の類にもよく関心を持ち、又は陰陽家の説、五行の生剋、又は仏語、神託の類も軍事の外に学んでおかねばならない。たとい実用性が無いと云われても、人を使うのに便利である。古来、その事例も多々ある※9。

○兵を率いる者であれば皆、始めにも述べたように、日本や唐山の軍談や軍記物を数多く読み、名将が採った編成や、立てた作戦をよく研究して、その利害得失を斟酌せよ。地形、城池等、又は武具、馬具の類、あるいは鎧の緘毛(おどしげ)、旗、指物の製法、あるいは戦場の立振舞い、言葉遣い等を詳しく知るに越したことはないが、常人がこれらに拘泥すると本質を見失う。ただ広く大本を知ることが重要なのである。

○大将が兵士や民衆を扱うことについて、十分深く考えねばならない。温和にして柔に過ぎるようであれば、士民は柔弱になって、その精力も斉一にならない。又、辛酷にして猛に過ぎるようであれば、士民は離れて親しまず、或いは怨みを生ずるものである。韓子にも「猛毅の君は外難を免れず、懦弱の君は内難を免れず」とある。全てにおいて柔弱にして快いことばかりであれば、下の者は徒に親しむだけで、物の役に立たなくなる。例えば蜀の先主・劉備玄徳のように。又、心が離れて親しまないようであれば、人は怨み背いて長久を保つことができない。例えば楚の項羽、又は織田信長等のように。この二つをよく会得して、寛仁をもって親しみを厚くし、威厳をもって人を畏服させることが、良将の能力であると知れ。子産※10が「寛猛相済う※11」と云うのもこのことである。

○物に本と末があり、事に始まりと終りがある。兵に将たる者の本末を云えば、人を扱う事が本であり、城や池、着具の事などは末である。又、血戦の一事について云うならば、強いことが本であり、間合いを詰めたり開いたりする形態等は末である。全てのことは本をしっかり会得して、末は概略を知ればよい。孟子の「天の時は地の利に如かず、地の利は人の和に如かず」と云うのも、人の和は軍法の本であって、天の時や城郭等は末であると云うことである。これこそが軍家第一の秘訣であると知れ。

○不徳にして不埒であり、何も取り締まらない大将の家中は、家老及び末々の諸役人も同じく不埒で何も取り締まらないので、国家の経済が悪化しても心に苦しまず、金や穀物を備蓄する政策をも知らず、武備の衰微、武士や民衆の困窮及び悪風、又は盗賊が蜂起しても、道や橋が損壊する等までも心に憂きことと思わずに、ただ家老は身分が高いことを一家中に誇り、又面々の頭々はそれぞれを支配する権力を誇るだけであって、上の為ということを知らず、下の為などはなお知らず、君臣共にただ飲食や狩猟等の事に年月を送るのである。最も悲しむべきことではないか。これらの家士を物に喩えれば、糞中の蛆のようなものである。こうした糞蛆は糞中に生まれ、糞中で成長し、糞中を一生の住居とするので、糞の穢らわしさも、臭さをも、穢らわしいとか臭いとか思わずに一生を送るのである。これを清い所に住む虫から見れば、その穢く臭いことは、言語道断である。彼の不徳不埒な家の諸役人も、他の良識ある大将の家士から見れば、清浄な場所に住む虫が糞蛆を見るようなものである。その清穢や賢愚は天地ほど懸け離れている。不埒な家の君臣は、これを察しなければならない。

○将軍の五事とは、道、天、地、将、法である。詳しい事は『孫子』(第一篇 始計)に述べてある。

○将軍の五徳とは、智慧(智)、信頼(信)、仁愛(仁)、勇気(勇)、厳格さ(厳)である。

○用兵の五法と云って、兵を出すべき五つの場合がある。一つには敵国の政治が仁愛を欠いて、下民が苦しんでいるのを討つ。一人を殺して万人を救うのである。二つには敵国の君臣が不義無道であるのを討つ。三つには君主や父親の仇を討つ。四つには敵国の君主が無礼にして徳を破り、他国を侵略するのを討つ。五つには君主の徳が廃れて、上下が混乱するのを討つ。これらを五法と云うのである。
○将軍に十の過ちがある。一には自分が剛強なので、妄りに敵を侮る。二には臆病であり、よく敵を恐れる。三には自分が怜悧で頭が良いので、人を軽んじ侮る。四には愚鈍であり、いつでも事を人に任せる。五には貪欲で下の者から奪い取る。六には極端に潔癖であり、人が懐かない。七には仁愛を欠き、下の者に恵み与えることがない。八には短慮にして、かつ分別が浅はかである。九には緩み怠って、有利でも進まない。十には頑固で愚かなため、理不尽な行動が多い。これらの事を十分に慎むこと。
○将軍に上中下がある。上将は智謀によって勝ちを制して、勝ちを刃に恃んだりはしない。中将は兵法によって勝ちを制して、奇正分合がよく状況に合致する。下将は刃によって勝ちを得ようとし、兵法と智謀とを知らない。中世における足利尊氏卿と楠木正成と新田義貞とを見てみよ。尊氏卿は終始智謀によって戦い、正成は終始兵法によって戦い、義貞は終始刃によって戦った。これこそが、この三将の上中下である。
ある人が云うには「何をして尊氏卿の智謀であると言うのか」と。これに答えて云うならば、北条高時が繁盛している時には、鎌倉に参勤して高時の縁者となって、他家であっても一門と同様に奔走された。これが一つの智である。高時が度々兵を出して合戦があったけれども、尊氏卿は一度も軍に赴かれたことがない。これが二つ目の智である。七枚の起請（きしょう）※12を書いて高時を安心させ、速やかに鎌倉を出発した。これが三つ目の智である。後醍醐天皇の側に付いてから後は、よく天皇をなだめ賺（すか）して、官位も禄も共に新田義貞、楠木正成、赤松円心、名和長年の四人の功臣の上に立つ。これが四つ目の智である。既に天下の武将になろうという望みがあったが、その妨げとなるに違いないのは大塔宮、義貞、正成、円心の四人であることを了知して、先ず大塔宮を嘘の訴えをして牢獄に下し奉り、義貞には女色により武備を怠らしめる為、准后に近づいて勾當内侍（こうとうないし）を義貞に賜るようにさせ、円心には天皇を恨み奉って反逆の心を生じさせる為、播磨国の守護職を召し放させるように奏上して仕向け、正成は正直な忠臣にして、かつ低い身分であるということを知ったので、敢えて嘘の訴えで貶めることもせず、ただ厚く遇して無礼な対応もしなかった。これらの事が五つ目の智である。鎌倉において北条時行に打勝って※13その機を外さず、直ぐに征夷大将軍と名乗った事は、六つ目の智である。箱根において義貞に打勝って、間を置かずそのまま京都へ攻め上った事は、七つ目の智である。京都の官軍に大いに敗北した時は、畿内や近国に片時も足を留めず、飛ぶように九州まで逃れ下った事は、八つ目の智である。逃れながら院宣を申し受けて、天下を天皇と天皇の御争いに為して、自分は朝敵の名を免れたのは、九つ目の智である。九州へ逃げ下って、落人の身でありながら少弐、大友等の大諸侯をたちまち帰服させた。これが十番目の智である。湊川に正成を討っても、その首を獄門にかけず、却って本国に贈って葬送をさせた上、楠木家の分国である摂津、河内、和泉の三州には絶対に侵入しないと言い伝えることで楠木家の心気を緩ませて、敵を少なくするという術を施した。これが十一番目の智である。再び京都へ攻め上って、後醍醐天皇及び義貞等を叡山に追い籠めて後、さほど大規模な攻撃もせずに百余日を過ごし、天皇及び諸官軍の気の弛みを察して、天皇に和睦を乞い奉り、下山なされ参らせて、刃を血でぬらすことなく叡山を陥落させた。これが十二番目の智である。新田義顕（義貞の長男）の首を得て、事々しく晒し首にした。これが十三番目の智である。天皇が京を逃れて南朝を建立なされたが、それが未だ完成していないことを知っても、襲わなかった。これが十四番目の智である。これらの事は尊氏卿の智と言うべきである。この他にも日本や唐山での古今の大将たる人の所業を考察して、よくその上中下を会得し、後の将たる人も、上の境地に至るべきことを希（こいねが）うようにせよ。

○多は少に勝ち、強は弱に勝つのは、自然の理（ことわり）である。そうであるから、一国一郡でも主たる者は人を多くし、人を強くする術（すべ）を知っておくことが、兵家にとって最も肝要である。そこで孔子も子貢（しこう）※14に対して「食足りて兵足る」と教え、冉有（ぜんゆう）※15に「庶、富、教※16」を語られたのであった。

これらのことをよく考えてみよ。さて人を多くするにも、強くするにも、武士を土着させなければならない。武士が土着すれば、奢り高ぶることがなくなる。奢り高ぶらないので、贅沢して貧しくなることもない。貧しくないので、禄に応じて普代の家の子、並びに武具、馬具等を心掛け次第で所持できる。その上に武士が土着すれば、山林では鳥獣を狩り、水辺では漁労し、又平素から馬に乗って走りまわるので、自然と馬術も上達し、又遠方の人と互いに往来するので、山川の悪路にも慣れ、筋肉や骨格といった体つきが勇壮になるのである。これぞ真の武士と云うべきであろう。普代の家の子を多く所持できるので、軍役も多いものだと知れ。

○大昔は兵を農民から取っていたので、兵の数が今の世に比べて二十倍であった。中世以来、武士と農民とが分れて、兵を農民から取らなくなったので、兵の数は大いに減少した。それでも武士は皆が土着であったので、今の世に比べれば十倍であった。天正年間※17以来、武士は土着せずに城下詰になったので、兵の数も又大いに減少し、中世から見れば十分の一になったのだと理解せよ。（備前の「二万の里」の由来等を考え合わせて、農兵が多かったことを知れ。※18）願わくは武士を土着にして、譜代の家中を多く扶持（ふち）させるようにし、又地頭や領主の思いどおりに百姓を兵に仕立てる制度があるのが望ましい。さらに坊主、山伏等をも組織化して、軍兵に用いるべきであり、こうした事も将帥の胸の内にあらねばならない。このように心掛ければ、兵の数は古代の多さに戻るであろう。それでも二百余年もの長きにわたり行われてきたことであれば、急速に改めるのは難しい。最初にも述べたように、三十年の期間をかけて改革すべきである。

三十年を期間とすることは、これまでに三度言及している。しかしながら日本人のせっかちな気質には、迂遠に思えて動こうとしない。却って唐風だ、とか机上の空論だなどと罵って、理解しない人が多いけれども、これは軽薄な風俗に任せて、現実を重視した地道な修養を怠っているからである。唐山やオランダ、ロシア等で大事を成したのを聞くに、三十年などはおろか、五十年、百年、三百年を期間として計画・立案することがある。そうであるから、五代も十代も経て、祖先の志を成就することもある。これらは皆、国政の宜しきと人心の堅実さとによるものである。羨ましいことだと思わねばならない。

○上述したように、武士に大禄を与える事は、その禄に応じて陪卒を出すようにさせて、軍役に充てる事である。しかしながら、現在のように武士が土着しない時代には、華やかで贅沢(ぜいたく)なことが盛んになって士太夫は悉く貧窮するので、軍役の人数を譜代にして召し使うことができず、ただ一季か二季限りの渡り者を召し使うことになる。なる程、平穏な日々にあっては軍役に必要な頭数はある様に見えるが、戦に出動するに当たって、命が危うくなるような場所へ召し連れたならば、主の先途に進み出て命懸けで戦う者は、十人に一人か二人であろう。そのような時には、二〜三石の足軽も自分一人、二〜三百石の士も自分一人のことしか思わないようになるに違いない。これは（忠誠心に満ちた）譜代ではないからである。譜代の利点については、十四巻目の人数積の箇所で詳述した。このような時代には、武士に大禄を与えるのはほとんど無益であると云えようか。又今の世では、五百石で馬一匹、一万石で十六騎と覚えている人も多い。甚だ事実と異なるようである。武士が土着すれば、五百石の禄であっても馬の二〜三匹、若党の七〜八人、十人、乃至二〜三十人も出すことができ、一万石であれば、騎馬の五〜六十、軍卒の七〜八百、あるいは千人も出せるものである。これらの事は、土着の様子を知らない今の世の武士には理解し難いことと思われるであろう。今でも土着を維持している大名の家士に問うて、私が言ったことが妄言ではないことを知れ。

○大将たる人は日本と唐山の軍談や記録の書を多く読まねばならない。自然のうちに名将と愚将の巧拙の違いが解るようになる。これらを十分に理解して利害得失を考察すれば、苦労して一流二流の軍学を伝授されるよりも有益であるものと思え。

○大将たる人は文武両全であることを目指さなければならない。日本と唐山に大将たる人は多いが、文武二つながら備えている人は少ない。異国においては武王[※19]、呂尚[※20]、斉の管仲[※21]、漢の二祖[※22]、蜀の諸葛孔明[※23]等であろうか。日本においては、神武天皇と神祖・徳川家康の二君である。後世ではロシアのピョートル一世[※24]日本で正徳年間（一七一一〜一七一六）頃の国主である。であろうか。この王は五世界に君臨する唯一の皇帝になろうとして、徳を布き、武力を展開して、数代を経た今でもその命令は弛むことがない。文武両全の統率者と云うべき人物である。全ての大将たる人は、たとい及ばないまでも右に挙げた事を心掛けよ。これは心術にある。又、こうした文武両全の統率者よりは一等下がる例であるが、源義経が奇襲や急襲に長じ、武田信玄・上杉謙信が士卒をよく訓練し、太閤・豊臣秀吉の猛威、加藤清正の突撃戦のようなものは皆、それぞれ個別の妙処[※25]である。その妙処を選んで自分にも兼備えたいものだと思え。これも又、大将の志気と云うべきである。

○大将たる人に〝威〟が無ければ、民衆を畏服させることができない。威というものは、法を厳格にすることと、尊大で驕り高ぶる者を誅することによる。又、〝明(めい)[※26]〟が無ければ、衆人の励みも薄く、怨みを生じることさえある。たとい小さな功績でも、しっかり賞することこそが明である。この二つのものは、大将たる人に最も必要とされる徳である。

○昔の名将は皆、一騎当千の士を懇(ねんご)ろに召使い、自身の警固役として旗本に備えていた。漢の高祖の樊噲(はんかい)、周勃、蜀の玄徳の関羽、張飛、趙雲、頼光の四天王、義経の八勇士、義貞の十六騎、正成の二十八人党のようなものは皆、陣中を堅固にする為である。将たる者は心得ておかねばならない。軍家で「中ご」「身堅め」等と云うのも、この事である。

○馬の乗り方や飼育法は、ほとんど古法を失っている。詳しいことは十五巻目に述べているとおりである。これ又、軍務(いくさごと)の特に中心となる考えであって、最も忘れてはならないことである。
○全て軍(いくさ)は大勢の人を一致して用いる事である。大勢を一致させるのは、法を立てて行動を統制することで無しには為し難い事である。そうであるから、善く兵を用いる者は法を厳格にしてきた。武王の四伐、五伐の法を始めとして、孫子が美人を斬り、司馬穰苴(しばじょうしょ)が荘賈(しょうこ)を斬り、曹操が自分の髻(もとどり)を切ったような類は皆、名将が法を貴んだ事例である。法をゆるがせにするのは、愚将と云うべきである。日本に名将と称する人は多いと云えども、皆が天から授かった才能だけで学問が無い人々なので、通達の意義や理(ことわり)に疎く、ただ勢いを専らにして法を立てることを知らないので、その軍立てが斉一ではなく、堂々整斉とした威儀に欠けていた。威儀を欠いていただけではなく、不意に突破されてしまった例も多い。これらは法を重んじなかったことによるものと理解せよ。
○軍は不意にして神速であるのを貴ぶ。韓信は木製の甕(かめ)で河を渡って魏豹を破り、源義経は鵯越(ひよどりごえ)を落として須磨の平家を破り、渡邊を渡って屋島の平家を破り、新田義貞は一夜で評議を決定して鎌倉を踏破った類は皆、戦機を看破して危ぶまなかった。これらが兵法家の妙機であると知れ。
○大将たる人は戦法、戦略、兵器、守攻の道具に至るまで、時宜に適った工夫を思いめぐらして、どのようにでも臨機応変して取り廻さねばならない。楠木正成が油を浴びせかけて鎌倉勢の梯(かけはし)を焼き落とし、又泣き男を出して足利軍の警戒心を緩めて不意を討ち、織田信長が長柄の槍を製作して強敵を挫き、島津家が関ヶ原を退去した時、戦士に種子島を腰差にさせて（常に刀と鉄砲の両方を使えるようにさせて）退却を有利にしたような類は皆、将たる人の臨機の権謀である。兵を率いる人は、心得ておくべきことである。

○善く兵を用いる者は、敵を発見した時には士卒が闘うべきことを願い、既に刃を交えるに至っては、士卒が進んで死すべきことを願い、退却を命じる鐘を聞く時には士卒が怒る。これらの事は皆、大将の才術によるのである。こうしたことから伝えられるに、「説いて民を先んじ、民その労を忘れる。説いて難を犯し、民その死を忘れる」と云われる。そのように説得できる道理は、大将の心のうちにあるのだと知れ。

○兵器は多いと云えども、昔は有って今では絶えたものがある。今盛んに使われているが実用性が無いものもある。よくこうした二つの分類を比較検討し、絶えたものを再興し、無用なものを捨ててしまうことは、これも又大将の器量によるのである。

○唐山では大昔に振旅（しんりょ）、治兵、操練などと云って、兵馬を集めて軍（いくさ）の稽古をしていたものである。もっとも今の世にあってもその法は途絶えることなく、諸国に毎月、軍の稽古があるということを、明和の頃（一七六四〜一七七二）に唐山に漂流して無事に帰還した者たちが直に見てきたのである。日本でも大昔、都には鼓吹司（くすいし）を置き、国々には軍団を置いて、軍の稽古をすることを強制し、その上に犬追物、牛追物等があって、人馬の足並みをそろえ、練度を均一にすることが度々行なわれていたが、近世には絶え果ててしまった。現在の相馬家の妙見祭、我が仙台藩の巻狩り等は古（いにしえ）の遺風であって、一見すると治兵、操練に似ている行事であるが、残念ながらその法は粗略である。そうは云えども又、武を講じる一端には違いない。これに加えて一つ二つの精しい法を以てすれば、真の治兵、操練とも云えよう。大将たる人は奮発して、これらの事を諸国で始めてもらいたいものだ。

○今の世では弓、鉄砲、長槍等の組を区分して置き、弓組は鉄砲を知らず、鉄砲組は弓を知らない。このようになるのは、一方利きであって不自由な教え方である。弓、鉄砲、長槍等はその組々に区分して置くにせよ、稽古は弓、鉄砲、長槍等を交えて教え、両用使いに育成して配置したいものである。これも又、大将の器量次第である。

○諸軍家に陣中に召されて同行する役職者と云うのがある。その職種は家々により違いがあると云えども、大概は医者、儒学者、出家僧、猿楽、金堀、算勘（会計士）、弓工、銃工、鍛冶、染師、塗師、咄家（はなしか）等である。この内、猿楽と咄家はほとんど無用の者なので、省いても害は無い。出家僧も無用の者に近いが、討死した者を取扱う役にすることで、死を重んじ、人道に背かせない為の道具にもさせ、又は敵方への使いの役に使うこともあるので、召し連れるべきである。これら以外の職工人は皆、有用の者であるから省いてはならない。それでも現在のように、弓師は弓師、鍛冶は鍛冶として、兵とは別に役職人と称して召し抱えておくのは、兵術上の観点を欠いていることの一端である。大将の心掛け次第で弓工、銃工、鍛冶、染師等は足軽が兼務するように育成しておくことができるものだ。もっとも武士であってもこれらの細工を経験させ、技術的なことを覚えているように教育しなければならない。元禄（一六八八～一七〇四）の頃までは、草鞋（わらじ）や馬沓（ばくつ）を自分で作ることができない士などは、同僚に嘲笑されていたと聞いたことがある。ところで儒者についていては、少し学んだだけの理屈者では、ほとんど物の役に立たない。理屈を離れて業（わざ）に達し、博覧にして多くの事例を知っている者を採用せよ。

○今の世では硝石、硫黄等は皆、商売人の手から買い求めることになって、金銀さえあればこれに不自由することがないと思う人が多い。しかし、戦乱が起こる時には、商売人も通行できないものである。その時に至っては、自国で産出される物がなければ、やがて行き詰まることになる。これも又、大将が処置すべきことであり、硝石、硫黄、鉛、篦竹（のたけ）の類は、各自の領国から入手できるように手配しておくべきである。

○今の大名には諫役（いさめやく）の大臣がいないので、君主はその身の非を知らないでいる。たまたま思い切って諫める者があれば、たちまち不遇になって、職を剥ぎ、禄を削って、恥を与えるので、自然と忠臣の道を塞いで、ただ今日君主に受容れてもらえる事だけを言って日を送るのである。こうしたことから、君は君たらず、臣は臣たらずの国が多い。願わくば一万石以上の大名は諫役の家臣を定めておいて、どれほど君主の気に障ることを申し上げても決して罪としないという規定を立て、諫めさせよ。自然に自身の非を知ることになるだろう。非さえ知れば、国家の幸いとなるものであると思え。又一つには、別に諫役を立てるにも及ばない。家老職の者であれば、少しも遠慮せずに諫めよ。もしも諂って諫めない者があれば罰すると申し渡しておけ。そして家老は皆、一同に会して言い合わせ、よく心を合わせて諫めよ。諫めない者があれば、同役により申し上げて職を剥奪せよ。これを国家の定法とすれば、上下各々が非を知って、家は斉い、国は治まるに違いない。誠にこのようであれば、一身のためだけではなく、公儀への忠義、領国への憐愍[27]、文武の基本もこれに勝るものはないだろう。大将たる人はよくよく考慮して、諫言を求めよ。これを怠ってはならない。

○国郡を領する者は、それぞれの領国の気温の寒暖をよく承知して、それに応じた処置をせよ。しかしながら北緯三五度[28]より南の地は暖かいがゆえに、春夏の暖暑も早くやってきて、かつ強く、秋冬の冷寒は遅くやってきて薄いので、麦が雪で朽ちることなく、稲も青立ち[29]に患わされることがない。その他にも草木が繁茂しやすい。それゆえ産物も多くなり、金銭や穀物の収穫も多いので、国家の統治もやり易い。又、北緯三六～七度※30より北の地は寒いがゆえに、春夏の暖暑も遅くやってきて、かつ薄く、秋冬の冷寒は早くやってきて強いので、麦が雪で朽ちることが多く、稲にも青立ちが多い。その他にも草木が繁茂し難いので、産物も少なくなり、金銭や穀物の収穫も少ない。従って、国主も貧乏になりがちで、諸士も貧乏である。上下の者がいずれも貧乏なので、上下の武備も弛むのである。寒冷地を領する人は、よくよく配慮しなければならない。配慮すると云っても、特別な事ではない。寒気に負けない草木を育て、国の産物を多くし、それによって国の所要を充足し、通商をも多くして、財貨を盛んに流通させるようにするのである。

さて、温暖の地は草木が生えて茂り易いので、手入れ次第でどんな作物でも育てることができる。北緯三六～七度より北の地は、草木が生えたり茂ったりし難い。強いて植えても茎や枝だけが成長して実らない物がある。たとい実っても作物として収穫できる実にはならない物がある。全て温暖地に比べれば生茂や虚実は半ばするものである。これらを考慮しなければならない。先ず寒冷地でも生茂し易い植物は、木であれば漆（実で蠟を作り、汁で漆を作る）、桑（養蚕して絹綿を作る）、楮（こうぞ）（紙を作る）である。この三木は寒冷地にも生茂し易く、大いに役に立つので、寒冷地の宝と云うべき物である。（三木は山野、川端、或いは屋敷や畑の境等に植えよ）これら以外にも胡桃（くるみ）、榧子（ひし）※31、珍菓（ちんか）を家毎に植えておき、実の油を取って家庭での日用品とせよ。（珍菓は奥州で産出する木である。『大和本草』に「シラ木」と出ている。『本草綱目』には「婆羅得」と云う物がこれであると述べている）草であれば麻である。寒冷地では木綿が生えないので、皆が他国の木綿を用いるが、それにより自国の財貨が他国に流れ出て、自国の経済を悪化させている。そこで寒冷地では、自国で産出する絹と麻布と紙布(しふ)とを用いて、他国の木綿を禁じよ。そうすることが、寒冷地における一つの経済政策であると理解せよ。

○国が自給自足のために新たな農産物を始めるのであれば、それまでの水田稲作を一切妨げず、壮年男女の労力を費やさず、代わりに老人、廃人、少年少女等の農業を勤めていなかった者の仕事にして、それらを集大成すれば、大きな国産品になるだろう。しかし、このことを理解できずに良田を畑に変え、壮年男女の労力を用いて新たな農作物を始める者がいる。財貨は流通して賑わう様であるが、やがて穀物が不足するようになって、実に好ましくないことである。こうしたことを十分に配慮しなければならない。さて又、右の産物以外にも、諸々の細工物を庶民や諸家中にまで教えて数多く造るようにさせ、国の需要を充足し、財貨をも流通させるようにせよ。既に『六韜』でも大農、大工、大商を三宝と云っている。詳細にわたり工夫しなければならない。さて、このように国を富ませ、人を富ませることを説いているのも、必要な武力を充実させるためである。いかに国の君主が命令を下しても、又は人々の気持ちがやたらと武を好んでも、貧乏であれば武力を充実させることができないのである。国家に武備が無いのは、国にしてその国にあらずと云うものである。そうであるから、古代唐山でも聖人の政治は農業と倹約とを教えて国を富まし、人を富ませて武力を充実させる事を第一に教えた。オランダの政治は、その国が寒冷地で穀物や産物が豊富ではないことから、万里の外国と通商して、諸国の財貨を自国に取り入れ、商業を主軸として大いにその国を富ませて、徹底して武力を増強し、小国にして大国に挟まれながらも千八百年来一度も他国からの侵略を受けたこともなく、その上遠く万里余りも隔たっている呱哇國(ジャワ)を切り従えて自分たちの領地とし、又、アメリカ洲の中においても一国を切り取って、新阿蘭陀(ニューネーデルラント)※32と名付けて自分たちの領国としたのであった。何と見事なことか。何と勇ましいことか。よくよく考えてみよ。

○国の君主と家老とが無学で為す術もなければ、国家は貧窮する。貧窮すれば領国中の河川の治水工事が疎かになる。疎かになるので、年々夏と秋の小さな洪水にも堤が押し切られる。そのため、田畑は水浸しになって、永く荒れた土地が年々出来てゆく。これは貧窮の上に又、収穫の不足になる一つの要因である。又、橋々の補強工事も疎かになる。疎かになるので、これ又年々の小さな洪水でも橋が落ちる。これゆえに領国中の数多の橋々を一年に二～三度ずつは工事することになる。工事のたび毎に大きな橋では人夫三～四万、小さな橋でも人夫五～六千ほどを使役し、しかも半数以上は賃金を支払って取り立てるので、百姓の労力が不足して、天候上は凶年でなくても、田畑は不毛である。これが収穫不足になる二つ目の要因である。この二つによって百姓は疲労して、農業を楽しく思わないので、いつの間にか農作業に励まないようになり、従って百姓も貧乏になる。そこで、あるいは逃げ出して他国に移る者もあり、あるいは農業を捨てて商人になる者もあるので、郡や村の人口が減少して、田畑はさらに荒廃する。これが収穫不足になる三つ目の要因である。収穫がいよいよ不足するようになって、諸侯の御家もさらに貧窮するので、毛見(けみ)※33と称して腹黒い官吏を村里に遣わし、年貢を責め立てる。責め立てられた百姓等は、その〝奸吏〟に賄賂を与えた上で、豊作であっても下作であるように見せて、諸百姓の年貢を少なくしてもらう。これが収穫不足になる四つ目の要因である。この四つに起因する不納によって御家も又、さらに貧困になるので、家中諸士の俸禄から借りることになる。一年借りても足りないので、三年も五年も借りる。三年、五年と借りても、それを収益に結びつけることができず、働いて貧困を取り直すこともできないので、綿々として三十年も、五十年も借りて、それが常態となることから、家中諸士はことごとく貧乏になり、禄相応の武備を揃えることができないだけではなく、譜代相伝の家人にも暇を与え、又は在来の武具、馬具等でさえも売って代金として、日常生活の助けとするので、諸士の武備も弛(ゆる)む。武備が弛んで人心は惰弱である。人心が惰弱になれば、義理を捨て、法を守らないで、皆がそろって無頼不法の風儀となり、終には国家が傾くのである。これは全く国君一人が賢いか、賢くないかによるものであって、天の災いでも、人の過ちでもないものと思え。よくよく考えれば、大名の貧困とは気が弛んで武を忘れてしまったことに起因するものである。大名でありながら武を忘れてしまっては、幸いに太平の世に生まれて、高位や大禄を保有していても、尸位素餐（しいそさん／しかばねだいみょうのむだぐい）と云うものである。何と恥ずかしいことか。何と悲しいことか。

○上述した所の気温の寒暖、又は国土の経済、文武を奨励する筋道までよく理解していても、自分一人が知っているだけでは、ほとんど物の役に立たない。その国の上下万民の皆が知ることができ、皆が勤めるのでなければ、善の善ではないのだ。これを実現できる方法は、その国々の寒暖に応じて処置すべき事、産物や細工物等を新たに興す方法、及び文と武とを廃れさせないための掟とを、詳しく分類整理してそれらを修得する方法を記し、これをその国々の国学の書と定めて、仮名書きの出版物にしてその国に普及し、国君、家老、諸士、庶民までよくその国学の書に精通して、よく実行するように教えることである。たといいかなる技術や能力があっても、その国学の修行が無い人は罰しなければならない。これは人を恵み、人を富まし、国を利し、武を振るうための術であり、国家を堅固なものにする上で欠くべからざるものである。つまり、文があっても武がなく、武があっても文がなく、また文武があってもこれを国家に及ぼし、人に施すことができなければ、その一を知ってその二を知らないとも云える不具の人であると心得よ。これらの事は私の妄言ではなく、全て聖賢の遺した教えである。よくよく創意工夫せよ。
○大昔の兵を論ずる者に数家ありと云えども、七書[34]に過ぎず。その中でも戦いの〝機〟について優れているのが『孫子』と『呉子』の二書である。しかしながら、戦いの機だけを論じるのは、兵の大本を知っていると云うものではない。その理由は、兵の大本は国家を〝経世済民(世を経め、民を済う)〟するためであるから、〝治国安民(国を治め、民を安んずる)〟の道を知らないのは、真の兵家とは云い難い。この故に大昔の聖人である黄帝[35]、尭[36]、舜[37]、禹[38]、湯[39]、文[40]、武[41]、周公[42]は皆、軍の名人であった。その証拠は、黄に握機があり、舜や禹には三苗、有苗の征があり、湯や武には桀紂の放伐があった。周公に司馬法があり、この他にも晋の六卿[43]、魯の三家[44]、斉の管仲といった輩が、平和に治まっている時期には文によって国を治め、戦乱になれば戎車[45]に乗って征伐した。このような人々は、文武一致であったがゆえ、大本を知っている兵法家と云うべきである。後の世になって文は文、武は武と別物になったので、それらが用をなすのも一つに偏って不自由になってしまった。その上、春秋時代にはすでに大本を忘却して、宋襄[46]の様な人さえいた。漢にも陳餘[47]のようによく理解していない人が出てきて、聖人の道を借りて兵を誤ったことから、聖人の教えは兵の役に立たないものと思う人が多い。この考えは大いに誤っている。よって、こうした事をしっかり理解しているのを真の兵法家と云うべきである。

七書の中でも、これらの事柄を述べているのは、太公望の『六韜』と黄石公の『三略』である。孫子と呉子は戦いの機だけを論じ、太公望と黄石公の二子は文武一致の趣旨を論じている。又後世にこの境地に至ることができた人は、漢の二祖、蜀の諸葛孔明、唐の太宗、我が神祖・徳川家康の他にはいない。これらは兵家第一の秘訣である。この境地をよく会得したならば、平和な世においては廊廟[※48]に居ながら、国主や諸侯の長としての業を興し、戦場にあっては兵士を率いて、臨機応変に戦え。このような状態にあるのを、実に先王[※49]や聖人の兵と云うのである。ゆえに、これ以下は国家経済の筋道を述べて、兵の心印[※50]とするものである。さらに十分なものにすべく工夫を加えよ。こうしたことからも、大昔は「戈を止める」のが「武」と云うものだとされた。しかしながら、後世の兵の有様では、「戈を止める」ことには成らないのである。後世の武ではただ単に、城を落とし、人を斬り殺すことに勤めるのを優れた者とする。これは楚の項羽や木曽義仲の類である。武と云えば武ではあるが、兵の大本には適っていない。実に一方に偏った不自由な者であって、先王や聖人が大いに忌み嫌うところである。そもそも武には神武、威武、凌武の三つがある。自分なりによく考察して創意工夫せよ。こうした考え方は、世間一般の見解とは大いに異なっている。多くの人に考えてもらいたい。

○天下国家において主たる人は、経済の術を知らねばならない。ここでは経済とは、「経邦済世」すなわち邦を経めて、世を済うのであって、「経」は道筋、「邦」は国である。国に道筋をつけるのを「経邦」と云う。「済世」の「済」は渡すことであり、これをあちらに渡し、あれをこちらに遣わすことである。「世」は世の中である。世の中の人が住み易いようにしてあげるのを「済世」と云うのである。先ず「国に道筋を付ける＝経邦」とは、士・農・工・商には士・農・工・商の道筋を付け、山沢・河海・田野には山沢・河海・田野の道筋を付け、牛馬畜類には牛馬畜類の道筋を付けることである。「済」とは、第一に人々がその処（ところ）を得るようにしてあげることである。例えば、武士の気風が奢り高ぶって武備が弛むようであれば、奢りを抑えて、武備を引き締めるように仕向け、或いは米や穀物が通常より高過ぎたり安過ぎたりする時には、その値段を通常に戻すようにし、或いは武士が貧窮すれば富ますようにし、或いは商売の利益が大き過ぎればその利益を抑えて利権を奪い、或いは地の利を尽くし、又は工商の利益を取り立てて国を富ますようにすること等、全て世の中の人が住み易いように取り計らう事こそが「済」の本来の意味である。この二つを統一して「経済」と云うのである。さて、経済を具現する大きな考え方として二つある。封建制と郡県制である。唐山では夏、殷、周の三大は封建制であり、秦以降に郡県制となって、今の世まで変わることがない。日本は古代には郡県制であり、今の世は封建制である。封建とは国々に大名を建て置いて、その国の政治、処罰等はその国主ごとに任せて、朝廷や幕府が処置することはない。郡県とは大名を建てることなく、国々へは朝廷・幕府から国の守（かみ）を遣わして、その国郡の政治や処罰を司らせるものである。封建の大名は子孫が相継いで、幾代もその国を持ち続け、国の守は三年～五年で交代することになっている。封建制は幕府が土地を分け与えて、大名と共に天下を守り、郡県制は土地を分け与えず、国々を役人に管理させて、天下中の政策を幕府の役人に実施させるものである。経済の大きな考え方は、この二つである。これら二つの制度の優劣を評価するのは、その時と場合によるのであって、むやみに優劣を論じるべきではない。そうは云えども、明が韃靼（だったん）（タタール）に国を奪われたように、もしもその時に封建の大諸侯が数多あったならば、共に義兵を挙げて北方異民族の軍を討ち、烏金王をして唐山の主にはさせなかっただろう。このケースに限定して見れば、諸侯が無かったのが失敗だった、と云ったようなものである。又、国を統一しようとする人の立場から見れば、諸侯など無いほうが得である。そうであればこそ、この二つの優劣は、ケースごとの利害得失を論ずるべきであり、一般論として論ずべきものではない。さて、日本において経済ができたのは、多くは唐山の唐代の制度を受けて学んでからである。そうであるから、天皇親政であった大昔は郡県制で政治がなされており、それが長い年月続いていたところ、源頼朝卿が天下の権を取って、初めて諸国に守護を置いてからは国の守りの威勢が日々軽くなっていった。その後、北条氏が執権として威を専らにしてから、いつの間にか戦国の機運が醸成されていって、国々の守護は云うに及ばず、広大な荘園跡地を所領して大名と称する者から並み居る土地の名士に至るまで、誰が許すともなく、武勇次第、切り取り次第で所領することになってゆき、漸次に広大になって、子孫が相継いでその土地を所有して、必然的に封建でもなく、又郡県でもないまま三百余年を経たところに、神祖・徳川家康が天下統一を成し遂げられて、全国の封境を正し、二百六十余人の大名を建てられた。これ以降は堂々たる封建の世となった[※51]ということである。さて又、十四巻目に述べたところの兵賦（へいふ）の事は、軍法の大本であり、千言万語は皆これに帰するのである。十分に考察すべきものである。今の世でも、軍役は国々家々で定めてあるとは云えども、多くは大本を知らない人が作ったものであるから、その法は粗略であり、精巧で詳しいものは少ないことから、用いるには不十分なものが間々ある。これらとは別に工夫しながら作って、制定せよ。大将たる人は、このことをいい加減に考えてはならない。
○日本において名君、名将と称する者は、古代のことは論じないが、中世以降について言うならば、源義家、鎌倉幕府を開いた源頼朝卿、源義経、北条時宗、北条泰時、室町幕府を開いた足利尊氏卿、新田義貞、楠木正成、甲斐の武田信玄、越後の上杉謙信、北条氏康、織田信長、太閤・豊臣秀吉、加藤清正等である。これらの名将らは皆、抜群の功業がある人々であるが、何れも文武両全とは言い難い。その中でも、源頼朝卿は大器である。一度鎌倉に馬を入れられてから、終身鎌倉を出ることなく、居ながらにして全国の大名小名を帰服せしめ、終には国体を一変して、武徳によって天下の主となった。実に偉大な業績である。惜しむべきは世を早く去られてしまったことである。次に尊氏卿には大戦略の才能があって、よく当時の情勢に通じており、天下の武徳になびくべきであると理解して、抑揚や褒貶の機を失わなかったので、義に反する行為や不作法が多かったと云われているが、多くの人々が服属した。この二人の主将（源頼朝、足利尊氏）は作戦や戦闘指揮は下手であったが、多くの大名を自分の配下に置いた。いわゆる「将に将たる者」と云うべきであろう。この故に、一度兵を挙げれば、天下は響くがごとく応じて、大業が速やかになされた。北条時宗、泰時等は軍国の術者にして小徳に努め、小恵を行い、何よりも父祖の相伝が無ければ、どうして執権としての地位・役割を得ることができようか。ただし、時宗が元の使者の首を刎（は）ねたのは一代の手柄であって、古今に稀有の英気であると称賛すべきである。源義経は小規模な戦闘で巧妙さを発揮して善戦し、敵を破った。中でも播磨で鵯越（ひよどりごえ）を落とし、大風を冒して渡邊を渡ったのは絶妙であり、凡人の考えが及ぶところではない。そうは云えども、単なる戦闘の奇才であって、天下の主としての器量は無い人である。讒言（ざんげん）に遭った後、奥州にうずくまって一生を終えたことからも、その器量がうかがい知れるのである。新田義貞はその性質が正直な勇将である。しかしながら、時勢に疎い人であった。ただ運に乗じて兵を起こし、一挙に北条高時を討って無双の戦功があったにもかかわらず、根回しに疎かったので、天皇からの寵愛、官職、禄高等全ての面で何の功績も無い足利家に及ばなかったのである。それにより不和が生じて終に戦に及んだのであるが、これ又自ら動かなかったので諸侯を味方にできず、孤立した将軍となって戦に負けてしまった。これは皆、才能がなくて足利家に計られてしまったのである。何と惜しいことであろうか。武田信玄、上杉謙信はどちらも名将にして、後世の大将たる人の手本となるべき人々である。ただ恨めしいことに時を同じくして出生し、互角の両雄が並立してしまったので、互いに力を伸ばすことができず、それぞれ一国で業を終えたのであるが、その軍術は貴ぶべきであり、そこから学ばなければならない。織田信長は抜群の英雄にして、向かうところ敵なく、終に足利家の室町幕府を襲撃して天下の盟主となった。そうではあるが、自らの剛強を恃んでしばしば暴虐や軽率な行いがあったので諸将が心服せず、その偉業も半ばにして明智光秀により弑（しい）せられた。これは〝威〟があっても〝徳〟がなかったからである。楠木正成は元来、大将としての素質があったにもかかわらず、その性質が信義に縛られていたので、すでに天下が瓦解する機運を察知しながらも、新田、足利の両将を超越して自ら天下を糾合するという才能を発揮することができず、居ながらにして大敵を成就させてしまい、その身は終に討死した。進退これ極まった時勢とは云いながら、今になってこれを見れば、その討死は甚だ無益なように思えてならない。ただし、子孫三代が四十余年にわたり本国を失うことなく、南朝を補佐し奉ったのは、実に正成の遺徳にして、楠木家の大きな勲功に違いない。加藤清正は、寛大さと勇猛さを兼ね備えた至誠至剛の武将である。人々はよく心服し、よく畏怖した。信義があり、威厳があり、智謀があって、攻めれば必ず抜き、戦は必ず勝った。生まれつきの質朴さに任せて、当時の人情、風俗や習わしによる姦猾（かんかつ）※52に一切与しなかったので、平和に治まった世情にあっては「圭角※53」と呼ばれていたが、乱世にあっては真の英雄と云うべきであろうか。太閤・豊臣秀吉は、微賤から身を起こして、たちまち全土を掌握して天下に使令したが、世にこれを間然する※54人はいない。海を経て朝鮮を陥落させ、唐山を震えさせた、その猛威は日本や唐山に例がない一人である。惜しむべきは、攻め討つことだけに勉めて、徳恵を施すことなく、しかも不学、自意識過剰にして傲慢であり、治国安民に心を寄せることなく、しばしば婦人の言うことを受容れた。こうしたことから、逝去するとすぐに天下は神祖（徳川家康）に帰したのであった。

神祖が武徳を施して天下を統一された偉業は神妙にして、今に至るまで二百年来、全国が心服して戦乱も起こらず、遠い国々から参勤交代する。実にこのようなことをなされたのは、開闢（かいびゃく）以来ただ一人である。この統治を推し進めれば永遠に世の中は天地と共に長く続くことであろう。

○平和な時代が長く続くと、必ず華靡（かび）※55を生じる。華靡が盛んになれば、諸侯や士大夫（したいふ）※56が貧窮する。貧窮すれば、武備も名ばかりで実用性がなくなってしまう。密かに思うに、現今のような世の中は、華靡が盛んであると云えるのであろうか。総じてこの条文に関連した意味深い話があるのだが、世に憚るので、ここには記述しない。以下、わずかに経済の大略を言及するだけに留めておく。さらに詳細にわたり自分なりの工夫を加えよ。ところで、国家を経済する上で要となるものに九つある。食糧・貨幣、礼式、教育行政、武備、制度、法令、官職、地理、章服である。そもそも人は食糧が無ければ死んでしまい、貨幣が無ければ物を流通させることができない。これゆえに食と貨を経済で最も重要な要素とするのである。すでに食べることができても、礼式が無ければ、人倫が明らかにならないので、開闢当時の人のようになってしまう。このゆえに礼式を立て、人倫を明らかにする。さて、人の道を立てても、それを学ばなければ智を発揮することができない。このゆえに学問に勉めて智を開かせるのである。この（食貨、礼式、教育の）三つは人を立派にするのに肝要の方法である。武備は、軍陣の用意を忘れることなく、平和な世にあっても兵を治めたり操練等をして人馬に戦法をしっかり教え、又武器を削減せずに製造し、修理することである。制度とは、物事に定式があって、天皇、大将軍の物事、諸侯、太夫、武士、庶民の物事にも段階的に定まったしきたりがあることを云う。これらは尊卑を分け、上下を明らかにする道理であり、かつ奢りを防ぐための術である。法令は、掟を制定しておいてその掟に従わない者を処罰し、島流しにして、教令※57が廃れないようにさせることであり、一人を懲らしめて千万人を矯正する術である。官職は、この世の中の仕事が一人だけで処理できるものではないので、諸々の役目を定め、人々を器量に応じて選んで、それぞれの職を授けて一つずつ処置させていくことである。地理とは、国土を寒暖、地表の厚薄、山、沢、河、海、高低、乾湿で区分して詳細まで考察し、寒暖、厚薄、山沢、河海、高低、乾湿の利を失わず、寸土たりとも無益なままで放置しておかないように、それぞれの対策を行なって、最大限に地の利を得ることである。章服は、尊卑に応じた冕冠（べんかん）[※58]や衣服にそれぞれの色分け、大小等があって、姿を見て貴賤高下の身分を知り、混乱や無礼な振舞いが無いように講じた法である。この九つが経済を考える上での主だった基準となる。又その一つ一つに述べておきたいことがあるが、長文になるので筆記しない。ただし、押並べて言えば、経済は武備の根本、武備は経済の補佐であると理解せよ。本来、経済の仕方にも軍法の立て方にも、伝授と云うものは存在しない。ただ書物を読んで、和漢蛮夷、古今興廃の利害得失を観て、自ら知るのである。ゆえに『論語』に経済のことを述べて、「損益する所を知るべし」と言い、『史記』が兵のことに言及している中で、霍去病が「方略如何を顧みるのみ。古兵法を学ぶに至らず」と述べている[※59]のは、その道に通じていると言うべきであろうか。しかしながら、唐山はその人の性格が甚だ柔鈍である。ゆえに先王や聖人の兵法と云えども、理論は精密にして実行は拙いことがよくある。そうであるから、唐虞（とうぐ）[※60]以来三千年の間、北胡に襲われ苦しめられ、明の末期に至って終に韃靼に併合されて、頭髪を剃られ、衣服を替えられてしまった。これは軍理※61のみを貴んで、実戦に弱かったからである。総じて軍理だけに執着するのは、戦に弱くなるもとなので、私が大いに忌み嫌うところである。今も軍事を学ぶ人は、絶対に唐山流の軍理のみに陥ってはならない。又、日本諸流の軍書は、大半の事項が不足していて、軍事だけでも全く調っていないに等しい。まして況や文武兼備の事においてをや。このような時は柱に膠したように、一つの流派のみに執着するのは拙いものとせよ。右にも述べたように日本、唐山及びオランダ等の軍書を取り交え、文武相兼ねて自分なりの考えを加え、よく軍事情報を収集し、器械をも製作し、その上によく操練を実施しなければならない。しかしながら、操練のみに拘泥すれば、かつ又唐山流に陥って、戦技に弱くなることがある。このことを心得ておけ。いずれにおいても戦闘の技術を上達させるのは操練にある。士卒が心気を強くするのは今日の政治にある。よくこれら二つの関係を斟酌して究極に至るようにせよ。これを〝兵の心印〟と云う。

時　天明六(一七八六)年丙午夏　　仙臺　林　子平　述

海國兵談第十六巻終

※1　今川了俊　鎌倉時代後期から南北朝・室町時代の武将、守護大名

※2　尸位（しい）　屍に与える位

※3　辟雍（へきよう）、頖宮（はんぐう）　いずれも西周時代に設けられた唐山の高等教育機関

※4　一向上人　鎌倉時代の僧侶、一向俊聖

※5　武具改めの政　個人が保管する武具の維持管理状況を点検する年中行事

※6　猩々舞（しょうじょうまい）　古典書物に記された架空の動物の舞い、能の演目の一つ

※7　目利（めきき）　鑑定、見分けること

※8　諂諛（てんゆ）　こびへつらうこと

※9　足利尊氏は九州筑紫を出立して上洛する途上で、兵を鼓舞するため厳島神社に参詣し、さらに観音様により護られる夢を見たと述べて、自筆の観音像を各船の帆柱に貼らせた。（太平記）

※10　子産（しさん）　春秋時代の鄭に仕えた政治家で、公孫僑とも呼ばれる。

※11　寛猛相済う（かんもうあいすくう）　政治には寛容と厳格との調和が必要である。（春秋左伝　昭公二十年）

※12　起請（きしょう）　物事を発起して主君に斯（こ）い願い、又は神仏に誓いを立てて背けば罰を受ける旨を約束すること。あるいはそれらを書き残した文書

※13　建武二（一三三五）年、北条高時の遺児・時行が建武中興に不満な武家を集めて信濃で挙兵し、

鎌倉に攻め寄せた「中先代の乱」について述べたものである。

※14 子貢（しこう） 前五二〇～四四六年、孔子の弟子にして孔門十哲の一人。孔子より三十一歳若かった。

※15 冉有（ぜんゆう） 子貢と同じく孔子の弟子にして孔門十哲の一人

※16 孔子が衛の国を訪れたとき、冉有が御者を務めていた。孔子が「人口が多い（庶）な」と言った。冉有が「人口が既に多い国では、先生は何をなさいますか」と尋ねた。孔子は「人々を豊かにする（富）だろう」と答えた。そこで冉有が「人々が豊かになったら、次は何をなさいますか」と尋ねると、孔子は「彼らを教育する（教）だろう」と答えた。（論語 子路第十三の九）

※17 天正年間（一五七三～一五九二）の主な出来事は、左表のとおり

※18 斉明天皇の御代（六五五～六六一）、百済救援のための兵を吉備国で募集したところ、吉備郡の村々から二万人の兵が集まった。天皇はこれを大いに喜ばれ「二万の里」の地名を賜った。その後、天皇が筑紫で崩御されたので、二万の兵は筑紫から引き返したという。（風土記逸文）

天正元年 室町幕府滅亡
天正 3年 長篠合戦
天正 4年 信長、安土城に入る
天正10年 武田氏滅ぶ
本能寺の変→山崎合戦
天正11年 賤ケ岳合戦
秀吉、大坂城を修築
天正12年 小牧・長久手合戦
天正13年 秀吉、関白となる
天正15年 秀吉、九州平定
天正18年 小田原征伐
秀吉、全国統一
家康、関東に移封→江戸城へ
天正年間（1573～1592）
兵農分離・城下詰
今の世（1700年代後半）

※19　武王　周朝の創始者。殷を滅ぼし、周を立てた（殷周革命）。

※20　呂尚　太公望とも呼ばれる紀元前十一世紀頃の周の軍師。後に斉の始祖となる。

※21　斉の管仲　春秋時代における斉の政治家。桓公に仕えて覇者に押し上げた。

※22　漢の二祖　漢の高祖と世祖。高祖は紀元前二〇二年に唐山を統一した初代皇帝・劉邦であり、世祖は新王朝を倒して後漢王朝を創始した初代皇帝・劉秀（在位二五～五七）のことである。

※23　諸葛孔明　後漢末期から三国時代の蜀漢の武将・軍師にして政治家。諸葛亮とも云う。蜀漢の建国者である劉備の創業を助け、劉備の子である劉禅の丞相としてよく補佐した。

※24　ピョートル一世　（下表参照）
モスクワ・ロシアのツァーリとして四十三年間、そのうち最後の四年間は〝初代ロシア皇帝〟として在位し、その間にロシアを東方の辺境国家から脱皮させて強大な帝国に築き上げた。なお原本では「莫斯歌末亞（ムスカウビア）の女王（エカテリーナのことか？）」となっているが、これは誤りである。

1682 1684 1686 1688 1690 1692 1694 1696 1698 1700 1702 1704 1706 1708 1710 1712 1714 1716 1718 1720 1722 1724 1726 1728 1730

天和
貞享
元禄
宝永
正徳
享保

イヴァン5世
ピョートル1世

ピョートル一世（大帝）
ネルチンスク条約
（清との国境画定）
海軍創設　アゾフ海進出
カムチャツカ進出
西ヨーロッパ旅行
軍制改革
北方戦争（対スウェーデン）開戦
ペテルブルグ市起工
日本語学習所設立
カムチャツカ領有
ドンコサックの叛乱
イランに使節を送る
ポルタヴァの戦い　露土戦争
バルト沿岸占領
ペテルブルグ遷都
第2次西ヨーロッパ旅行
中央アジア遠征　農奴人口調査
モスクワ総主教廃止→ロシア帝国
バルト海南岸地方を領有
イラン進入、イスパハン占領
カスピ海岸レシト・バクー占領

女帝エカテリーナ
ピョートル2世

※25　妙処　非常に優れた業、神業

※26　明(めい)　ものごとを明らかにする力

※27　憐愍(れんみん)　あわれむこと。なさけをかけること

※28　北緯三五度　下図参照

※29　青立ち　稲の穂が実らないまま立ち枯れになること

※30　北緯三六～七度　下図参照

※31　榧子(ひし)　カヤの実

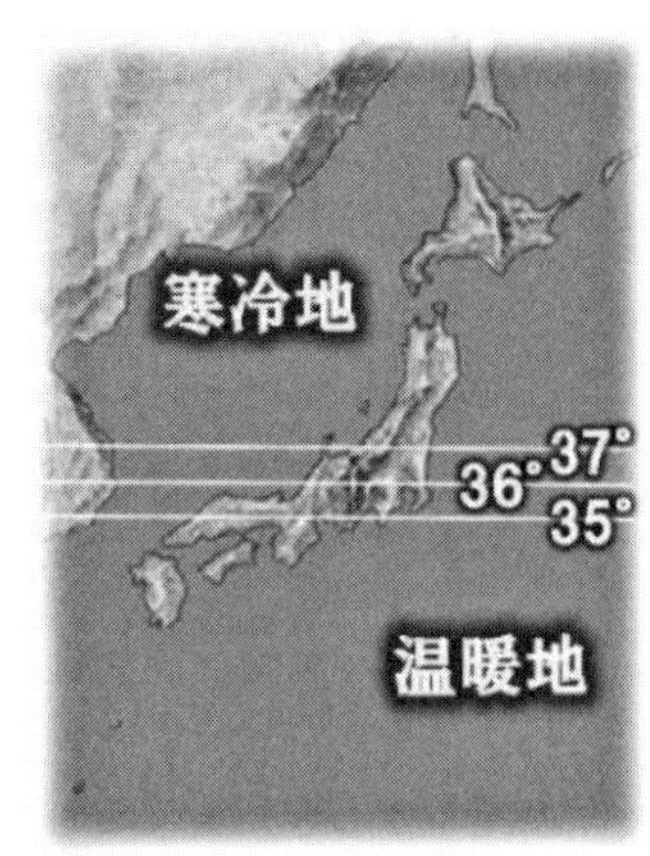

※32　新阿蘭陀(ニューネーデルラント)　一六一四～一六七四年、北アメリカの東海岸にオランダが建設した植民地

※33　毛見(けみ)　米の収穫前に幕府又は領主が役人を派遣して稲のできを調べ、その年の年貢高を決める徴税法。検見とも書く。

※34　七書　『孫子』『呉子』『尉繚子』『六韜』『三略』『司馬法』『李衛公問対』（武経七書）これらが記された時期等については、下図のとおりである。

※35　黄帝　前二六～前二五世紀にいたとされる神話伝説上の三皇の一人にして、五帝の最初の帝

※36　堯（ぎょう）　神話伝説上の太陽神にして五帝の一人

※37　舜（しゅん）　五帝の一人。儒家により神聖視され、堯と並んで堯舜と呼ばれて聖人と崇められた。

※38　禹（う）　夏朝を創始した帝。黄河の治水を成功させたという伝説上の人物

※39　湯（とう）　夏を討って殷王朝を創始した王

※40　文　前十二～前十一世紀頃、殷代末期の周国の君主。儒教では子の武王や周公旦と合わせて、模範的・道徳的な君主、すなわち〝聖王〟の代表例とされる。

※41　武　文王の子にして、殷を滅ぼして周朝を創始した王

※42　周公　周王朝を創始した武王の弟。武王を援けて殷を滅ぼし、武の死後は幼少の成王を補佐しながら、洛陽に副都を建設して、唐山と東夷の統治に全力をあげ、周朝の基礎を確立した。

※43　晋の六卿　春秋時代の晋で三軍の指揮官（将佐）にして国政も運営した范氏、中行氏、智氏、韓氏、魏氏、趙氏の六つの氏族

※44　魯の三家　春秋時代の魯で活躍した仲孫氏、叔孫氏、季孫氏の三貴族。斉の桓公を祖とする。

※45　戎車（じゅうしゃ）　古代唐山で用いられた複数の馬で牽く三人乗りの戦闘車両

※46　宋襄（そうじょう）　春秋時代の宋の君主。何よりも礼を重視する理想主義者で、泓水（おうすい）の戦い（前六三六）

では宰相の目夷が「楚軍が渡河している間に攻撃すべき」と進言したのを「君子は人が困窮している時に付け込んだりはしない」との理由で許さず、渡河し終わった楚軍が未だ陣形が整っていないところを見て目夷が「今こそ攻撃すべきだ」と再び進言したが、これも聴かなかった。やがて楚軍が陣形を整えて両軍は激突し、圧倒的大軍であった楚が圧勝した。襄公は太股に怪我を負い、翌年夏にこの傷が原因で死去した。

※47　陳餘（ちんよ）　秦末から前漢初期にかけての趙の武将。前二〇四年、韓信が率いる漢の討伐軍三万が細い間道を通って趙へ攻め込んできた時、参謀が漢軍の背後を攻めるよう進言したが、「二十万もいる趙軍は、正攻法で打ち破らなければ他国に笑われる」と取り合わなかった。そして井陘（せいけい）（現在の河北省石家荘市）で漢軍による偽りの退却に騙され、全軍で城を出て追撃したので、わずか二千の漢軍別動隊により井陘の城が占拠され、前後から敵に挟まれることになった趙軍は混乱して四散し、大敗した。陳餘は漢軍によって捕らえられ、泜水で処刑された。韓信が泜水に準備していた背水の陣での死に物狂いの抵抗に遭って大損害を出した。その間に

※48　廊廟（ろうびょう）　先祖を祀る霊廟、政務を執る殿舎

※49　先王　昔の優れた君主、偉大な君主

※50　心印　心に刻み付けておくべき重要な教えや悟り

※51　日本の郡県制と封建制に関する
ここの記述を年表に展開すると、下表のとおり。この表を見れば、日本の歴史上、封建制の時代が長かったという一般的な認識とは異なり、実のところ日本では、郡県制の時代の方が、封建制の時代よりもはるかに長く続いていた、という〝歴史の真相〟が明らかである。

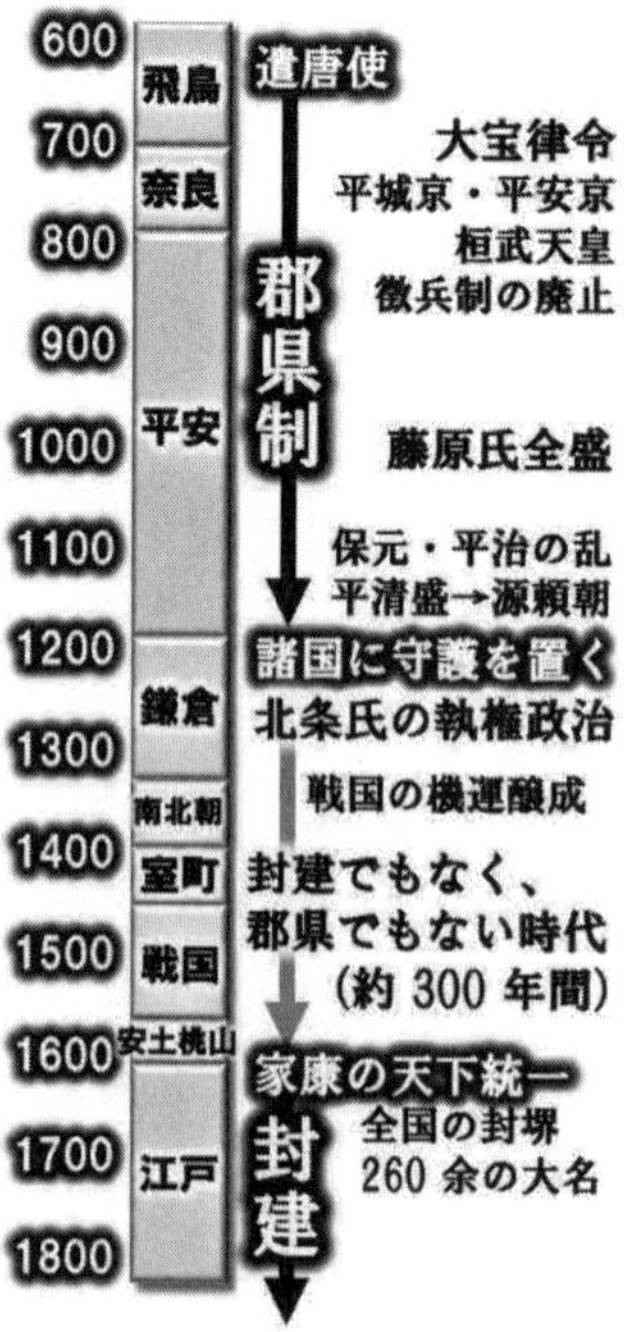

※52　姦猾（かんかつ）　心がよこしまで、悪がしこい、ずるいこと

※53　圭角　性格や言動にかどがあって、円満でないこと

※54　間然する　欠点をついてあれこれと批判・非難する

※55　華靡（かび）　おごり飾ってぜいたくを尽くすさま

※56　士大夫（したいふ）　官僚、地主、文人

※57　教令　教え戒めて命令すること

※58　冕冠（べんかん）　東アジアの漢字文化圏諸国で皇帝、天皇、国王などが着用した冠

※59　前漢の将軍・霍去病（かくきょへい）（前一四〇〜前一一七）は、武帝の衛皇后の連れ子であり、父は霍仲孺という。若くして叔父である将軍・衛青とともに北西辺の匈奴を討伐して大勝、この功績により冠軍侯に封じられ、次いで驃騎大将軍となった。戦場では伝統的な孫子・呉子の兵法にこだわらず、速度と距離に重点を置く騎兵戦術を採用した。生涯で六回にわたり匈奴を討伐したが、二十四歳で病死した。司馬遷の『史記』によれば、霍去病は沈毅にして寡黙、勇気があり、どんなことも敢えて人に倣おうとしなかった。ある時、武帝が霍去病に孫子・呉子の兵法を学ぶように勧めたところ、彼は「作戦・戦闘がどのようであったかを分析・考察するだけでよい。古い兵法など学ぶ必要はない」と応じたという。

※60　唐虞（とうぐ）　唐山の伝説上の聖王である尭と舜、またはその治めた時代

※61　軍理　作戦や戦闘で敵に勝つための原理原則を説く兵術上の理論

私は以前『三国通覧図説』を著した。その書では日本の三つの隣国である朝鮮、琉球、蝦夷の地図を明示した。その意図するところは、日本の雄士が兵を率いてこの三国に入ることがある時、この図を誦(そら)んじておくことで適切に対応せよ、ということである。又この『海國兵談』では彼の三隣国及び唐山、ロシア等の諸外国から海を経て侵攻してくる事がある時、防御すべき術を詳述した。ここにおいて初めて、我国内外の武備の術が調ったと言えよう。これは私が徳などどうでもよく、地位など眼中に無くして、生涯にわたり我国の武備を忘れなかったことによる。このため、「水戦」の一篇だけは可能な限り詳しく記述した。それ以外の篇は、ただ大綱を述べるだけに留め、詳細はそれぞれの者の流派に譲ってここでは言及しなかった。しかし、この書によって読者は文武の大略を知るので、平和な日には廊廟に居て王者の統治をなすことができる。戦乱があれば戦車に乗って征伐せよ。又、小にしては人々が武備と倹約の道を会得してその分を守るので、貧困を克服し、財が足りて日用品は乏しくなく、武器・弾薬はこれを欠かすことがない。これこそ、この書が当世に有益であるところである。しかしながら今や、学政(=教育制度)は長い間廃れているので、世の人の多くは武に偏ってしまい、ただ武芸のみを身に付けている。この俗習が長きにわたったので、この書でも文武の意味を世俗的な言葉で述べ、書くにも(漢文ではなく)漢字かな混じり文にしたのであるが、それでも一冊の書物になると、俗人には理解するのが難しいものと思われてしまい、見る人も少ない。偶然にも読む人がいたならば、すぐに語りかけてこう言う。「この書籍が素晴らしいことは間違いない。しかし、国のことを心配し過ぎる書であるとして、今の平和な世の中では敬遠されてしまうのだ」と。思えば人間の一生は六十年である。我一代さえ無事であれば、後は唐山になろうとも、インドになろうとも、天に任せればよい、と言われる。悟り抜いた考えの様であるけれども、このように言うのは惰弱な者の逃げ言葉であって、日本人として最も不忠不義なことである。かつ又、俗人の心情の通病であるが、自分の地位が尊ければ、貧賤をあたかも土芥（つちあくた）のように侮り、しかも賤者の能力を忌み憎んで、「彼は匹夫である。どうして大事を知ることができようか」等と謗（そし）る者が多い。これらの通病者は百人が百人、同じことをする。これすなわち当世の人情である。いわゆる「猿真似」或いは「自惚（うぬぼ）れ」により物知り顔で、徳を計らず慎みを知らず、とりとめのない言を発するだけである。妄りにいい加減な言を発して恥を顧みない人、これを何と言うべきか。人々はこのことを思え。さて又、私がこのように述べたり記したりするのは、世人と衝突して争うためではない。我意を傲慢に押し通そうとするのでもない。ただ読者をして今か未来かを問わず、よく熟読玩味して「備」の字の本来の意味と節約・倹約の一端とを気づかせ、少しずつより多くの人々に文武両全の趣意を理解・周知させることで、海国として必要なこと、なすべきことをきちんと備えるように願うだけである。こうしたことから、私はこの思いが世人の耳に入り易いようにと願って、あえて卑賤の身であることを忘れ、困窮を顧みずに言を今の世に発して警告しているのである。さて、自負するわけでもなく、狂言でもないが、すでに首巻に述べたように、日本の武備を記した書物で、この『海國兵談』のように、自ら異国の人に面接し、遠く異国蛮夷の軍事情勢を知り、新たに奇計や妙策を尽くし、海陸全備の真に意味することを述べたものは存在しない。実に開闢以来、未曾有の発明である。ただ読者諸兄は、私が貧しく賤しい身でありながらも直言することを咎(とが)めることなく、「良薬は口に苦(にが)し」の諺を思い合わせて、ひたすら熟読玩味すれば、上下大小各々その身分に応じ、文武の大意を会得して、貧しさを克服し、財も不足することなく、武力を展開することになる。これこそ今日において有益であり、海国に備える所以の大宝であって、徒に唐山の書に基づき、空しく軍事の理論だけを論ずるような流派と同じようなものではないことを明言する。ただし、繰り返すが、読者は熟読玩味せよ。　林子平自跋(じばつ)※。

※　自跋(じばつ)　自分自身で書いた「あとがき」

解題　林子平の生涯と『海國兵談』

日本兵法研究会会長
家村和幸

江戸時代中期の兵学者にして経世家※1である林子平は、近世日本の国防史上における偉大なる先覚者であり、『海國兵談』は、この林子平という人物の生涯をそのまま体現した書である。子平が生きた時代には、ロシアの南進により北方への危機感が高まりつつあると同時に、蝦夷地への関心が一挙に深まった。そうした時代にあって、生涯を通じて北は松前から南は長崎まで全国を行脚するとともに、長崎や江戸で多くのことがらを学んだ。そして、ロシア、唐山（カラ）や欧米列強に対する危機感を人一倍強く抱くようになった子平は、蝦夷地、琉球、朝鮮等の先制確保を説いた『三国通覧図説』と、外敵から日本の国土を防衛するための兵学・兵術の入門書『海國兵談』とを著したのであった。

林子平は、元文三（一七三八）年の旧暦六月二十一日に幕臣・岡村良通の次男として江戸で生まれた。岡村良通は石高六百二十石の御書物奉行として仕えていたが、子平が三歳の時に同僚を殺傷して浪人となり、家族を弟の林従吾（林道明とも云う）に預けて諸国放浪の旅に出た。子平らの養父となった叔父・林従吾は、大名家に往診にも行く開業医であったことから、まもなく長姉と次姉が仙台藩の江戸屋敷に奉公するようになり、仙台藩五代藩主・伊達吉村の侍女として仕えた。次姉「きよ」は、その容姿と心映えが吉村に愛され、やがて六代藩主となる宗村の側室に抜擢され、「お清の方」と呼ばれるようになる。そして、お清の方の縁により、養父である林従吾は仙台藩の禄を受けるようになった。

宝暦六年（一七五六）年に従吾が死去すると、子平の兄・林友諒（ともあき）が封を継ぎ、正式に仙台藩士として百五十石が下された。そして同年五月に伊達宗村が死去すると、友諒は家族を引き連れて仙台に移住した。兄とともに仙台に移り住んだ子平は、部屋住みの身で妻子は持たなかったが、仙台藩士として生活するようになる。子平の身分は、禄もない代わりにたいした重要な役目もないという気楽なものであったが、彼はこうした立場にもかかわらず、日夜武芸を磨くとともに、学問の研鑽に努めた。林子平は「海國兵談自序」の中で、武士の心得として「武術のみに偏りがちになることを戒め、文武両全であるべきだ」と強調し、「武に偏れば粗野になる。元来『兵』は凶器である。しかしながら死生存亡に係わる場合において、国の大事はこれに過ぎるものは無いので、粗野にして無知である偏武の輩には任せ難いことだ」と喝破している。これらはまさに林子平の生きざまそのものであった。そして、宝暦八（一七五八）年に二十一歳で仙台伊達藩校「養賢堂」に入校するや、学問・武術ともに誰もかなわない天才振りを発揮した。それでも儒学に偏った「養賢堂」の教育に飽き足らない子平は、塩釜神社の神官・藤塚式部の元に通って陽明学を学び、その後は江戸に行き、工藤球卿を訪問した。

子平より四歳年上であった工藤球卿は、若き日の林子平に多大な影響を与えた人物であった。紀州和歌山の医師・長井常安の三男に生まれ、後に仙台藩医・工藤大庵の養子として仙台藩江戸詰の藩医となる。医師であるとともに和・漢・蘭の三学に通じた学者でもある工藤球卿は、長崎に居る唐山人やオランダ人との交際を通じて海外事情の吸収につとめ、世界情勢についての豊富な知識と将来を展望するたしかな眼をもっていた。こうして球卿は、後に『赤蝦夷風説考』を著すとともに、林子平の『海國兵談』出版に際してはその序文を執筆した。医師としては工藤周庵を名乗り、環俗後は工藤平助と名乗った。林子平が工藤球卿を訪れたこの宝暦六年、江戸時代で初めて尊王論者が弾圧された宝暦事件※2が起きている。

江戸から仙台に戻った林子平は、陽明学の「知行合一」の教えに従い、経世家となって、学問により世を導き、国を富ませ、人々を幸せにすることを決意した。そして先ず「藩」とは一体何なのかを知るため、宝暦八（一七五八）年から宝暦十二（一七六二）年までの五年間をかけて、仙台藩内の全ての農村や漁村・山林を訪れて人々の話を聞きまわり、土地ごとの気候、土質、地勢、政治、風俗などを全て手帳に書きとめた。こうして自らの足を使い、自らの目と耳で藩の実体をじかに調べた子平であったが、その間は質素な自給自足生活をして、ぼろをまとい、粗食に甘んじ、戦陣での生活そのものを実践していたという。

こうして林子平が仙台藩内を踏査している間、世の中は大きく動いていた。全国で食糧難が深刻化して農村の疲弊が進み、宝暦十一（一七六一）年には江戸で神田から出た火が日本橋、京橋、品川、深川にいたる広大な地域を焼き払うという大火があった。海外では清国が中央アジアにまで勢力をのばし、東トルキスタンを平定して版図を拡大していた。

仙台藩内の踏査を終えた林子平は、自ら書きとめた藩内の政治・経済、教育、文化、人情風俗等に関する膨大な資料に基づき、宝暦十三（一七六三）年から一年半をかけて『富国建議』と題する建白書を執筆した。そして明和二（一七六五）年、二十八歳の林子平は『富国建議』を藩に提出することで、経済・軍事についての政策や教育制度のあるべき形を藩の上層部に進言したのであった。残念ながらこの建白書は全く聞き入れられずに無視され、青葉城の書庫に眠ることになった。子平が心血を注いで建白書を記している最中の明和元（一七六四）年、武蔵国を中心に上野（こうづけ）・下野（しもつけ）・信濃にまで広がった農民一揆「伝馬騒動※3」が起きている。江戸幕府が新たな税収政策を試みたことに起因するこの騒動は、これまでの年貢増徴という米を頼りにした経済政策だけでは立ち行かなくなったことを意味していた。

明和四（一七六七）年、林子平は江戸に赴き、妹・多智の嫁ぎ先である手塚市郎左衛門方を根拠地としながら、明和八（一七七一）年までの五年間にわたり、工藤球卿をはじめ大槻玄沢、宇田川玄随、桂川甫周らの学識者と交友を深めた。この間の明和五（一七六八）年には尊王思想家・高山彦九郎に出会った。高山彦九郎は、上野国新田郡細谷村（現群馬県太田市）の郷士・高山良左衛門正教（まさのり）の二男として生まれた。先祖は新田義貞に仕えた新田十六騎の一人・高山重栄である。十三歳の時に『太平記』を読んで勤皇の志を抱くようになり、十八歳で家を出て各地を遊歴し、勤皇論を説いてまわった。後に林子平・蒲生君平と共に「寛政の三奇人」の一人とされる人物である。ここでの「奇」とは「優れた」という意味であり、奇人変人の類を指すものではない。

林子平の江戸遊学最後の年にあたる明和八（一七七一）年には「おかげ参り」が発生した。これは、「抜け参り」とも呼ばれた伊勢神宮への数百万人規模での集団参詣であり、「おかげでさ、するりとさ、ぬけたとさ」と歌いながら奉公人などが主人に無断で、また子供が親に無断で参詣した。同年、玄界灘を航行中に暴風雨に遭って舵を損傷し、漂流していると偽りながら日本の港の水深を調査していたロシア軍艦が阿波藩領に侵入した。これに乗艦していた水夫・ベニョヴスキーは「ロシア国は日本侵略を企図し、その機を窺（うかが）っている」と阿波藩の役人に密告した。彼はポーランド国籍を有し、かってはポーランド独立運動の志士であった。知らせを受けた江戸幕府は、ロシアの領土的野心よりも民心に動揺を与えることを恐れて緘口令をしき、このロシア軍艦漂着事件を隠蔽した。一方この年、得撫島ではラッコ漁をめぐり蝦夷人（＝アイヌ人、以下「アイヌ人」と記す）とロシア人の抗争があった。江戸で工藤球卿からこのロシア軍艦漂着事件を聞いた林子平は、蝦夷地が危ないと直感し、ロシアに一番近い日本領土である蝦夷の現地を自らの目で見に行くことを決意した。そして明和九（一七七二）年、子平は蝦夷地探訪に旅立った。江戸では目黒行人坂の大火が発生し、焼失九三四町、死者一万四千七百人という大被害を出した。物価も高騰し、明和九年は「めいわくねん（迷惑な年）」であると言われ、「安永」に改元された。

安永元（一七七二）年、三十五歳にして初めて蝦夷地を訪れた林子平は、アイヌ人の文化・風俗、生活様式や松前藩の行政、松前藩とアイヌ人の交易などを幅広く見聞して回った。米が取れない松前藩では、下級藩士に対して他藩から輸入した内地米を与える「切米取」や、米の代わりに貸し与えられた場所でアイヌ人と交易する権利を持つ「場所持藩士」といった独特の制度があることや、商人の介在によって成り立つ松前藩とアイヌ人との交易の実態等を知ることができた。同時に子平は、松前藩の藩領が渡島半島部に限られており、その先は和人が住んでおらず、アイヌ人だけが居住する「奥蝦夷地」であるという現実や、松前藩の防備が窮めて貧弱であることを認識した。その一方でアイヌ人集落（コタン）のアイヌ人から「赤蝦夷＝ロシア人」について、その特徴や択捉島における傍若無人な振る舞いなどを聞いて激しい怒りを覚えた。当時、西洋諸国やロシアは土地を奪って領土を拡張することを国是としており、その勢いは年々強まっていた。ロシアがカムチャッカを占領したのは、林子平の蝦夷地訪問より六十五年前にあたる一七〇七年のことであり、ロシア人・ベーリングが新たな海峡を発見し、アラスカとアリューシャン列島がロシアの領土となったのは、同じく四十四年前の一七二八年である。

蝦夷地から戻った林子平は、再び江戸で三年間の学問就業に入る。江戸では田村意次が老中となって幕政の実権を掌握していた。安永三（一七七四）年には蘭学者・前野良沢と杉田玄白が西洋医学書を翻訳した『解体新書』を刊行したことから、子平も長崎で蘭学を学ぶことを切望するようになる。老中・田村意次が舶来品を愛好したこともあり、当時は世間一般に長崎へ行くことが流行っていた。そして翌安永四（一七七五）年、林子平は念願かなって「医学修養のため」という名目で長崎に三ヵ月間遊学することになる。この長崎滞在の間にオランダ商館長アーレント・ウェーレン・ヘイトに出会う。馬が好きな子平は、ヘイトから西洋式馬術を習い、さらに馬匹改良や良馬の飼育法まで学んだ。

ある日、長崎出島のオランダ商館で、林子平はヘイトに世界地図を見せて欲しいと嘆願する。

しかし、当時の日本では地図を見たり写したりすることはご法度であり、重大な違法行為であった。当然のことながらヘイトは拒否した。しかし、執拗に食い下がる子平に押し切られ、ヘイトはこっそり世界地図（ブラウの世界地図※4であろう）を見せることになる。三十八歳にして生まれて初めて〝世界の形〟をつぶさに目にしたときの「日本は世界中と海でつながっている・・・」という強烈な印象が、その後の林子平に「海国」というものを深く意識させることになる。海国とは「地続きで隣接する国が存在せず、四方が皆沿海部になっている国（海國兵談自序）」である。軍艦に乗って順風を得たならば、大陸国から海国まで二百～三百里の航路も一日か二日の海上機動で来ることができる。大量の人員や物資の運搬については、陸路での輸送に比べてはるかに容易であろう。その一方で四方が皆「広大な海」という障碍（しょうがい）であるため、その準備や費用が多大であり、妄りには来ることができない。このように、海国には外国から敵が容易に攻めて来ることができる反面、攻めて来るのが難しいという二面性があるので、海という天然の障碍を恃（たの）みにして守備態勢を怠ってはならず、軍備をしっかり設けておかなければならない。しかも海国には海国に相応しい軍備があり、唐山や日本で古今伝授されている諸流の兵法書で述べていることとは違ったものになる・・・。『海國兵談』の「江戸の日本橋から唐、オランダまで境なしの水路なり」という有名な一節は、こうした考えから創出されたものであろうことは想像に難くない。

最初の長崎遊学を終えた林子平は、江戸に戻って再び学識を深めることになる。

安永五（一七七六）年、ロシア艦ナタリヤ号が得撫島に来航し、アメリカでは独立宣言がなされた。翌安永六年三月、子平は江戸で長崎奉行・柘植長門守正寔（つげながとのかみまさただ）と知り合い、その縁で柘植長門守の警護役として同行し、再び長崎に赴くことになる。長崎では外国人から海外諸国の事情を聞くとともに、彼らが優れた航海技術やよく整った海洋法規を有しているのを知り、国防とりわけ海防の重要性を痛感した。さらにオランダ船に乗り込むこともでき、この時に搭載している大砲の構造を子平自らメモ書きしたものが、後に『海國兵談』第一巻「水戦」の挿図となる。

安永七（一七七八）年には長崎奉行の警護役として唐人の暴動を鎮圧するという勤めも果たした。この時の様子は子平自らが『海國兵談』の自序で詳述しており、その武勇談を一例として「唐山は・・・その軍立は堂々としているが血戦に至っては甚だ鈍い」との教訓を引き出している。この年、ロシア艦が蝦夷地に来て、松前藩に通商を要求している。

天明元（一七八一）年、林子平・四十四歳はこれまで見聞してきたことに基づき、武備や学制についての理想的な藩政を説いた『富国策』という建白書を仙台藩の家老・佐藤伊賀に提出した。これより五年前、イギリスでは経済学者アダム・スミスが『国富論』というよく似た題名の書を著し、近現代における経済学や社会学に大きな影響を及ぼした。残念ながら林子平の『富国策』

は、仙台藩に採用されなかった。子平は常に部分に先立って全体を見ることができ、近世以前の日本で領土というものを意識できた唯一の先覚者であったが、この天才的人物の真意を理解できるだけの者が、仙台藩士の上層部にはいなかった。論語と武経七書だけをそらんじて育った当時の武士たちでは、これらをはるかに超えた子平の発想には到底ついていけなかったのである。

天明二（一七八二）年、今度は単身で長崎へ向かった林子平は、現地で生活資金を稼ぐために自分でオランダ船を描き、それに解説を加えた『蘭船図説』という本を発行する。子平は絵を描くのが上手だったので、この書は思いのほか売れることになった。これによる収入を経済基盤として、子平は異国船についてさらに徹底的に研究し、国防の観点から考察を加えた。日本の軍備は、外国から敵が攻めてくるのを防ぐ術を知ることが差し当たっての急務となるが、その術とは、水上戦闘にある。水上戦闘の要は大砲にある。「軍艦」と「大砲」の二つをしっかりと調達することが日本の軍備の中心をなすのであって、これが大陸国とは異なる点である。このことを承知してから、次に陸戦のことに及ばなければならない・・・。

この頃、林子平は自筆本の売り上げに気をよくしたこともあり、いくら苦労して建白書を提出しても無視するだけの上層部を相手にするよりも、自分が考える国防の大事すべてを〝兵法書〟の形で書籍とし、それを多くの武士たちに読ませるほうが効果的であると考えるようになった。

思えば関ヶ原合戦から百八十余年、もはや戦国の世を生き抜いた武士はおらず、太平の世にあって武士の本分を忘れ、いたずらに贅沢で華美な生活を求める風潮が蔓延している。こうした当世の武士たちを覚醒させ、文武両面の研鑽を促し、武士のあるべき姿に戻す。あるべき姿とは〝鎌倉武士〟であり、守るべきものは御家でも、藩でも、幕府でもない〝海国日本〟である。こうした子平の思いは、やがて揺るがぬ信念となり、『海國兵談』の執筆に着手することになる。皮肉なことに、翌天明三（一七八三）年、今度は仙台藩の方から仙台に戻っていた林子平に建議書の提出を求めてきた。もはや建白書による上層部への進言にさほど熱意を感じなくなっていた子平は、これまでの建白書を焼き直して提出した。その結果は、予想どおり不採用であった。

同年、仙台藩医・工藤球卿が松前や長崎の住民から聴取した資料に基づいて『赤蝦夷風説考』を刊行した。日本における最初のロシア研究書である『赤蝦夷風説考』は、ロシアの樺太・千島方面からの南下と密貿易に対処するため、ロシアとの公式貿易を主張するとともに、幕府による蝦夷地開拓の利益を説くものである。上下二巻からなり、上巻でロシアとの通商・蝦夷地開発を説き、下巻ではオランダの地理書に基づきロシアの地誌を紹介している。工藤がこの書を老中・田沼意次に献上したことにより、幕府は蝦夷地の開発を計画し、翌天明四（一七八四）年から天明六（一七八六）年にかけて調査隊を派遣することになる。この頃、浅間山の大噴火による不作を原因とする飢饉が、奥羽から全国に及んでいだ。天明の大飢饉（天明三〜八年）である。

若いころから工藤球卿の薫陶を受けていた林子平もまた、当時の日本を取り囲む国際情勢を「清やロシアが、いつ、いかなる侵略意思を起こすことがあってもおかしくない」と見ていた。その時には清やロシアは貪欲な動機で行動するのであるから、日本の仁政にも懐柔されるようなことなど絶対にありえず、また兵馬億万の多さを恃みにすれば、日本の武威も畏れるに足らずということになるだろう・・・。そして天明五（一七八五）年、四十八歳になった林子平は、地理書にして経世書である『三国通覧図説』の原稿を完成した。この『三国通覧図説』は、日本に隣接する三国、すなわち朝鮮・琉球・蝦夷と付近の島々についての風俗などを挿絵入りで解説した書物とその付図五枚からなる。付図は「三国通覧輿地路程全図」「琉球全図」「無人島之図」「朝鮮国全図」「蝦夷国全図」からなる。また書物には、林子平の自序と桂川甫周の序が記されている。その中で子平は、「国事にあずかる者、地理を知らざるときは治乱に臨みて失うあり。兵士をさげて征伐を事とする者、地理を知らざるときは安危の場に失うあり」として、鎖国中の日本にあっても国防に携わる者は皆、近隣の国などについて熟知しておくことが重要であると説いている。

『三国通覧図説』は後に、桂川甫周によって長崎からオランダ、ドイツへと渡り、ヨーロッパの各言語に翻訳された。『三国通覧図説』の刊行から七十年後の嘉永六（一八五三）年、ペリーが米国から黒船を率いて来航した際、小笠原諸島の帰属をめぐって日米間で交渉が紛糾した。その時、この『三国通覧図説』のフランス語訳本が、小笠原諸島の領有権が日本側にあることを証明する決定打となった。

林子平が『三国通覧図説』を出版した天明六（一七八六）年、老中・田村意次が失脚した。意次の時代には積極的な経済政策が進められた反面で賄賂政治も横行した。意次の子である意知（おきとも）が城内で斬られたことで田村意次はその勢力を失い、将軍徳川家治が没した後は領地も削られて弱体化していた。そうした時代の大きな転換点にあって、子平はようやく『海國兵談』全十六巻を完成させた。太平の世にあって武備の何たるかさえも知らない当世の武士たちに初学の一端を開き、面白くて分かりやすい文章と図によって島国日本の国土と海を踏まえた兵法（戦略・戦術・戦法）の基本を説き、武（軍事）があってこそ文（政経・文化）も華開くという趣旨を理解させ、文武双方を偏りなく修養するように多くの武士たちを導くことで、藩や御家を安んじ、海国日本を保護する一助とする。これが『海國兵談』を世に出そうとした目的であった。

この〝兵法書〟は、国内における大名同士の内戦や、幕府に対する内乱、擾乱といった「国内戦」を想定して書かれたものではなく、外国からの侵攻に対し、いかにして日本の国土を守るかを論旨としている。具体的には「海国兵談自序」（序文）で国内外の情勢を歴史的な考察を交えて述べ、第一巻「水戦」で船と砲台を中心とした各種兵器による海岸防備の重要性・必要性を説くとともに、異国船を沈める手段と方法をいくつも提示した。それらは独創性に富み、創意工夫に満ちたものばかりであった。また、江戸を防衛する上で重要な安房(千葉県・房総半島の先端部)と相模(横浜市を含まない神奈川県全域)への大名配置論を打ち出した。これらは皆、「今までの日本の兵法家の誰も考えたり、言ったりしてこなかったこと(海国兵談自序)」であった。

田村意次が失脚した翌年(天明七年)には八代将軍徳川吉宗の孫にあたる白河藩主・松平定信が老中筆頭となり、幕政の建て直しをはかった。「寛政の改革」である。松平定信は天明の飢饉で領民が困窮していた白河藩にあって上方から食糧を緊急輸送し、倹約令を発して藩の財政支出を抑えることで崩壊に瀕していた財政を建て直し、間引きを禁じて農村人口の増加を図ることで殖産政策を推進してきた。朱子学を好み、経済や文学に優れ、家臣にも学問・武芸を奨励していた〝名君〟松平定信であったが、その一方で外交・国防についてはほとんど関心を示さず、幕府の蝦夷地開発計画も経費削減の一環として中止となった。それゆえに林子平は、幕府の方針とは全く異なることを論じる『海國兵談』の出版に協力してくれる版元を見つけることができなかった。やむなく十六巻・三分冊もの大著の版木を子平自ら彫るしかなく、先ずは天明八(一七八八)年に自序と第一巻「水戦」だけを自費出版で須原屋市兵衛から刊行した。その後は資金が調達できず、親友である藤塚知明らが何とかやりくりをして『海國兵談』全十六巻を刊行できたのは、三年後の寛政三（一七九一）年四月、林子平が五十四歳の時であった。当初は千部を刊行する予定であったが、自家蔵版であり、巻数が多かったことからたちまち資金不足に陥り、実際に刊行できたのは三十八部でしかなかった。それでも、子平は全巻を刊行できた喜びから、

伝えては　我が日の本の　つはものの　法の花さけ　五百年の後

と、その夢を未来の日本人に託さんとする心境を詠い、それを朱印にして各冊の終りに押した。

しかしながら幕府は、この書を「幕政を批判していたずらに世間を惑わすもの」であるとして、同年十二月に子平を処罰した。当時、幕閣以外の者が幕政に容喙（ようかい）するのはご法度であり、子平が老中・松平定信に疎まれていたこともあって『海國兵談』は『三国通覧図説』とともに発禁処分となった。そして、子平が所蔵する『海國兵談』の版木も全て没収されてしまった。子平は江戸に護送され、日本橋小伝馬町牢屋敷に入牢させられた。

寛政四（一七九二）年五月十六日、町奉行小田切土佐守から判決が下され、林子平は仙台の兄友諒の許へと強制的に帰郷させられた上、蟄居に処されたた。蟄居を命じられたとき、子平は

千代ふりし　書もしるさず海の国の　守りの道は　我ひとり見き

と、広く海外の大勢を鑑み、異国の侵攻に対する海防の緊要性をただ一人主張する自分への誇りを詠っていた。それでも蟄居中には、

なかなかに　世の行く末を　思わずば　今日のうきめに　あわましものを

と、先覚者であるがゆえの悲運を自嘲的に詠うようになり、さらに

親も無し　妻無し子無し版木無し　金も無けれど死にたくも無し

とその境遇を嘆き、自ら六無斎（ろくむさい）と号した。

林子平が仙台での蟄居を命ぜられた寛政四年には、ロシア使節のラクスマンが根室に来て日本に通商を要求した。このロシア使節ラクスマン来航を機に、江戸幕府はまず諸藩に松前・函館へ

の出兵を命じる。それから十五年後の文化四（一八〇七）年には蝦夷地を幕府直轄とし、東北諸藩に領地と警衛地に分けて防備にあたらせることになる。

寛政五（一七九三）年、林子平は江戸に護送される直前に隠しておいた一冊の『海國兵談』を元に手写しで四部を作成した。これにより、原本と併せて全部で五部の『海國兵談』がそろった。写本を作成した直後の六月二十一日（西暦七月二十八日）、林子平は仙台で病死した。享年五十六。墓は仙台市青葉区の龍雲院にある。子平が没した寛政五年、松平定信も老中職を退いている。

林子平が死去してから約六十年後の嘉永四（一八五一）年、子平が遺した五冊の『海國兵談』のいずれかを原本として松下淳校正の『精校海國兵談　十巻十冊　木活字本』が、そして安政三（一八五六）年には『稟準精校海國兵談　十巻五冊』が刊行された。これら増刷された『海國兵談』は幕府の要人や尊王攘夷の志士たちに読まれることになる。時まさに嘉永六（一八五三）年、米国からペリーが黒船艦隊を率いて浦賀に来航し、ロシアのプチャーチンが長崎に来航する前後の風雲急を告げる頃のことであった。子平が『海國兵談』で述べていた「異国船を模倣した大砲を数多く製造し、これらを陸地に設置する」という発想は、翌嘉永七（一八五四）年一月中旬のペリー再来航に先んじて、先ずは〝品川台場〟として実現した。また、子平が提示した敵艦に打ち勝つための数々の方策を知ることになった攘夷の志士たちは、「黒船恐れるに足らず」との自信を抱くようになり、これが彼らの大胆不敵な行動の原動力となった。

このように幕末にペリーが来航するに及んで、江戸幕府もようやく海防についての重要性を認識するようになったが、さらに明治新政府は、外敵から国土を防衛するための様々な政策を推進してゆく。先ずは諸藩兵を基盤とした徴兵制軍隊を編成して「鎮台制※5」を整え、明治十（一八七七）年の西南戦争後は総兵力を倍増するとともに、海峡部などの重要地点に砲台を建設した。明治十三（一八八〇）年には東京湾口の砲台建設に着手し、さらに明治二十（一八八七）年には対馬・下関海峡に、同二十二（一八八九）年には紀淡海峡にそれぞれ砲台建設を開始するとともに、要塞砲兵部隊を逐次に編成した。一方海防に関しては、明治十六（一八八三）年から海軍艦艇の計画的な建造※6を開始して外洋艦隊と海防艦隊を整備するとともに、横須賀、呉、佐世保に三つの鎮守府を設置し、これらで全国の沿海防備を担当した。各鎮守府には沿岸要地を守るための水雷隊が置かれ、さらに重要港湾等の防備のために機雷の購入・開発も進められた。

こうして、林子平が我が身の危険を顧みず『海國兵談』で提唱した「海国に肝要な武備」が、明治時代前半の〝開国された日本〟で、ようやく実現したのであった。

林子平

元文三年六月二一日（旧暦）生
寛政五年六月二一日（旧暦）没

岡村良道 ＝ 不詳

養父 林従吾（道明）

- なよ　仙台藩五代藩主 伊達吉村の侍女
- なお（きよ）　仙台藩五代藩主 伊達吉村の侍女 仙台藩六代藩主 伊達宗村の側室
- 友諒（ともあき）（林喜善）
- 友直（林子平）
- 多智（たち）

年	事項	世の出来事
元文三（一七三八）年	幕臣岡村良通の次男として江戸で生まれる。	
元文五（一七四〇）年	叔父・林従吾（医師）に預けられ、養われる。	
宝暦六（一七五六）年	林従吾死去、兄が封を継ぎ、仙台藩士となる。	
宝暦八（一七五八）年	仙台伊達藩校「養賢堂」入校、江戸訪問	宝暦八年　宝暦事件
宝暦八年〜同十一年（一七六一）	仙台藩内を踏査	宝暦十一年　江戸大火、清国が東トルキスタンを平定
宝暦十三（一七六三）〜明和二年（一七六五）	建白書『富国建議』執筆（明和二年　藩に提出）	明和元年　伝馬騒動
明和四年（一七六七）〜明和八年（一七七一）	江戸遊学（五年間）明和五年　高山彦九郎に出会う	明和八年　おかげ参り、露軍艦が阿波藩領に漂着
明和九（一七七二）年	蝦夷地探訪	明和九年　目黒行人坂の大火
安永元年（一七七二）〜安永四年（一七七五）	江戸遊学（三年間）	安永元年　田村意次、老中となる。
安永四（一七七五）年	長崎遊学（三ヵ月間）阿蘭陀商館長ヘイトに出会う	安永五年　アメリカ独立宣言、アダム・スミス『国富論』
安永五年（一七七六）〜安永六年（一七七七）	江戸遊学（一年間）	安永五年　露艦ナタリヤ号が得撫島に来航
安永六年（一七七七）〜安永七年（一七七八）	長崎遊学（安永七年　唐人暴動を鎮圧）	安永七年　露艦、蝦夷地に来て松前藩に通商を要求
天明元（一七八一）年	建白書提出	
天明二（一七八二）年	長崎で『蘭船図説』発行『海國兵談』執筆開始	
天明三（一七八三）年	建議書提出　工藤平助『赤蝦夷風説考』刊行	天明三〜八年　天明の大飢饉（奥羽より全国に及ぶ）
天明五（一七八五）年	『三国通覧図説』著す。（四八歳）	天明七年　松平定信、老中筆頭となる。
寛政三（一七九一）年	『海國兵談』全十六巻三八部刊行（五四歳）	
寛政四（一七九二）年	小伝馬町牢屋敷に入牢	寛政四年　露使節ラクスマンが根室に来て通商要求
寛政五（一七九三）年	写本四部作成後、仙台で病死。享年五十六	寛政五年　松平定信が老中職を退く

※1　経世家　経国済民の術を説き、国家社会に警告を発する人々

※2　宝暦事件　朝廷の尊王論者である竹内式部（たけのうちしきぶ）は、幕府専制に対し強い不満をもっていた公家衆に神書・儒書を講じ、武術の稽古を禁止されている公卿に武技を教えていた。これら少壮公卿は式部に桃園天皇へも同じように進講させた。こうした事態を深く憂いた関白一条道香は、朝廷と幕府の関係を安定させるため、公卿に武術を稽古させたことを理由に式部を京都所司代に告訴した。これにより、幕府は竹内式部とこれら復古派の公卿の身分をはく奪する等、厳罰に処した。

※3　伝馬騒動　幕府は板橋宿から武蔵国・上野国・信濃国にわたる二十八宿の宿場問屋、地主、商人等に伝馬助郷役（すけごうやく）を請け負わせて、その利潤の一部を吸い上げようと計画したが、この新たな伝馬助郷役（増助郷（ましすけごう））設置に対し、従来から勅使が下向する際に伝馬助郷役を課せられていた沿道の村々の農民二十万人以上が猛反発した。彼らは一斉に蜂起し、本庄宿・熊谷宿などで増助郷を請け負った宿場問屋、地主、商人等の邸宅を打毀（うちこわ）しにし、さらに江戸で強訴しようと中山道を進んだ。あわてた関東郡代・伊奈半左衛門は、農民側の要求を受け入れることを約束することで、一揆勢が江戸に入るのを回避した。幕府は大名・旗本に一揆勢の鎮圧を命じるとともに、増助郷の計画を中止した。一揆鎮圧後、幕府は首謀者・関兵内（せきのへいない）を獄門に処するととも

に、一揆に関与した百姓三六九人と幕府の下級役人を処罰した。

※4 ブラウの世界地図　十七世紀オランダを代表する地図製作者ヨアン・ブラウによって、一六四八年にオランダ東インド会社公認で刊行された世界地図。地図投影法は、当時のヨーロッパ人に好まれた東西二つの半球を並べた平射図法を利用。下図参照

※5 鎮台制　国内の地域ごとの防衛や治安警備に重点を置いて全国を六つの管区に分けた軍制。明治九（一八七六）年末に近衛兵二個連隊、鎮台兵十四個連隊など約三万三千人の総兵力により概ね整う。

※6 海軍艦艇の計画的な建造　明治初期には甲鉄艦を中心とする〝外洋艦隊〟と海防艦・水雷艇を中心とする〝海防艦隊〟の二つを同時に整備し、日清戦争（一八九四〜九五年）までに軍艦三十一隻、水雷艇二十四隻、総排水量六一，三七三トンにまで至った。

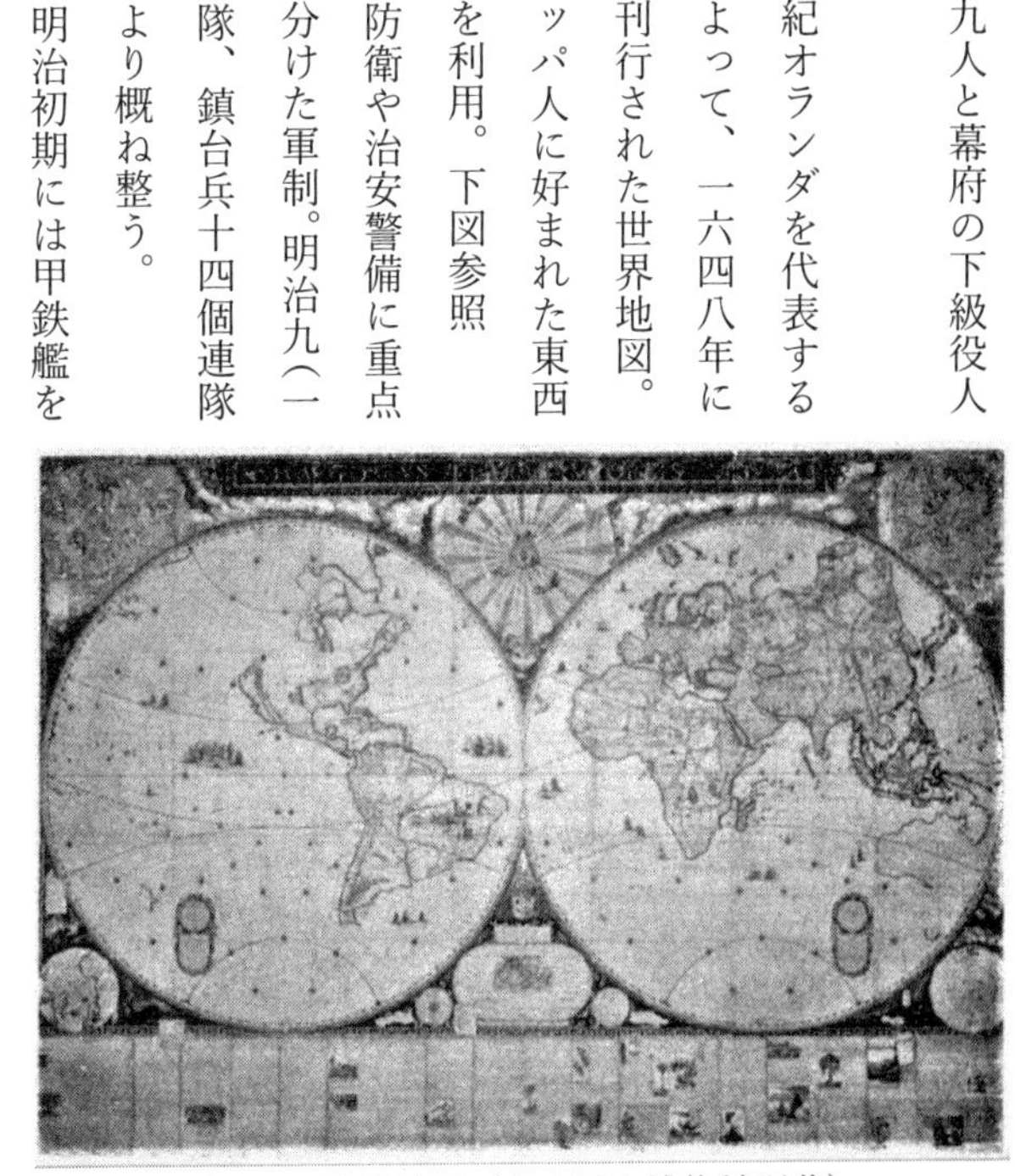

ブラウの世界地図（東京国立博物館所蔵）

主要参考文献

『海國兵談奥附』　大沼十太郎飜刻兼発行　圖南社　大正五年
『海国兵談　林子平述』　村岡典嗣校訂　岩波文庫　昭和十四年
『海の長城　林子平の生涯』　中村整史朗著　評伝社　昭和五六年
『図鑑・兵法百科』　大橋武夫著　マネジメント社　昭和五八年
『歴史群像シリーズ⑦　真田戦記【幸隆・昌幸・幸村の血戦と大坂の陣】』　学研　昭和六三年
『別冊歴史読本絵解きシリーズ図録「日本の合戦」総覧』　新人物往来社　平成六年
『日本史年表・地図』　児玉幸多編集　吉川弘文館　平成七年
『世界史年表・地図』　亀井高孝編集　吉川弘文館　平成七年
『合戦と武具』　石川県立歴史博物館編集・発行　平成十年
『地図で訪ねる歴史の舞台―日本―』　帝国書院編集部　帝国書院　平成十一年
『錦正社史学叢書「明治期国土防衛史」』　原　剛著　錦正社　平成十四年
『大東亜戦争と本土決戦の真実　日本陸軍はなぜ水際撃滅に帰結したのか』　並木書房　平成二七年
『漫画　マハンと海軍戦略』　石原ヒロアキ作・画　並木書房　令和二年
『江戸幕府の北方防衛』　中村恵子著　ハート出版　令和四年
その他、インターネット情報など

家村和幸（いえむら・かずゆき）
兵法研究家、元陸上自衛官（二等陸佐）。昭和36年神奈川県生まれ。聖光学院高等学校卒業後、昭和55年、二等陸士で入隊、第10普通科連隊にて陸士長まで小銃手として奉職。昭和57年、防衛大学校に入学、国際関係論を専攻。卒業後は第72戦車連隊にて戦車小隊長、情報幹部、運用訓練幹部を拝命。その後、指揮幕僚課程、中部方面総監部兵站幕僚、戦車中隊長、陸上幕僚監部留学担当幕僚、第６偵察隊長、幹部学校選抜試験班長、同校戦術教官、研究本部教育訓練担当研究員を歴任し、平成22年10月退官、予備自衛官（予備二等陸佐）となる。現在、日本兵法研究会会長として、兵法及び武士道精神を研究しつつ、軍事や国防について広く国民に理解・普及させる活動を展開している。著書に『戦略・戦術で解き明かす 真実の「日本戦史」』（宝島SUGOI文庫）、『図解雑学 名将に学ぶ世界の戦術』（ナツメ社）、『戦略と戦術で解き明かす 真実の「日本戦史」戦国武将編』（宝島SUGOI文庫）、『闘戦経─武士道精神の原点を読み解く』『兵法の天才 楠木正成を読む─河陽兵庫之記 現代語訳』『大東亜戦争と本土決戦の真実─日本陸軍はなぜ水際撃滅に帰結したのか』『図解孫子兵法─完勝の原理・原則』（並木書房）、『真説 楠木正成の生涯』『新説「古事記」「日本書紀」でわかった大和統一』『歪められた古代天皇「古事記」「日本書紀」に隠された真実』（宝島社新書）など多数。

現代語で読む 林子平の海國兵談（はやししへい かいこくへいだん）

2022年10月15日　印刷
2022年10月20日　発行

編　著　家村和幸
発行者　奈須田若仁
発行所　並木書房
〒170-0002 東京都豊島区巣鴨2-4-2-501
電話(03)6903-4366　fax(03)6903-4368
http://www.namiki-shobo.co.jp
印刷製本　モリモト印刷
ISBN978-4-89063-426-2